高职高专“十三五”规划教材 · 通信类

移动通信技术与系统

主　编　李明才

副主编　谢翠琴　潘基翔　李　昊　熊婷婷
　　　　范莉花　袁　涛　陈　锋

西安电子科技大学出版社

内容简介

本书较全面地介绍了移动通信技术的相关基础知识。全书共9章，包括通信的基础知识、移动通信概述、移动通信的电波传播与场强估算、移动通信的基本技术、无线资源管理、2G移动通信系统、3G移动通信系统、4G移动通信系统、5G移动通信系统等内容。

本书简洁实用，重点突出，可作为高职高专院校通信类相关专业的教材，也可作为相关专业初学者和广大通信技术爱好者的自学参考书。

图书在版编目(CIP)数据

移动通信技术与系统/李明才主编. 一西安：西安电子科技大学出版社，2019.5

ISBN 978-7-5606-5242-9

Ⅰ. ①移… Ⅱ. ①李… Ⅲ. ①移动通信一通信技术 ②移动通信一通信系统 Ⅳ. ①TN929.5

中国版本图书馆CIP数据核字(2019)第028647号

策划编辑 马晓娟

责任编辑 马晓娟

出版发行 西安电子科技大学出版社(西安市太白南路2号)

电　　话 (029)88242885　88201467　　邮　　编 710071

网　　址 www.xduph.com　　电子邮箱 xdupfxb001@163.com

经　　销 新华书店

印刷单位 陕西天意印务有限责任公司

版　　次 2019年5月第1版　2019年5月第1次印刷

开　　本 787毫米×1092毫米　1/16　印张 13

字　　数 304千字

印　　数 1～3000册

定　　价 28.00元

ISBN 978-7-5606-5242-9/TN

XDUP 5544001-1

如有印装问题可调换

本社图书封面为激光防伪覆膜　谨防盗防。

前　言

随着网络技术与信息技术的迅猛发展，人们对移动通信网络的数据量要求越来越高，促进了新兴智能业务的发展，也要求移动通信系统提供速度更快、效率更高、更智能化的网络技术。目前，相应的移动通信技术已从2G、3G、4G发展到5G，5G移动通信技术相比之前的通信技术有了明显的技术突破。5G移动通信技术以其特有优势和关键技术将获得广阔的市场发展前景，同时5G移动通信技术的开发也是通信领域的重要成就。

本书面向通信技术的初学者，从实际出发，由浅入深地讲解移动通信技术中重要的知识点；从基本理论知识入手，结合通信技术的发展历程和移动通信技术的特点，力求让读者充分理解并能掌握移动通信技术的相关知识与关键技术。

本书在内容上与时俱进，及时反映科技发展的现状；注重基本核心内容，符合专业人才培养方案的知识结构要求；适应高职高专的教学特点，尽量与我国电子信息产业发展相适应，有助于学生理解所学内容，增强就业后的知识应用能力。

本书按照由浅入深、循序渐进的原则，合理安排了所有章节的递进顺序，各个章节环环相扣，逐层递进，可让读者从一位初学者逐步进入到入门者的行列中。

本书由安徽职业技术学院信息学院的李明才、谢翠琴、范莉花、陈锋，安徽邮电职业技术学院的潘基翔，安徽机电职业技术学院的李昊、袁涛，安徽工业经济职业技术学院的熊婷婷编写。其中李明才编写第1章，范莉花编写第2章，潘基翔编写第3章，熊婷婷编写第4章，袁涛编写第5章，陈锋编写第6章，李昊编写第7章，谢翠琴编写第8、9章。全书由李明才、谢翠琴统稿。

本书获安徽高校自然科学研究项目(编号：KJ2018A0863)资助。

由于编者水平有限，书中难免存在疏漏之处，敬请读者批评指正。

编　者

2018年11月

前言

目　录

第 1 章　通信的基础知识

1.1　通信的基本概念

1.1.1　通信技术发展概述

自 19 世纪初电通信技术问世以来，短短的 100 多年时间里，通信技术的发展可谓日新月异，“千里眼”、“顺风耳”等古人的梦想不但得以实现，而且还出现了许多人们过去想都不曾想过的新技术。回顾通信技术的发展过程有利于我们更好地了解与掌握这门学科。表 1－1 对通信技术发展的过程做了简单介绍。

表 1－1　通信技术发展过程简表

年　份	事　件
1838 年	摩尔斯发明有线电报
1864 年	麦克斯韦尔提出电磁辐射方程
1876 年	贝尔发明有线电话
1896 年	马可尼发明无线电报
1906 年	真空管面世
1918 年	调幅无线电广播、超外差收音机问世
1925 年	开始利用三路明线载波电话进行多路通信
1936 年	调频无线电广播开播
1937 年	提出脉冲编码调制原理
1938 年	电视广播开播
1940—1945 年	雷达和微波通信系统迅速发展
1946 年	第一台电子计算机在美国出现
1948 年	晶体管面世；香农提出信息论
1950 年	时分多路通信技术应用于电话

续表

年 份	事 件
1956年	铺设了越洋电缆
1957年	第一颗人造地球卫星上天
1958年	第一颗人造通信卫星上天
1960年	发明了激光
1961年	发明了集成电路
1962年	成功发射第一颗同步通信卫星；脉冲编码调制进入实用阶段
1960—1970年	发明了彩色电视；阿波罗宇宙飞船登月成功；出现高速数字计算机
1970—1980年	大规模集成电路、商用卫星通信、程控数字交换机、光纤通信系统、微处理机等技术迅速发展
1980年至今	超大规模集成电路、长波长光纤通信系统、综合业务数字网迅速崛起

从上表中可以看出，有线电报开创了人类信息交流的新纪元；无线电报为人类通信技术开辟了一个崭新的领域；载波通信的出现，改变了一条线路只能传送一路电话的局面，使一个物理介质上传送多路音频电话信号成为可能；电视极大地改变了人们的生活，使传输和交流信息从单一的声音发展到实时图像；计算机被公认为是20世纪最伟大的发明，它加快了各类科学技术的发展进程；集成电路为各种电子设备提供了高速、微小、功能强大的“心”，使人类的信息传输能力和信息处理能力达到了一个新的高度；光导纤维的发明，使人们寻求到一种真正能够承担起构筑未来信息化基础设施传输平台重任的通信介质；卫星通信将人类带入了太空通信时代；蜂窝移动通信为人们提供了一种前所未有、方便快捷的通信手段；因特网的出现意味着信息时代的到来，使地球变成了一个没有距离的小村落——“地球村”。

1.1.2 通信技术基本概念

尽管通信的方式各种各样，传递的内容千差万别，但都有一个共性，那就是进行信息的传递。因此，可以对通信下一个简单的定义：所谓通信，就是信息的传递。这里“传递”可以认为是一种信息传输的过程或方式。随着计算机技术和计算机网络技术的飞速发展，计算机网络通信也进入了我们的生活。通过因特网(Internet)，我们足不出户就可看报纸、听新闻、查资料、逛商店、玩游戏、上课、看病、下棋、购物、发电子邮件。网络通信丰富多彩的功能极大地拓宽了通信技术的应用领域，使通信渗入到人们物质与精神生活的各个角落，成为人们日常生活中不可缺少的组成部分。作为一门学科、一种技术，现代通信所研究的主要问题是如何把信息大量地、快速地、准确地、广泛地、方便地、经济地、安全地从信源通过传输介质传送到信宿。

1.1.3　通信系统的定义与组成

用于通信的设备硬件、软件和传输介质的集合叫做通信系统。从硬件上看，通信系统主要由信源、信宿、传输介质、接收设备、发送设备五部分组成，如图 1－1 所示(注意，图中的干扰可以理解为是通信系统的一部分，因为在实际应用中，一个通信系统无法彻底消除干扰)。比如电话通信系统包括送话器、电线、交换机、载波机、受话器等要素；广播通信系统包括麦克风、扬声器、发射设备、无线电波、接收设备等。这两个通信系统实例示意图如图 1－2 所示。

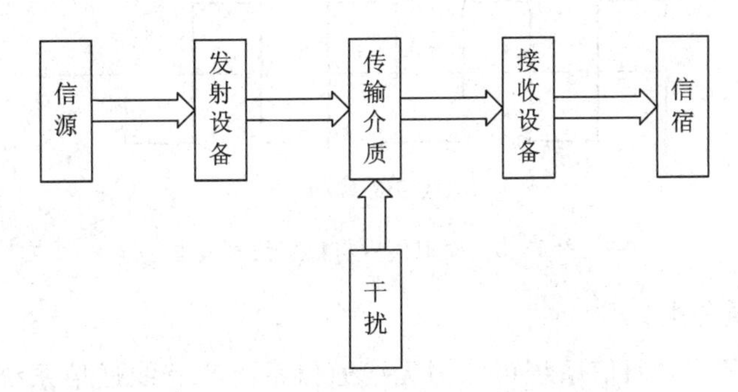

图 1－1　模拟通信系统的一般模型

(a) 有线长途电话系统示意图

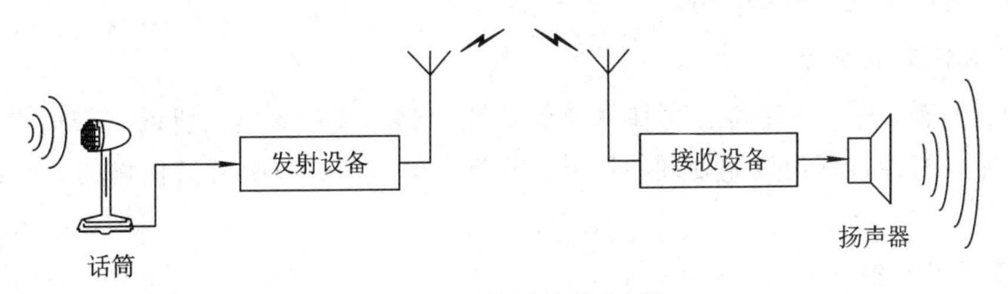

(b) 广播通信系统示意图

图 1－2　通信系统实例示意图

1.2　通信的分类

1. 按信号特征分类

根据信道传输信号种类的不同，通信系统可分为两大类：模拟通信系统和数字通信系统。信道中传输模拟信号的系统为模拟通信系统。模拟信号是指连续变化的信号，如图 1－3(a)所示，大家熟悉的电话、广播和电视信号就是模拟信号。信道中传输数字信号的系统称为数字通信系统。数字信号是指离散变化的信号，如图 1－3(b)所示，数字电话通信信号即为数字信号。

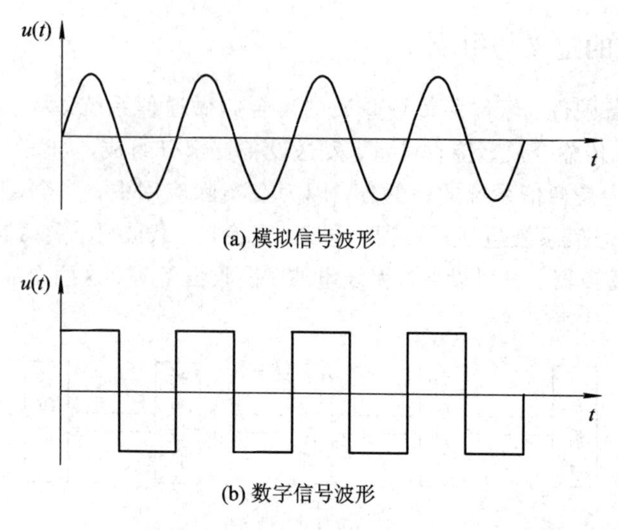

图 1-3　模拟信号与数字信号波形

2. 按传输介质分类

按传输介质的不同，通信系统可分为无线通信系统与有线通信系统。利用无线电波、红外线、超声波、激光进行通信的系统称为无线通信系统。广播系统、移动电话系统、传呼通信系统、电视系统等都是无线通信系统。而用导线(包括电缆、光缆和波导等)作为介质的通信系统就是有线通信系统，如市话系统、闭路电视系统、普通的计算机局域网等。随着通信技术、计算机技术和网络技术的飞速发展，单纯的有线或无线通信系统越来越少，实际通信系统常常是“无线”中有“有线”，“有线”中有“无线”。因此，无线通信、有线通信和计算机网络三者的关系已密不可分。

3. 按调制方式分类

按调制与否，通信系统可分为基带通信系统和调制通信系统。所谓基带通信，是指传输的信号是没有经过任何调制处理的信号，即基带信号，而调制通信传输的是已经调制的信号。

4. 按通信业务分类

按传送信息的业务的不同，通信系统可分为电话通信系统、电报通信系统、广播通信系统、电视通信系统、数据通信系统等。

5. 按工作波段分类

按使用波长的不同，通信系统可分为长波通信系统、中波通信系统、短波通信系统、微波通信系统和光通信系统等。

实际上，一种通信系统可以分属为不同的种类，比如我们所熟悉的无线电广播既是中短波通信系统、调制通信系统、模拟通信系统，也是无线通信系统。无论怎样划分通信系统，都只是在信号处理方式、传输方式或传输介质等外在特征上做区别，其通信的实质并没有改变，即大量地、快速地、准确地、广泛地、方便地、经济地、安全地传送信息这一点没有改变。因此，我们在分析、研究、设计、搭建和使用一个通信系统时，只要抓住这个实质，就不会被系统复杂的结构、先进的技术和生涩的技术术语所迷惑。

1.3　通信的基本方式

通信方式指通信双方(或多方)之间的工作形式和信号传输方式，它是通信各方在通信实施之前必须首先确定的问题。

根据不同的标准，通信方式也有多种分类法。

1. 按通信对象数量分类

按通信对象数量的不同，通信方式可分为点到点通信(即通信在两个对象之间进行)、点到多点通信(一个对象和多个对象之间的通信)和多点到多点通信(多个对象和多个对象之间的通信)三种，如图1-4所示。

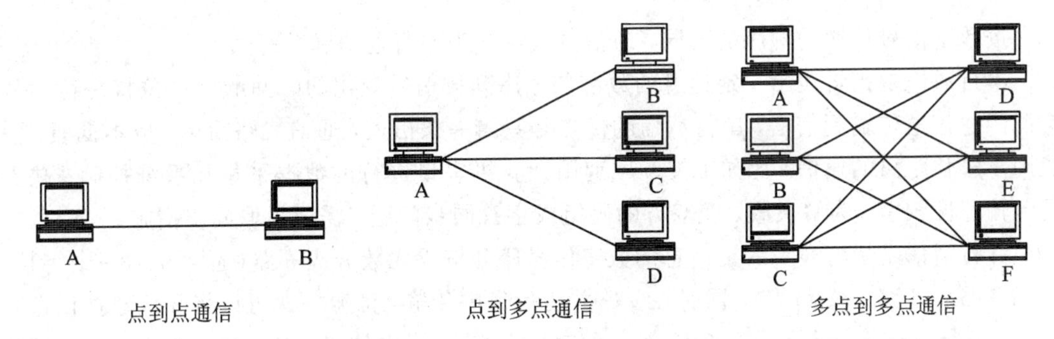

图1-4　不同通信对象数量的通信方式

2. 按信号传输方向与传输时间分类

根据信号传输方向与传输时间的不同，任意两点间的通信方式可分为三种，即单工通信、半双工通信和全双工通信，如图1-5所示。

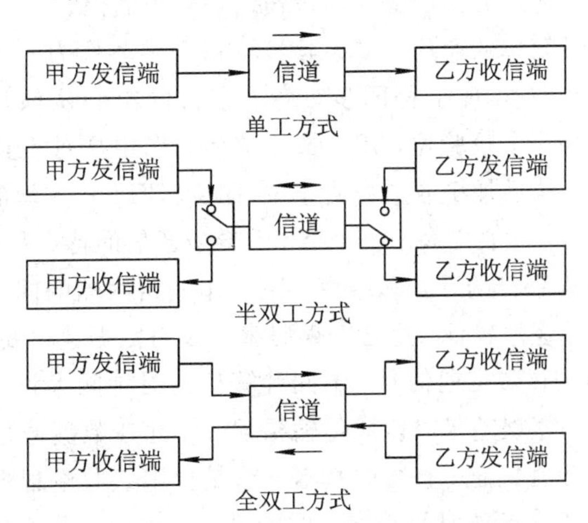

图1-5　不同信号传输方向和传输时间的通信方式

单工通信是指在任何一个时刻，信号只能从甲方向乙方单向传输，甲方只能发信，乙方只能收信，如广播电台与收音机、电视台与电视机的通信(点到多点)，遥控玩具、航模(点到点)、寻呼等亦属此类。

半双工通信是指在任何一个时刻，信号只能单向传输，或从甲方向乙方，或从乙方向甲方，每一方都不能同时收、发信息，如对讲机、收发报机之间的通信，问询、检索等亦属此类。

全双工通信是指在任何一个时刻，信号能够双向传输，每一方都能同时进行收信与发信工作，如普通电话、手机。

3. 按通信终端之间的连接方式分类

按通信终端之间的连接方式的不同，通信方式可分为两点间直通方式和交换方式。直通方式是通信双方直接用专线连接；交换方式是通信双方必须经过一个称为交换机的设备才能进行通信，如电话系统。

4. 按数字信号传输的顺序分类

按数字信号传输的顺序的不同，通信方式可分为串行通信和并行通信。

串行通信是指将表示一定信息的数字信号序列按信号变化的时间顺序一位接一位地从信源经过信道传输到信宿。串行通信的优点是只需一条信道，通信线路简单、成本低廉，一般用于较长距离的通信，比如工控领域利用计算机串口进行的数据采集和系统控制；缺点是传输速度较慢，为解决收、发双方的码组或字符同步问题，需要采取同步措施。

并行通信是指将表示一定信息的数字信号序列按码元数分成 n 路(通常 n 为一个字长，比如 8 路、16 路、32 路等)，同时在 n 路并行信道中传输，信源一次可以将 n 位数据传送到信宿。并行通信的特点是需多条信道、通信线路复杂、成本较高，但传输速率快且不需要外加同步措施就可实现通信双方的码组或字符同步，多用于短距离通信，如计算机与打印机之间的通信。

5. 按同步方式分类

按同步方式的不同，通信方式可分为同步通信和异步通信。

异步通信是最早、最简单的通信方式。异步将每个字节作为一个单元独立传输，字节之间的传输间隔任意。为了实现字符同步，每个字符的第一位前加 1 位起始位(如逻辑“0”)，数据位后面可插入一个校验位，用 0 或 1 表示，作用是对收到的数据是否出现差错进行检测，字符的最后一位后加 1 或 2 位终止位(如逻辑“1”)。这里的“字符”指异步通信的数据单元，不同于“字节”，一般略大于一个字节。异步通信的特点是：每个字符代码前后的起始位和停止位不仅标志字符的开始和结束，还兼作线路两端的同步时钟。异步通信时字符之间的间隔任意，传输速率较低，适合于误码率高及对数据速率要求低的线路。

当两台计算机之间进行数据通信时，不同计算机的时钟频率肯定存在着差异，在大量数据的传输过程中，其积累误差足以造成传输错误，因此在数据通信过程中首先要解决收发双方的时钟频率的一致性问题。解决的基本方法是要求接收端根据发送端发送数据的起止时间和时钟频率来校正自己的时间基准与时钟频率，这个过程就叫做位同步。采用位同步技术的通信就叫做同步通信。实现位同步的方法主要有外同步和内同步两种：

(1) 外同步法：在发送端发送一路数据信号的同时，另外发送一路同步时钟信号，接收端根据接收到的同步时钟信号来校正时间基准与时钟频率，实现收发双方的位同步，如非归零编码就采用了外同步方法。

(2) 内同步法：从自含时钟编码的发送数据中提取同步时钟的方法，称为自同步法，如曼彻斯特编码与差分曼彻斯特编码中都包含有时钟编码，属于内同步法。

1.4　通信系统的调制技术

调制是通信原理中一个十分重要的概念，是一种信号处理技术。无论是在模拟通信、数字通信还是数据通信中都有非常重要的作用。由于通信的目的是为了把信息向远处传递，在传播人声的过程中，可以先用话筒把人声变成电信号，再通过扩音机将电信号放大后用喇叭(扬声器)播放出去。由于喇叭的功率大，因此声音可以传得比较远，但如果还想将声音再传得更远一些，比如几十千米、几百千米，那该怎么办？大家自然会想到用电缆或无线电进行传输，但会出现两个问题：一是铺设一条几十千米甚至上百千米的电缆只传一路声音信号，其传输成本之高、线路利用率之低是人们无法接受的；二是利用无线电通信，但需满足一个基本条件，即欲发射信号的波长(两个相邻波峰或波谷之间的距离)必须能与发射天线的几何尺寸可比拟，该信号才能通过天线有效地发射出去(通常认为天线尺寸应大于波长的十分之一)。音频信号的频率范围是 20 Hz～20 kHz，最小的波长为

$$\lambda = \frac{c}{f} = \frac{3\times 10^8}{20\times 10^3} = 1.5\times 10^4 (\mathrm{m})$$

式中，λ 为波长(m)；c 为电磁波传播速度(光速)(m/s)；f 为声音信号的频率(Hz)。可见，要将音频信号直接用天线发射出去，天线几何尺寸即便按波长的百分之一取也要 150 米高(不包括天线底座或塔座)。因此，要想把音频信号通过可接受的天线尺寸发射出去，就需要想办法提高欲发射信号的频率(频率越高波长越短)。

第一个问题的解决方法是在一个物理信道中对多路信号进行频分复用(FDM)；第二个问题的解决方法是把欲发射的低频信号“搬”到高频载波上去(或者说把低频信号“变”成高频信号)。两个方法有一个共同点就是要对信号进行调制处理。

调制是指让载波的某个或几个参数随调制信号(原始信号)的变化而变化的过程或方式。载波通常是一种用来搭载原始信号(信息)的高频信号，它本身不含有任何有用信息。

下面用一个生活中的例子帮助大家理解调制的概念。比如，我们要把一件货物运到几千千米外的地方，我们必须使用运载工具，或汽车，或火车，或飞机。在这里，货物相当于调制信号，运载工具相当于载波；把货物装到运载工具上相当于调制，从运载工具上卸下货物就是解调。这个例子虽然不十分贴切，但基本上类似于调制原理。

1.5　模拟通信系统、数字通信系统与数据通信系统

1.5.1　三种通信系统的基本概念

根据信道传输信号种类的不同，传统的通信系统可分为两大类：模拟通信系统和数字通信系统。但自从有了数据通信系统之后，这种以信道传输信号的种类为标准对通信系统进行的分类就显得不够严谨，因为数据通信系统的信道可以是传输数字信号的信道，也可

以是传输模拟信号的信道，或者说数据通信中的数据信号既可以以数字信号的形式在数字信道中传输(比如局域网)，也可以转换成模拟信号在模拟信道中传输(比如通过“猫”——调制解调器上网)。

根据通信技术的现状，在传统分类方式的基础上，结合信源和信宿所处理的信号种类对通信系统可重新进行分类，把通信系统分为三种：模拟通信系统、数字通信系统和数据通信系统。

这里需要明确模拟通信、数字通信和数据通信的概念。

模拟通信一般指的是信源发出的、信宿接收的和信道传输的都是模拟信号的通信过程或方式。因此，模拟通信系统可以说是以模拟信道传输模拟信号的系统。

数字通信是指信源发出和信宿接收的是模拟信号，但信道传输的是数字信号的通信过程或方式。信号发送时进行模/数(A/D)转换，信号接收时进行数/模(D/A)转换，因此，数字通信系统可以说是以数字信号的形式传输模拟信号的系统。

数据通信是随计算机和计算机网络的发展而出现的一种新的通信方式，它是指信源、信宿处理的都是数字信号，而传输信道既可以是数字信道也可以是模拟信道的通信过程(方式)。通常，数据通信主要指计算机(或数字终端)之间的通信。

数据通信与传统的话音通信相比，有以下主要特点：

(1) 以计算机为中心。通常是人(通过终端设备)与计算机的通信，或计算机与计算机的通信。

(2) 传输的数据信息通常由计算机(或数字终端设备)产生、加工和处理。

(3) 为了进行信息传递，要有严格的通信协议或规程，对信息传输的准确性和可靠性要求高。

(4) 通信速度较高，可以同时处理大量数据。

(5) 数据呼叫(一次完整的通信过程)具有突发性和持续时间短的特点。

(6) 可采用存储—转发方式工作，且一般多采用这种方式。

(7) 必须采用差错控制措施。

1.5.2 数据通信的主要性能指标

数据通信系统同模拟通信系统、数字通信系统一样具有一些技术性能指标，其中有些概念与后两种通信系统类似。

1. 带宽

带宽有信道带宽和信号带宽之分，一个信道(广义信道)能够传送电磁波的有效频率范围就叫该信道的带宽。对信号而言，信号所占据的频率范围就是信号的带宽。

2. 信号传播速度

信号传播速度是指信号在信道上每秒钟传送的距离，单位是 m/s。由于我们所用的通信信号都是以电磁波的形式出现的，因此信号传播速度略低于光在真空中的速度，基本上是 3×10^5 km/s。

信号传播速度 v 与信号波长 λ 和频率 f 的关系是：$v=f\lambda$。随着传输介质的不同，可能会有少许变化。一般来说，信号传播速度是个常量，介绍它的目的主要是和“数据传输速率”的概念加以对比。

3. 数据传输速率(比特率)

数据传输速率是指每秒能够传输多少位数据，单位是比特/秒(b/s，也有人写作 bps)。数据传输速率高，则传输一位数据的时间短，反之，数据传输速率低，则传输一位数据的时间长。如在 100 Mb/s 传输速率的情况下，每比特传输时间为 10 ns；在 10 Mb/s 传输速率的情况下，每比特传输时间为 100 ns。

4. 最大传输速率

每个信道传输数据的速率有一个上限，我们把这个速率上限叫做信道的最大传输速率，也就是信道容量。

5. 码元传输速率(波特率)

信号每秒钟变化的次数叫做波特率(Baud)。波特率一般小于等于比特率。

6. 吞吐量

吞吐量是信道在单位时间内成功传输的信息量，单位一般为 b/s(即每秒成功传输的信息比特)。例如，某信道 10 分钟内成功传输了 8.4 Mb 的数据，那么它的吞吐量就是 8.4 Mb/600 s=14 kb/s。注意，由于传输过程中出错或丢失数据造成重传的信息量，不计在成功传输的信息量之内。

7. 利用率

利用率是吞吐量和最大数据传输速率之比。

8. 延迟

延迟指从发送者发送第一位数据开始，到接收者成功地收到最后一位数据为止，所经历的时间。它又主要分为传输延迟和传播延迟两种。传输延迟与数据传输速率、发送机/接收机以及中继和交换设备的处理速度有关；传播延迟与传播距离有关。

9. 抖动(Jitter)

延迟不是固定不变的，它的实时变化叫做抖动。抖动往往与机器处理能力、信道拥挤程度等有关。有的应用对延迟敏感，如电话；有的应用对抖动敏感，如实时图像传输。

10. 差错率(包括比特差错率、码元差错率、分组差错率)

差错率是衡量通信信道可靠性的重要指标，在计算机通信中最常用的是比特差错率和分组差错率。

比特差错率是二进制比特位在传输过程中被误传的概率，在样本足够多的情况下，错传的位数与传输总位数之比近似地等于比特差错率的理论值。码元差错率(提示：对应于波特率)指码元被误传的概率。分组差错率指数据分组被误传的概率。

我们通过对线路的描述来说明上述概念：例如，有一条带宽 3000 Hz 的信道，最大传输速率可以达到 30 kb/s，实际使用的数据传输速率为 28.8 kb/s，传输信号的波特率为 2400 b/s，它的吞吐量为 14 kb/s，所以利用率约等于 50%，延迟约为 100 ms，由于环境稳定，因此抖动很小，可忽略不计。

习题 1

1. 简述通信技术的发展过程。
2. 什么是通信技术？什么是通信系统？
3. 通信技术可从哪几个方面进行分类？
4. 根据信号传输方向与传输时间的不同，通信方式可分为哪几种？
5. 简述串行通信与并行通信方式的不同。
6. 简述模拟通信系统、数字通信系统与数据通信系统的区别。
7. 数据通信的主要性能指标有哪些？

第 2 章　移动通信概述

2.1　移动通信的基本概念

移动通信是指通信双方或至少有一方在移动中进行信息交换的通信方式，如移动体(车辆、船舶、飞机或行人)与固定点之间的通信、人与人及人与移动体之间的通信等。采用移动通信技术和设备组成的通信系统即为移动通信系统。

移动通信不受时间和空间的限制，交流信息灵活、高效。它已经成为现代通信网中一种不可或缺的手段，是用户随时随地快速可靠地进行多种形式信息(语音、数据、视频等)交换的理想方式。

2.2　移动通信的发展历程

早在 1897 年，马可尼在陆地和一只拖船之间，用无线电进行了消息传输，这就是移动通信的开端。现代移动通信的发展始于 20 世纪 20 年代，而公用移动通信是从 20 世纪 60 年代开始的。公用移动通信系统的发展已经经历了第一代(1G)、第二代(2G)、第三代(3G)、第四代(4G)，目前正朝第五代(5G)发展。

第一代蜂窝移动通信系统(1G)为模拟系统，以美国的 AMPS 和英国的 TACS 为代表，采用频分双工、频分多址制式，并利用蜂窝组网技术提高频率资源利用率，克服了大区制容量密度低、活动范围受限的问题。虽然该系统解决了容量大和频率资源有限的矛盾，但该系统设备制式不统一，设备复杂，成本高且各厂家生产的设备不能兼容；体质过于混杂，不易于国际漫游；业务种类单一，只提供语音业务；保密性差，通话易被窃听，因而已逐步被各国淘汰。我国于 20 世纪 80 年代末发展了第一代 TASC 系统，到 2000 年之后，已全部退网，停止使用。

第二代数字蜂窝移动通信系统(2G)采用与模拟系统不同的多址方式、调制技术、语音编码、信道编码、分集接收等数字无线传输技术。系统的频谱利用率提高，容量大，还能提供语音、数据等多种业务，并能与 ISDN 等其他的网络进行互联。但系统带宽有限，限制了数据业务的发展，也无法实现移动的多媒体业务。第二代数字蜂窝移动通信系统的主要制式有美国的 DAMPS，欧洲的 GSM 全球移动通信系统，日本的 PDC、窄带 CDMA 等。我国的移动业务主要由“中国移动通信公司 GSM 系统”和“中国联合网络通信有限公司(GSM 和窄带 CDMA 系统)”开展，主要提供移动电话业务、移动数据短信业务，以及各类基本组合业务的“移动套餐”业务等。

第三代蜂窝移动通信系统为宽带移动通信系统(3G)。1985 年，国际电信联盟 ITU 提出未来公共陆地移动通信系统(FPLMTS)，即第三代移动通信系统。FPLMTS后来被更名为IMT－2000。欧洲电信标准协会也提出了通用移动通信系统(UMTS)。最受关注的3G标准有：基于GSM的WCDMA、基于IS－95 CDMA的CDMA 2000、中国自主知识产权的TD－SCDMA。第三代蜂窝移动通信和个人通信系统提供更大的系统容量、更高速的数据传输能力。

第四代移动通信技术(4G)于2001年进入研发阶段，2010年海外的主流运营商开始进行规模建设。2013年12月4日下午，我国工业和信息化部正式发放4G牌照，宣告我国通信行业进入4G时代。4G包含TDD和FDD两种制式，其中，TD－SCDMA网络能够进化到TDD制式，而WCDMA网络能够进化到FDD制式。4G系统能够以100 Mb/s的速度下载，能流畅承载视频、电话会议等业务，上传速度也能达到20 Mb/s，并能够满足几乎所有用户对于无线服务的要求。

2013年5月13日，三星电子宣布，其已率先开发出了首个基于5G核心技术的移动传输网络。2015年5月29日，酷派首提5G新概念：终端基站化。2016年1月7日，工信部召开“5G技术研发试验”启动会。2017年2月9日，国际通信标准组织3GPP宣布了“5G”的官方Logo。中国三大通信运营商于2018年迈出5G商用第一步，并力争在2020年实现5G的大规模商用。5G网络的速度将达到1 Gb/s，它的主要目标是让终端用户始终处于联网状态。5G将来所支持的终端不仅是智能手机，它还要支持智能手表、健身腕带等。5G并不会完全替代4G、WiFi，而是将4G、WiFi等网络融入其中，为用户带来更为丰富的体验。

2.3 移动通信的分类

随着移动通信技术的发展，移动通信系统类型越来越多，其分类方法也各不相同。按使用对象不同，可分为民用和军用移动通信系统；按使用环境不同，可分为陆地、海上和空中三种移动通信系统；按多址方式不同，可分为频分多址(FDMA)、时分多址(TDMA)和码分多址(CDMA)移动通信系统；按业务类型不同，可分为电话、数据和多媒体移动通信系统；按工作方式不同，可分为单工、双工和半双工移动通信系统；按信号形式不同，可分为模拟和数字移动通信系统。下面主要介绍按系统组成结构不同进行的分类。

1. 蜂窝移动通信系统

蜂窝移动通信系统是移动通信的主体，是全球用户容量最大的移动通信网。它把整个大范围的服务区划分成许多小区，每个小区设置一个基站，负责本小区各个移动台的联络与控制，各小区像蜂窝一样布满任何形状的服务地区。利用超短波电波传播距离有限的特点，离开一定距离的小区可以重复使用频率，使频率资源可以充分利用。

2. 集群移动通信系统

集群移动通信系统属于调度系统的专用通信网，是一种专用移动调度系统。系统的可用信道可为全体用户共用，具有自动选择信道功能，它是共享资源、分担费用、共用信道设备及服务的多用途、高效能又廉价的无线调度通信系统。

3. 卫星移动通信系统

利用卫星转发信号也可以实现移动通信，对于车载移动通信可采用赤道固定卫星，而对手持终端，采用中、低轨道的多颗卫星较为合适。通过卫星中继，在海上、空中和地形复杂而人口稀疏的地区中实现移动通信，具有独特的优越性。

为了使地面用户只借助手机即可实现卫星移动通信，主要使用中、低轨道卫星移动通信系统。低轨移动卫星实现手持机个人通信的优点在于：一方面，卫星的轨道高度低、传输时延短、路径损耗小，多个卫星组成的星座可实现真正的全球覆盖，频率复用更有效；另一方面，蜂窝通信、多址、电波束、频率复用技术的发展也为低轨卫星移动通信提供了技术保障。目前发展最快的有低轨道的铱星系统和全球星系统、中轨道的国际移动卫星通信系统和奥德赛系统。

4. 无绳电话系统

室内外慢速移动的手持终端的通信，可以采用功率小的、通信距离近的、轻便的无绳电话机。无绳电话发射功率要比常规的蜂窝高功率系统低 1～2 个数量级，户外覆盖范围小于 500 米，室内小于 50 米。

无绳电话是一种以有线电话网为依托的通信方式，是有线电话网的无线延伸，具有发射功率小、省电、设备简单、价格低廉、使用方便等优点。

5. 无线寻呼系统

无线寻呼系统可以看做是有线电话网的无线延伸，它是一种单频单向通信系统，是移动通信的一个分支。主叫用户通过公用电话交换网和寻呼中心向被呼的寻呼机转发简单的信息，如主呼的电话号码等，寻呼机收到信息时会发出振铃声，并在液晶屏上显示出来。由于振铃声近似于“B－B－”的声音，故通常称为 BP 机。无线寻呼系统虽然双方不能直接通话，但由于 BP 机小巧玲珑、价格低廉、携带方便，曾在国内外深受用户欢迎。

2.4　移动通信系统的构成

早期移动通信系统一般由移动台(MS)、基站(BS)、移动业务交换中心(MSC)及与市话网(PSTN)相连接的中继线等组成，如图 2－1 所示。

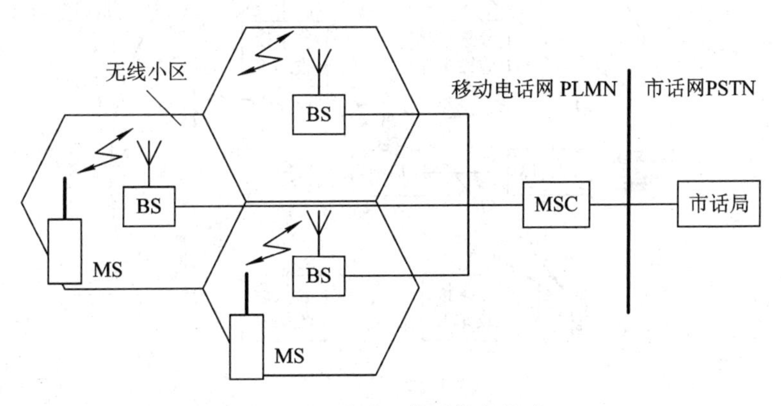

图 2－1　移动通信系统的构成

移动台是移动用户的终端设备，包括车载台、便携台和手机。就目前而言，便携台已不复存在，车载台社会上的拥有量很少，主要用于通信部门和军事上。因此移动台泛指手机。基站是一个能够接收和发送信号的固定电台，负责与移动手机进行通信。基站与移动台都有收、发信机和天馈线等设备。每个基站都有一个有效通信的服务范围，称为无线小区。无线小区的大小由发射功率和基站天线的高度决定，基站天线越高，发射功率越大，则无线小区越大。移动业务交换中心的主要功能是进行信息交换和对整个系统进行集中控制管理。

大容量移动电话系统可以由多个具有一定服务小区的BS构成一个移动通信网，通过BS、MSC就可以实现整个服务区内任意两个移动用户间的通信；也可以通过中继线与市话局连接，实现移动用户与市话用户之间的通信，从而构成一个有限、无线综合的移动通信系统。

2.5 移动通信的组网

随着移动用户数量的不断增加，业务范围的不断扩大，频率资源和可用频道数之间的矛盾日益突出。为解决这一矛盾，移动通信系统按一定的要求，采取相应的技术组成移动通信网络，以实现移动通信系统在大范围内有序地通信。

2.5.1 大区制

早期的移动通信采用大区制。大区制是指在一个服务区内只有一个基站负责移动通信的联络和控制，如图2-2所示。为了扩大服务区域的范围，通常基站天线架设得都很高，发射机的输出功率也很大，一般在200 W左右，其覆盖半径达30～50 km，这就可以保证移动台能够接收到基站的信号。但对于移动台来说，由于受电池容量的限制，移动台发射功率较小，当移动台距基站较远时，移动台可以收到基站发来的信号(下行信号)，但基站却无法正常接收到移动台发出的信号(上行信号)，这就是上、下行传输不平衡问题。为解决这一问题，可以在服务区内设置若干分集接收站R，远端移动台的发送信号可以由就近的R分集接收，放大后传给基站，从而保证了上行链路的通信质量。

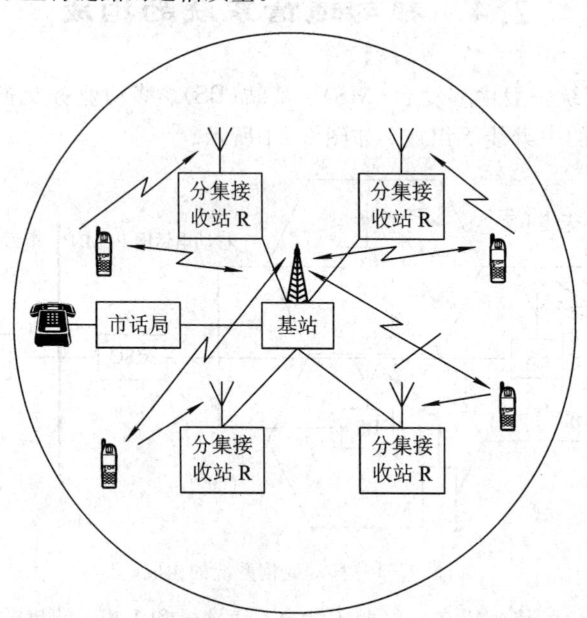

图2-2 大区制示意图

在大区制中，为了避免相互间的干扰，在服务区内的所有频道的频率都不能重复，否则将产生严重的互相串扰，因此大区制的基站频道数是有限的，容量不大，不能满足用户数目日益增多的需要。大区制只适用于中、小城市等业务量不大的地区或专用移动通信业务。

大区制的优点是结构简单、投资少、见效快。大区制的设计和组网代表移动通信的一个发展阶段。在开展移动业务的初期，由于客户较少，且主要几种在经济发达的县市，为节省成本，通常都按大区制考虑。但从长远来看，为满足客户数量不断增长的需求，提高频率利用率，就需要采用小区制。

2.5.2 小区制

小区制是将整个服务区域划分为若干个无线小区，每个无线小区各设一个基站，负责本小区移动通信的联络和控制，同时，又可以在移动业务交换中心的统一控制下，实现无线小区之间移动用户通信的转接，以及移动用户与固定用户的联系。

在小区制结构中，每个无线小区使用一组频道，邻近小区使用不同的频道。由于小区内基站服务区域缩小，同频复用距离减小，所以在整个服务区内，同一组频道可以重复使用，因此大大提高了频率利用率，而且由于基站功率减小，使得相互间的干扰减少。

现将一个大区制的服务区域分为五个小区制，如图 2－3 所示，每个无线小区设置一个小功率基站(BS_1～BS_5)，发射功率一般在 5～10 W，以满足各无线小区移动通信的需要。从图中我们发现，1 区的移动台 MS_1 和 3 区的移动台 MS_3 都可以使用频率 f_1、f_2 来进行通信，这是由于 1 区和 3 区相距较远，且中间隔着 2、4、5 区，功率又较小，因此使用相同频率也不会相互干扰。同样，2、4 小区使用同一对频率实现通信。显然，小区制提高了频率的利用率。另外，无线小区的范围还可以根据实际用户数的多少灵活确定，随着用户数目的增加，小区还可以继续划小，即“小区分裂”，以适应用户数的增加。但是，在这种结构下，移动用户在通信过程中从一个无线小区转入另一个无线小区的概率增加，移动台需要经常更换工作频道。无线小区的范围越小，通信过程中转换频道的次数就越多，这就对控制交换功能的要求越高，再加上基站数量的增加，建网的成本也提高了。

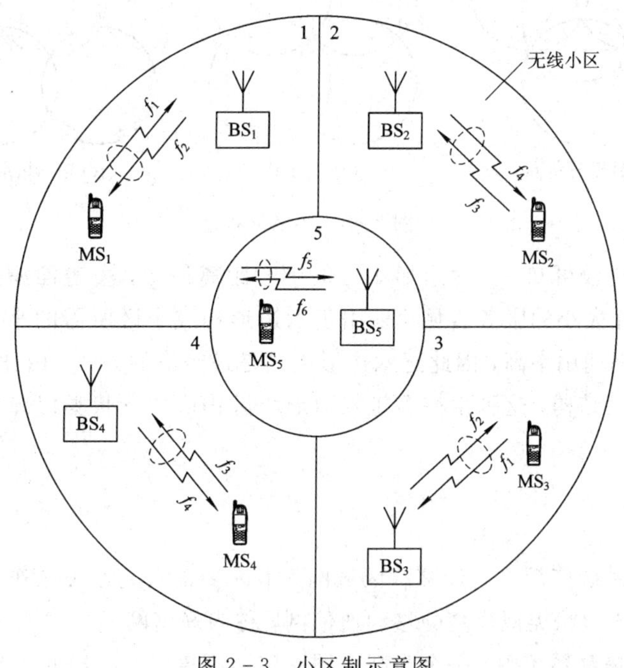

图 2－3　小区制示意图

小区制是集中控制的多基站小区域覆盖。

划分无线通信区域，会涉及无线区域的形状。对于由多个无线小区组成的通信网来说，一般有带状网和蜂窝网。

1. 带状网

带状网主要覆盖于公路、铁路、海岸等，其服务区内用户的分布呈带状分布，每个小无线区的频点 f_1、f_2 反复使用，如图 2-4 所示。

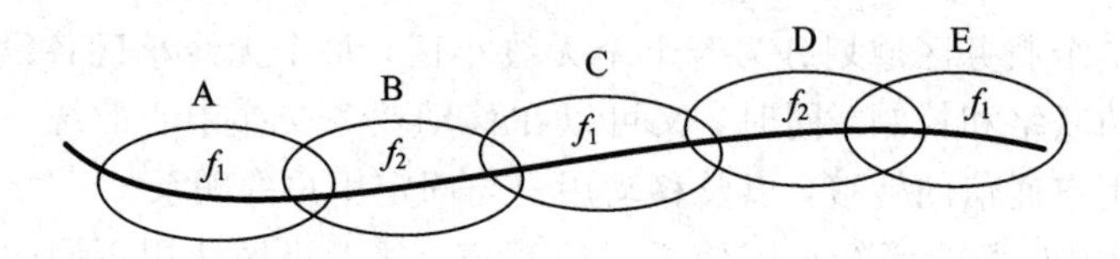

图 2-4　带状小区

由于相邻小区的频率不同，因此不会产生同频干扰。此时基站天线一般采用定向天线，使每个小区呈扁圆形。

2. 蜂窝网

对于大容量移动通信网来说，需要覆盖的是一个宽广的平面服务区。当基站天线采用全向天线，它覆盖的面积可视为一个以基站为圆心、以通信距离为半径的圆。为了不留空隙地覆盖整个平面的服务区，一个个圆形辐射区间一定有很多重叠，考虑到这些重叠，用圆内接正多边形代替圆。从几何图形上看，由规则的多边形彼此邻接构成平面时，只能是正三角形、正方形和正六边形，如图 2-5 所示。

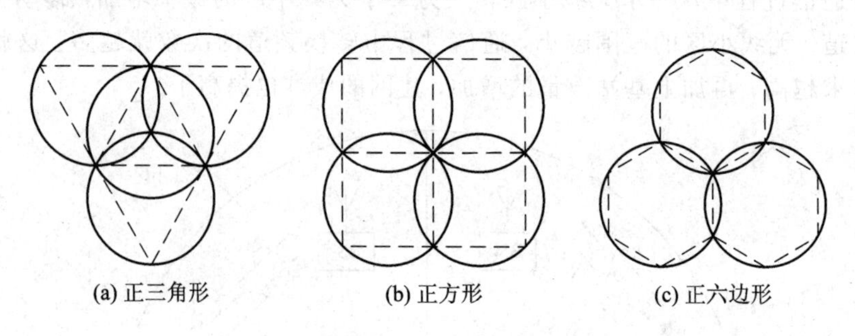

图 2-5　小区形状

对这三种图形比较可知，正六边形小区的中心距离最大，覆盖面积也最大，重叠区面积最小，即对于同样大小的服务区域，采用正六边形构成小区所需的小区数最少，所需频率组数也最少，频率利用率高，因此正六边形组网是最经济的方式。由此可得，面状区域一般采用正六边形小区结构，这种由许多正六边形小区构成的形状类似蜂窝的小区制移动通信网称为蜂窝网。

2.5.3　区群

现代移动通信系统广泛采用蜂窝状区域网。用许多正六边形小区作为基本几何图形覆盖整个服务区，构成形状类似蜂窝的移动通信网，称为蜂窝网。

在频分信道的蜂窝系统中，每个小区占用一定的频道，而且各小区占用的频道不相同，当小区覆盖面积不断扩大且小区数目不断增加时，将会出现频率资源不足的问题。为了实施频率复用，提高频率资源的利用率，用空间划分的方法，在不同的空间进行频率复用。即由若干个正六边形小区构成单位无线区群，区群内不同的小区使用不同的频率，另一单位无线区群中对应的小区可重复使用相同的频率。不同区群中相同频率的小区间将会产生同频干扰，但当这两个小区间隔足够大时，同频干扰不会影响正常的通信质量。将所有这些单位无线区群彼此邻接就构成了整个服务区，既提高了频率利用率，又能有效控制同频小区间的干扰影响。

构成单位无线区群的基本条件是：① 各单位无线区群间能彼此邻接且无空隙地覆盖整个面积；② 相邻单位无线区群中的同频小区之间距离相等，且为最大。满足这两个条件的单位无线区群及区群内的小区数 N 是有限的，且应满足：

$$N = a^2 + ab + b^2 \tag{2-1}$$

式中，a、b 分别为相邻同频小区之间的二维距离(相隔小区数)，均为正整数，包括 0，但不能同时为 0 或一个为 0，一个为 1。由式(2-1)可得到 N=3、4、7、9、12、13、16、19、21……N 为不同值时的单位无线区群结构如图 2-6 所示。

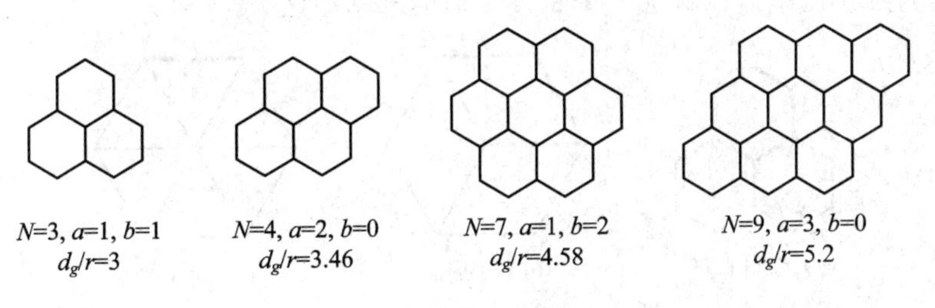

图 2-6　各种单位无线区群图

按图 2-6 所示的单位无线区群彼此邻接排布都可以扩大服务区，但如何选择单位无线区群呢？这就要根据系统所要求的同频道复用距离而定，区群间同频复用距离可由下式计算：

$$d_g = r\sqrt{3N} \tag{2-2}$$

式中，d_g 为同频复用小区之间的几何中心距离；N 为区群内的小区数；r 为无线小区半径。由式(2-2)可见，区群中小区数 N 越大，同频道小区距离就越远，抗同频干扰的性能也就越好。当然，在满足所要求的同频复用距离的前提下，N 应取最小值，因为 N 越小，频率利用率越高。

2.5.4　小区的激励方式

基站位于无线小区的中心，采用全向天线实现无线小区的覆盖，这就是“中心激励”方式，如图 2-7(a)所示。

将基站设置在每个蜂窝相间的三个顶点上，每个基站采用 3 个互成 120°扇形覆盖的定向天线，分别覆盖三个相邻小区的各 1/3 区域，每个小区由顶点的三个 120°扇形天线共同覆盖，这就是“顶点激励”方式，如图 2-7(b)所示。

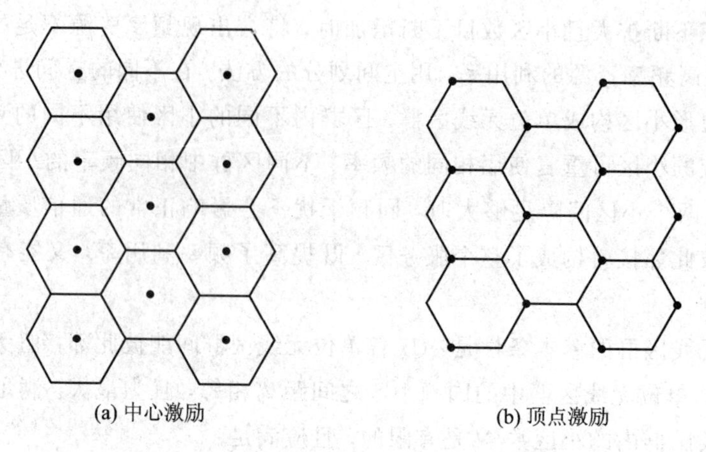

(a) 中心激励　　(b) 顶点激励

图 2-7　无线小区的激励方式

顶点激励主要有“三叶草形”和“120°扇面”两种，如图 2-8 所示。顶点激励方式中，三个 60°扇面(天线的半功率点夹角为 60°)的正六边形无线小区可构成一个三叶草形的基站小区，而“120°扇面”则由三个菱形无线小区构成一个正六边形的基站小区。另外，采用六个 60°扇面的三角形小区也可以构成一个正六边形的基站小区。

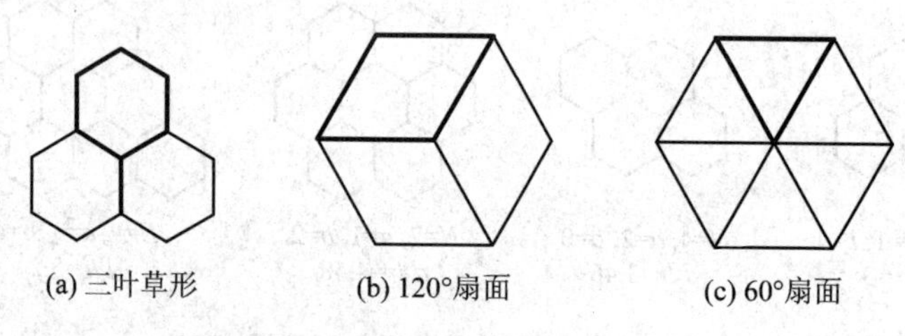

(a) 三叶草形　　(b) 120°扇面　　(c) 60°扇面

图 2-8　顶点激励方式

由于“顶点激励”方式采用了定向天线，对于来自 120°主瓣之外的同频干扰信号而言，天线方向性能提供了一定的隔离度，降低了干扰。

上面的分析是假定整个服务区的用户密度(容量密度)是均匀的，所以无线区的大小相同，每个无线区分配的信道数也相同。但是，在实际的通信网中，各地区的用户密度通常是不同的，一般来说市区密度高，市郊密度低。为了适应这样的情况，对于用户密度高的地区，可以将无线区适当划小一点，或者分配更多的信道数给每个无线区，如图 2-9 所示(图中数值表示无线区中的信道数)。

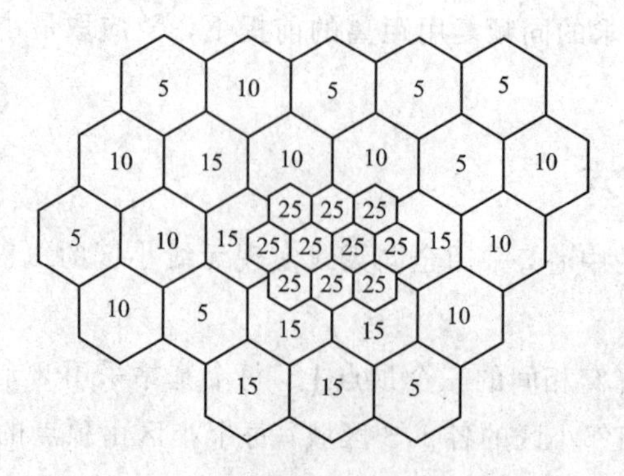

图 2-9　容量密度不等时的区域划分

考虑到用户数随时间的增长而不断增多，当原有无线区的容量高到一定程度时，就可以将原有无线区再细分成更小的无线区，以此来增大系统的容量和容量密度，即“小区分裂”。其划分方法是：将原来的无线区一分为四或一分为三，如图 2-10 所示。

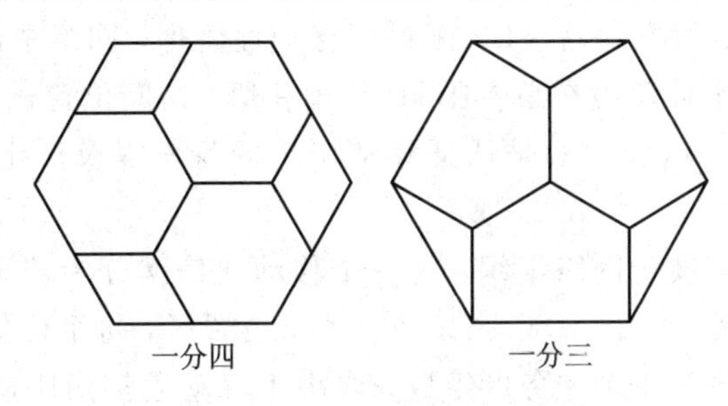

图 2-10　无线小区分解示意图

2.5.5　移动通信网络结构

移动通信的基本网络结构如图 2-11 所示。基站通过传输链路和移动交换机相连，交换机再与固定的电信网或其他通信网相连，这样就可以形成以下两种通信链路：①移动用户↔基站↔交换机↔其他网络↔其他用户；②移动用户↔基站↔交换机↔基站↔移动用户。

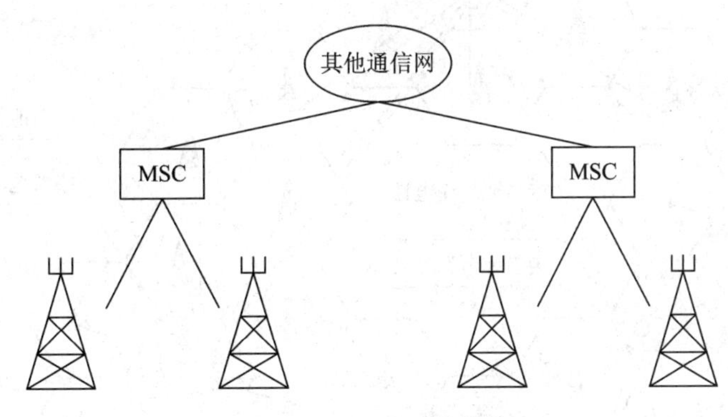

图 2-11　基本网络结构

基站与交换机间、交换机与网络间可采用有线链路(如光纤、同轴电缆等)，也可以采用无线链路(如微波链路、毫米波链路等)。这些链路上传输的数字信号形式一般为 PCM 数字多路复用信号，它们有两类标准：一类是北美和日本的标准系列 T1/T1C/T2/T3/T4；另一类是欧洲及其他大部分地区的标准系列 E1/E1C/E2/E3/E4。我国采用欧洲标准。

通常每个基站要同时支持 50 路话音呼叫，每个交换机可以支持近 100 个基站，交换机到其他网络间需要有 5000 个话路的传输容量。

交换机通常由交换网络、接口单元和控制系统组成。交换网络的作用是在控制系统的控制下，将任一输入线与输出线接通，实现信息交换；接口单元是将来自用户线或中继线的各种不同的输入信令和消息转换成统一的机内信令；控制系统主要负责话路的接续控制，同时还负责通信网络的运行、管理和维护。

移动通信网络中的交换机一般称为移动交换中心(MSC)。与常规交换机的不同之处是：MSC 除了要完成常规交换机的所有功能外，还负责移动性管理和无线资源管理(包括越区切换、用户位置登记管理等)。

在模拟蜂窝移动通信系统中，移动性管理和用户鉴权及认证都包括在 MSC 中。在数字蜂窝移动通信系统中，将移动性管理、用户鉴权及认证从 MSC 中分离出来，设置了原籍位置寄存器 HLR 和访问位置寄存器 VLR 来进行移动性管理。网络中设置认证中心 AUC 进行用户鉴权和认证。每个移动用户必须在 HLR 中注册，访问位置寄存器 VLR 是存储用户位置信息的动态数据库，认证中心是认证移动用户的身份以及产生相应认证参数的功能实体。

蜂窝移动网中，为了便于网络组织，将一个移动通信网分为若干个服务区，每个服务区又分为若干个 MSC 区，每个 MSC 区又分为若干位置区，每个位置区由若干个基站小区组成。一个移动通信网由多少个服务区组成，取决于移动通信网所覆盖区域的用户密度和地形地貌等。多个服务区的网络结构如图 2-12 所示。每个 MSC 要与本地的市话汇接局、本地长途电话交换中心相连。MSC 之间需要互联互通才能够构成一个功能完善的网络。

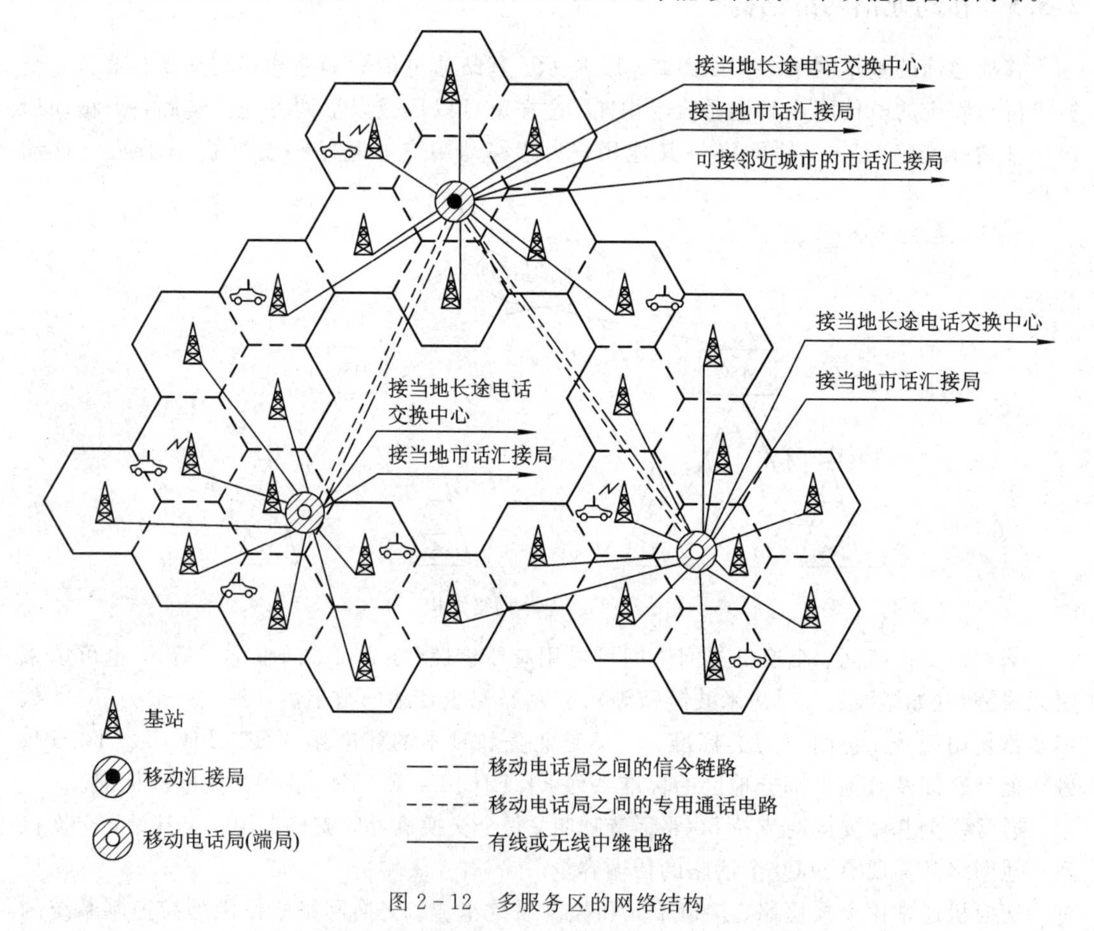

图 2-12 多服务区的网络结构

2.6 移动通信的基本特点

移动通信把无线通信技术、有线传输技术、计算机通信技术等结合在一起，为用户提供一个较为理想的现代通信网。移动通信可应用于各类条件下，与其他通信方式相比较，移动通信有如下特点。

1. 电波传播环境恶劣，存在严重的多径衰落

移动体往来于各种各样的障碍物之中，其接收信号的强度主要由障碍物的反射、绕射和散射叠加而成，不同的地形、地物对信号会有不同影响。移动体相对于发射台移动的方向和速度，甚至收、发双方附近的移动物体对接收信号也会产生很大的影响。这些原因造成了移动台在行进途中接收信号的电平起伏不定，最大的可相差 30 dB 以上。为保证一定等级的通信质量，要求对移动通信系统进行合理的设计。

2. 在强干扰情况下工作

移动通信系统运行在复杂的干扰环境中，主要来自于城市噪声、各种车辆发动机点火噪声、微波炉干扰噪声等。除去这些常见的外部干扰，移动通信系统本身和不同系统之间，还会产生很多干扰，主要的干扰有互调干扰、邻道干扰、同频干扰，以及近地无用强信号压制远地有用弱信号的现象(远近效应)等。如何减少这些干扰的影响，对移动通信系统来说也是至关重要的。

3. 多普勒频移产生附加调制

当运动的物体达到一定速度时，固定点接收到的载波频率将随相对运动速度 v 的不同产生不同的频率偏移，即产生多普勒效应，使接收点的信号场强振幅、相位随时间、地点而变化。多普勒频移与移动物体的运动速度、接收信号载波的波长 λ、电波到达的入射角 θ 有关：

$$f_d = \frac{v}{\lambda}\cos\theta \tag{2-3}$$

式(2-3)中，运动方向面向地面接收站时，f_d 为正值；反之 f_d 为负值。运动速度越高，工作频率越高，则频移越大，必须考虑多普勒频移的影响。在高速移动电话系统中，多普勒频移影响 300 Hz 左右的话音，会出现令人不适的失真；对低速数字信号传输不利，对高速数字信号传输影响不大。

4. 频谱资源有限

随着社会的发展，用户数的不断增加，通信系统的容量和频谱资源之间的矛盾越来越严重，因此，除了开发新频段外，还需要采取各种新措施，提高频谱的利用率，合理分配和管理频率资源。

5. 网络结构多样化，要求有效的管理和控制

系统中用户终端可以在整个移动通信服务区域内自由运动，为确保与用户的通信，移动通信系统必须具备很强的管理和控制功能，如用户的位置登记和定位，通信链路的建立和拆除，频道的控制和分配，通信的计费、鉴权和保密措施，以及越区切换和漫游控制等。

2.7　移动通信的噪声与干扰

在通信系统中普遍存在噪声和干扰，它们对信道中信号的传输有着很严重的限制。噪声又分为内部噪声和外部噪声，其中外部噪声和干扰是影响通信性能的重要因素。外部噪声包括自然噪声和人为噪声。干扰指无线电台间的相互干扰，如同频干扰、邻道干扰、互调干扰等。

2.7.1 噪声

1. 噪声的分类

1）内部噪声

内部噪声是系统设备本身产生的各种噪声，主要来源是电阻的热噪声和电子器件的散弹噪声。

热噪声由粒子的热运动产生。温度越高，粒子运动越剧烈，形成的噪声也越大。热噪声的瞬时值符合高斯分布，因此又称为高斯噪声。热噪声的频道很宽，几乎是所有无线电频谱的叠加，因此又称为白噪声。

散弹噪声起因于载流子随机通过PN结：因单位时间内通过PN结的载流子数目不同，使得通过PN结的正向电流在平均值上下做不规则的起伏变化。

热噪声和散弹噪声一般无法避免，而且它们的准确波形无法预测。这种无法预测的噪声也统称为随机噪声。

2）外部噪声

外部噪声有自然噪声和人为噪声。自然噪声主要指银河噪声、太阳噪声、大气噪声等。自然噪声远低于接收机的固有噪声，可忽略，因此我们主要研究人为噪声。

人为噪声是由各种电气设备中电流或电压的剧变而形成的电磁波辐射造成的。人为噪声由人为噪声源引起，如马达、高频电气装置、电气开关等所产生的火花放电等。城市人为噪声比较大，主要是汽车点火噪声。对于BS与MS来说，由于接收天线的高度及天线离道路的距离不一样，因此受噪声的影响也不同。

根据图2-13我们可以估算平均人为噪声功率。

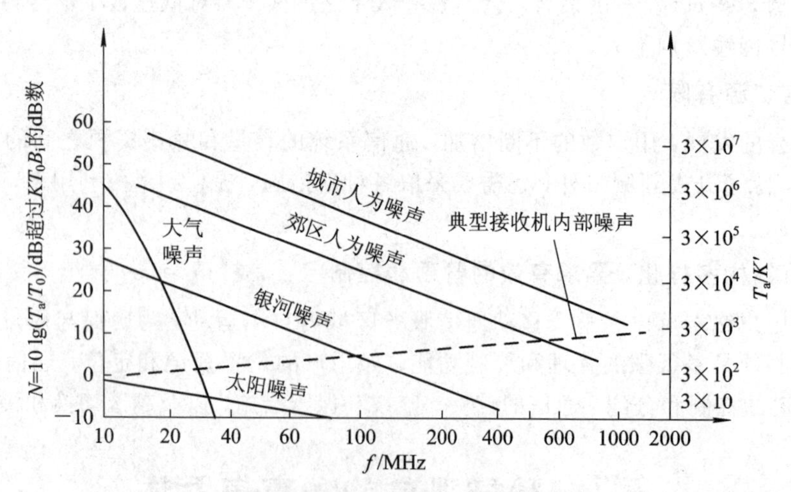

图2-13 各种噪声功率与频率的关系

噪声功率 $N=N_0+N_1$，其中，N_0 为基准噪声功率；N_1 为高出基准噪声功率的分贝数。基准噪声功率 $N_0=KT_0B_i$，其中，K 为玻尔兹曼常数(J/K)；T_0 为参考绝对温度(290 K°)；B_i 为接收机带宽；$KT_0=-204$ dBW/Hz。如 $B_i=10\lg200$ kHz $=53$ dB，则 $KT_0B_i=-151$ dBW $=-121$ dBm。如果移动台的工作频率为900 MHz，则城市的人为噪声

移动通信有如下特点。

1. 电波传播环境恶劣，存在严重的多径衰落

移动体往来于各种各样的障碍物之中，其接收信号的强度主要由障碍物的反射、绕射和散射叠加而成，不同的地形、地物对信号会有不同影响。移动体相对于发射台移动的方向和速度，甚至收、发双方附近的移动物体对接收信号也会产生很大的影响。这些原因造成了移动台在行进途中接收信号的电平起伏不定，最大的可相差 30 dB 以上。为保证一定等级的通信质量，要求对移动通信系统进行合理的设计。

2. 在强干扰情况下工作

移动通信系统运行在复杂的干扰环境中，主要来自于城市噪声、各种车辆发动机点火噪声、微波炉干扰噪声等。除去这些常见的外部干扰，移动通信系统本身和不同系统之间，还会产生很多干扰，主要的干扰有互调干扰、邻道干扰、同频干扰，以及近地无用强信号压制远地有用弱信号的现象(远近效应)等。如何减少这些干扰的影响，对移动通信系统来说也是至关重要的。

3. 多普勒频移产生附加调制

当运动的物体达到一定速度时，固定点接收到的载波频率将随相对运动速度 v 的不同产生不同的频率偏移，即产生多普勒效应，使接收点的信号场强振幅、相位随时间、地点而变化。多普勒频移与移动物体的运动速度、接收信号载波的波长 λ、电波到达的入射角 θ 有关：

$$f_d = \frac{v}{\lambda}\cos\theta \tag{2-3}$$

式(2－3)中，运动方向面向地面接收站时，f_d 为正值；反之 f_d 为负值。运动速度越高，工作频率越高，则频移越大，必须考虑多普勒频移的影响。在高速移动电话系统中，多普勒频移影响 300 Hz 左右的话音，会出现令人不适的失真；对低速数字信号传输不利，对高速数字信号传输影响不大。

4. 频谱资源有限

随着社会的发展，用户数的不断增加，通信系统的容量和频谱资源之间的矛盾越来越严重，因此，除了开发新频段外，还需要采取各种新措施，提高频谱的利用率，合理分配和管理频率资源。

5. 网络结构多样化，要求有效的管理和控制

系统中用户终端可以在整个移动通信服务区域内自由运动，为确保与用户的通信，移动通信系统必须具备很强的管理和控制功能，如用户的位置登记和定位，通信链路的建立和拆除，频道的控制和分配，通信的计费、鉴权和保密措施，以及越区切换和漫游控制等。

2.7　移动通信的噪声与干扰

在通信系统中普遍存在噪声和干扰，它们对信道中信号的传输有着很严重的限制。噪声又分为内部噪声和外部噪声，其中外部噪声和干扰是影响通信性能的重要因素。外部噪声包括自然噪声和人为噪声。干扰指无线电台间的相互干扰，如同频干扰、邻道干扰、互调干扰等。

2.7.1 噪声

1. 噪声的分类

1）内部噪声

内部噪声是系统设备本身产生的各种噪声，主要来源是电阻的热噪声和电子器件的散弹噪声。

热噪声由粒子的热运动产生。温度越高，粒子运动越剧烈，形成的噪声也越大。热噪声的瞬时值符合高斯分布，因此又称为高斯噪声。热噪声的频道很宽，几乎是所有无线电频谱的叠加，因此又称为白噪声。

散弹噪声起因于载流子随机通过PN结：因单位时间内通过PN结的载流子数目不同，使得通过PN结的正向电流在平均值上下做不规则的起伏变化。

热噪声和散弹噪声一般无法避免，而且它们的准确波形无法预测。这种无法预测的噪声也统称为随机噪声。

2）外部噪声

外部噪声有自然噪声和人为噪声。自然噪声主要指银河噪声、太阳噪声、大气噪声等。自然噪声远低于接收机的固有噪声，可忽略，因此我们主要研究人为噪声。

人为噪声是由各种电气设备中电流或电压的剧变而形成的电磁波辐射造成的。人为噪声由人为噪声源引起，如马达、高频电气装置、电气开关等所产生的火花放电等。城市人为噪声比较大，主要是汽车点火噪声。对于BS与MS来说，由于接收天线的高度及天线离道路的距离不一样，因此受噪声的影响也不同。

根据图2-13我们可以估算平均人为噪声功率。

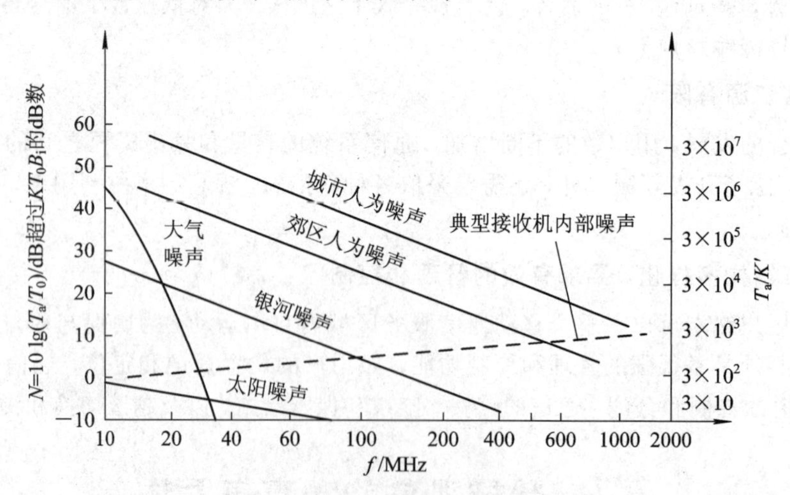

图2-13 各种噪声功率与频率的关系

噪声功率 $N=N_0+N_1$，其中，N_0 为基准噪声功率；N_1 为高出基准噪声功率的分贝数。基准噪声功率 $N_0=KT_0B_i$，其中，K 为玻尔兹曼常数(J/K)；T_0 为参考绝对温度(290 $K°$)；B_i 为接收机带宽；$KT_0=-204$ dBW/Hz。如 $B_i=10\lg200$ kHz$=53$ dB，则 $KT_0B_i=-151$ dBW$=-121$ dBm。如果移动台的工作频率为900 MHz，则城市的人为噪声

电平为 $-151\ \text{dBW}+18\ \text{dB}=-133\ \text{dBW}=-103\ \text{dBm}$。

为抑制人为噪声，应采取必要的屏蔽和滤波措施，也可在接收机上采取相应的措施。

2. 噪声系数

每一个信号均混杂着噪声，从噪声对信号影响的情况看，不在于噪声电平绝对值的大小，而在于信号与噪声的相对大小，因此常用信号与噪声的功率之比(信噪比)来衡量噪声对信号的影响程度，用 P_s/P_n 表示。显然，信噪比越大，信号越纯，恢复原始信号就越容易，传输的语音也越清晰，图像文字等的分辨率也越高。

当信号在信道中传输时，由于信道产生的噪声要叠加到信号上去，所以信噪比不断恶化，使输出信号的质量变坏。由此可见，通过输出端信噪比相对于输入端信噪比的变化，可以明确地反映线性网络的噪声性能，从而引入噪声系数这一概念。它定义为输入端的信噪比 P_{si}/P_{ni} 与输出端的信噪比 $P_{so}P_{no}$ 的比值，用 N_F 表示，因此有 $N_F=\dfrac{P_{si}P_{ni}}{P_{so}/P_{no}}$，用分贝表示为

$$N_F = 10\lg\frac{P_{si}P_{ni}}{P_{so}/P_{no}} \tag{2-4}$$

噪声系数 N_F 说明信号从线性网络的输入端传到输出端时，信噪比下降的程度，所以实际线路中的 N_F 总是大于 1 的，只有理想网络中的噪声系数才有可能为 1(0 dB)。

3. 降低噪声的方法

选择低噪声器件是降低噪声的基本方法，场效应管具有比晶体管小得多的最佳噪声系数。电阻是无缘网络中主要的噪声源，一般薄膜电阻比实心电阻噪声小。薄膜电阻中，金属膜电阻噪声最小。如果体积允许，应尽量不采用超小型电阻，因为小电阻不易散热，容易产生噪声。

一般，高增益放大器的输入级统称为低噪声级，因为输入的信号电平很低，输入级的噪声将起作用。在多级的级联放大器中，虽然每一级放大器都会产生内部噪声，但噪声源在第一级时影响最大，所以设计高增益放大器时，必须着重第一级放大器的设计。

对于基站，要改善上行信号接收时的噪声影响，可以在塔顶天线与馈线连接处加装塔顶放大器。塔顶放大器(塔放)就是在基站接收系统的前端，即紧靠接收天线的位置增加一个低噪声放大器，以改善基站的接收性能。塔放位置如图 2-14 所示。

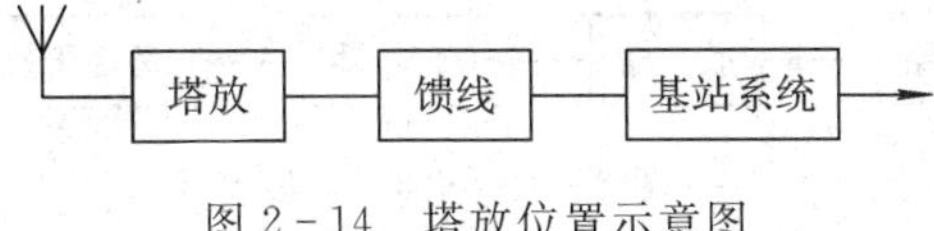

图 2-14　塔放位置示意图

塔放对改善上行链路性能的作用可分为改善噪声系数和提高基站系统的接收灵敏度两个方面。塔放降低了基站接收系统的噪声系数，有效改善了上行信号，提高了基站系统的接收灵敏度。

2.7.2　干扰

移动通信系统中的干扰主要来源于广播、电视、雷达及其他通信系统(如微波中继通信系统、散射通信系统等)。在移动通信中考虑的主要干扰有同频干扰、邻道干扰和互调干

扰等。

1. 同频干扰

同频干扰也称为同信道干扰(同道干扰)，是指相同载频电台之间的干扰。在蜂窝移动通信系统中，为了提高频率利用率，在相隔一定距离可以使用相同的频率，这称为同信道复用。当有两条或多条同频信道在同时进行通信时，就会存在同频干扰问题，而复用距离越远，干扰就越小，但频率利用率也会随之降低。因此，在对无线区群进行频率分配时，两者要兼顾考虑。

在满足一定通信质量要求的前提下，确定的相同频率重复使用的最小距离，称为同频复用最小安全距离。在同频复用距离不变的情况下，将全向天线改为定向天线，对同频干扰也有很大的改善。

2. 邻道干扰

邻道干扰是指相邻的或邻近的信道的信号相互干扰。在多信道共用的移动通信系统中，当移动台靠近基站时，移动台发射机的调制边带扩展和边带噪声辐射，将会对正在接收微弱信号的邻道基站接收机产生干扰。一般来说，移动台距离基站越近，路径传播衰减越小，则邻道干扰越大。反之，基站发射机对移动台接收机的邻道干扰则不太严重。因为远距离的接收台接收的有用信号功率远大于邻道干扰功率。邻道干扰属于共信道干扰，即干扰分量落在被干扰接收机带内，接收机的选择性再好也无法滤除此类干扰。对于基站的收发信来说，因收发双工频距足够大，所以发射机的调制边带扩展和边带噪声辐射不会对接收机产生严重干扰，即使移动台相互靠近时，由于收发双工频距很大，也还是不会产生严重干扰。

1）调制边带扩展

调制边带扩展干扰是指话音信号经调频后，它的某些边带频率落入相邻信道形成的干扰。调频波有 1，2，3，…，n，…，∞个边频分量，某些边频分量落入邻道接收机带内，就造成了调制边带扩展，干扰邻道。调频波有无穷个边频分量，严格来说频带宽度无限，但一般当 $n>4$ 后，幅度越来越小，可以忽略。

为减少发射机调制边带扩展干扰，应严格限制调制信号的带宽。一般在发射机的语音加工电路中，加入瞬时频偏控制(IDC)电路和邻道干扰滤波器，如图 2-15 所示。

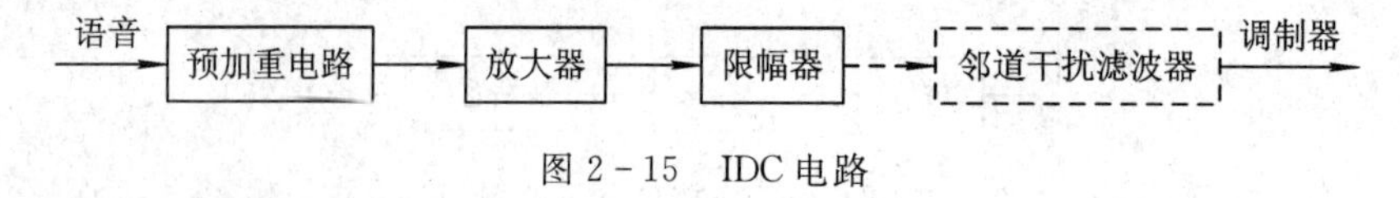

图 2-15　IDC 电路

2）发射机边带噪声

在发射机工作频率的两侧存在的频谱很宽的噪声称为发射机边带噪声，它可能在数兆赫兹范围内对接收机产生干扰。影响发射机边带噪声大小的因素主要有振荡器、倍频器的噪声，IDC 电路和调制电路的噪声及电源的脉动、脉冲信号等引起的噪声。

减小发射机噪声干扰的措施主要有两个：一是设法减小发射机本身的边带噪声，如减小倍频次数，降低振荡器的噪声，电源去耦，尽量少采用低电平工作的电路及高灵敏度的调制电路等；二是从系统设计上采取减小发射机边带噪声干扰的措施，如在发射机输出端

插入高 Q 带通滤波器或增大各工作信道频距，移动台发射机采用自动功率控制等。

3. 互调干扰

互调干扰是由于多个信号加至非线性器件上，产生与有用信号频率相近的组合频率（互调产物），从而造成的对系统的干扰。

非线性器件的输入信号多于两个时，会增生原来信号中所没有的不需要的组合频率，即互调产物。如果产生的互调产物落入某接收机带内，且具有一定强度，就会造成对该接收机的干扰。在移动通信中，对于发射机，在发射机末端，由于功放的非线性，由天线侵入的其他干扰信号与发射的有用信号互调就造成了发射机互调；对于接收机，处于互调关系的多个信号同时进入一个接收机，由于接收机高放或混频的非线性而产生互调干扰，这就造成了接收机互调。此外，在发射机附近，由于金属接头件生锈或腐蚀及不同金属接触处在强射频场中产生检波作用，从而会产生互调信号辐射，即外部互调，也叫生锈螺栓效应。

总的来说，互调产生的原因是多个信号相互调制，产生组合频率。组合频率 $n\omega_A \pm m\omega_B$ 用幂级数表示为多次项，系数一般随阶次增高而减小，因此幅度最大、影响最严重的是有用信号附近的三阶互调。

1）三阶互调

一般非线性器件的非线性可用幂级数表示为

$$i = a_0 + a_1 u + a_2 u^2 + a_3 u^3 + \cdots \tag{2-5}$$

式中，a_0，a_1，a_2，a_3…为非线性器件的特性系数，通常有 $a_1 > a_2 > a_3 > \cdots$。

假设输入回路的选择性较差，有两个信号同时作用于非线性器件，即

$$u = A\cos\omega_A t + B\cos\omega_B t \tag{2-6}$$

则输出回路电流 i=直流项+基频项+2 次项+3 次项+…。在 3 次项中，会出现 $2\omega_A \pm \omega_B$、$2\omega_B \pm \omega_A$ 等组合频率。在这些组合频率中，对于 $2\omega_A - \omega_B$ 和 $2\omega_B - \omega_A$ 两项而言，当 ω_A 和 ω_B 都接近于有用信号的频率 ω_0 时，很容易满足下列条件：

$$\begin{cases} 2\omega_A - \omega_B \approx \omega_0 \\ 2\omega_B - \omega_A \approx \omega_0 \end{cases} \tag{2-7}$$

式(2-7)说明，这两种组合频率不仅可以落入接收机的通频带之内，而且可以在 ω_A 和 ω_B 都靠近 ω_0 的情况下发生，因为接收机的输入电路对频率靠近其工作频率的干扰信号不会有很大的抑制作用，因此这两种组合频率的干扰对接收机的影响比较大。通常将这种干扰称为三阶互调干扰。

当然还存在五阶、七阶等互调干扰，但高阶互调的强度一般都小于低阶互调分量的强度，也就是说五阶、七阶互调干扰的影响小于三阶互调干扰的影响，因此一般都只考虑三阶互调干扰。

2）无三阶互调的频道组

移动通信系统是采用多信道工作的，这些信道间隔较窄，各信道载频相差不大，与信道载频相比很小，因此，产生三阶互调的频率源主要是网内的多信道频率。为了避免三阶互调干扰，在分配频率时，应合理选用频道组中的频率，使它们可能产生的互调产物不致落入同组频道中的任一工作频道。

如有 n 个等间隔信道，f_x、f_i、f_j、f_k 分别为 x、i、j、k 信道的载频，则产生三阶互调

干扰的频率是

$$f_x = 2f_i - f_j \quad (i \neq j)$$

$$f_x = f_i + f_j - f_k \quad (i \neq j \neq k)$$

若 C_1 信道使用频率 f_1，C_2 信道使用 f_2，C_n 信道使用 f_n，则任一信道的频率为

$$f_n = f_1 + \Delta F(C_n - 1)$$

其中，f_1 为所有信道频率中的最低频率；ΔF 为信道间隔的频率数；C_n 为 n 信道序号，如图 2-16 所示。

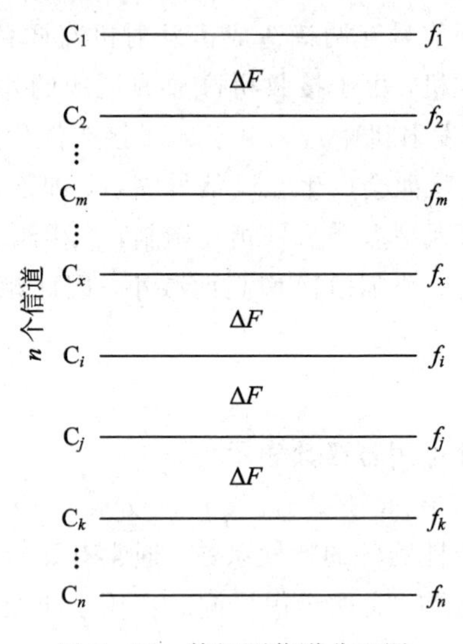

图 2-16　等间隔信道分配图

用信道序号表示的三阶互调：

$$C_x = 2C_i - C_j \quad (i \neq j)$$

$$C_x = C_i + C_j - C_k$$

用互调干扰公式计算互调的各种频率的组合时，计算繁琐，但设计时又必须计算，因此采用图表、曲线等以方便工程设计，常用的有差值列阵法。

在多信道系统中，当任一两个信道序号之差等于任一另两个信道序号之差时，就构成三阶互调。如果用 d 表示信道序号之差，则用信道序号表示的三阶互调公式为 $d_{x,i} = d_{j,k}$，这就是差值列阵法基本公式，满足此条件就会产生三阶互调。

应用图表法判断是否存在三阶互调的步骤如下：

(1) 依次排列信道序号。

(2) 按规律依次计算相邻信道序号差值 d_{jk}，写在两信道序号间。

(3) 计算每隔一个信道的序号差值。

(4) 计算每隔两个信道的序号差值。

(5) 查看三角阵中是否有相同数值，若有，则存在三阶互调；若没有，则不存在三阶互调。

这种方法比较适用于信道数不多的情况。

下面介绍几种避免三阶互调干扰的常用方法：

(1) 差值列阵法。根据前面讨论，只要使任何两个信道序号的差值不重复出现，那么这

一组频率就是无三阶互调干扰信道组。举例说明：

选 $d_{2,1}=1$，即信道序号为 C_1、C_2。不能出现差值 1，只能选差值 2。

选 $d_{4,2}=2$，即信道序号为 C_1、C_2、C_4。不能再出现差值 1、2、3，只能选差值 4。

选 $d_{8,4}=4$，即信道序号为 C_1、C_2、C_3、C_4、C_8。不能再出现差值 1、2、3、4、6、7，只能选差值 5，下一信道序号为 8+5=13。

信道序号为 13，则不能出现差值 1、2、3、4、5、6、7、9、11、12，只能选差值 8，则下一信道序号为 21，如图 2-17 所示。

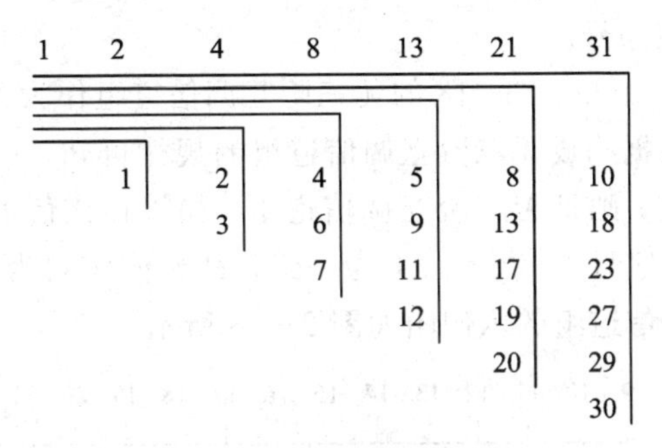

图 2-17　差值列阵法示例图

按上述方法，可得无三阶互调信道频率配置表。表 2-1 给出了频道利用率最高的无三阶互调信道组方案。

表 2-1　无三阶互调信道组

所需信道数	最小占用信道数	无三阶互调信道组的信道序列号	频道利用率
3	4	1，2，4	75%
4	7	1，2，5，7 1，3，6，7	57%
5	12	1，2，5，10，12 1，3，8，11，12	42%
6	18	1，2，9，13，15，18 1，2，5，11，16，18 1，2，5，11，13，18 1，2，9，12，14，18	33%
7	26	1，2，8，12，21，24，26 1，3，4，11，17，22，26 1，2，5，11，19，24，26；…	27%
8	35	1，2，5，10，16，23，33，35； 1，3，13，20，26，31，34，35；…	23%
9	45	1，2，6，13，26，28，36，42，45；…	20%
10	56	1，2，7，11，24，27，35，42，54，56；…	20%

在选用无三阶互调信道组时，三阶互调产物依然存在，只是不落入本系统的工作频道中，本系统内各工作信道不存在三阶互调干扰，但可能对其他系统产生干扰。另外，选用无三阶互调信道组时，频率利用率低，选用频道数量越大，信道利用率越低，所以它只适用于信道数不多的情况。在小区制中，每个小区使用的信道数较少时，可以采用分区分组分配法来提高频率利用率。

(2) 分区分组信道分配法。用下列案例来说明分区分组法。假设一个无线区群由 6 个无线小区组成，每个无线区要求 4 个工作信道，一共需要 24 个工作信道，则可用下述方法确定各无线区的工作信道序号。

若以信道号为 1、2、5、11、13、18 的无三阶互调信道组作为参考，则该信道组的差值序列为 1、3、6、2、5。根据构成无三阶互调信道组的规律可知，只要选取的信道序号之间的差值满足上述差值序列，则是无三阶互调信道组。如果在该信道组中仅取 4 个信道，则有很多种方法，如取信道序号 1、2、5、11 为一组，其差值序列为 1、3、6。根据上面的方法，用试探法选取可用的信道组的示例图如图 2-18 所示。

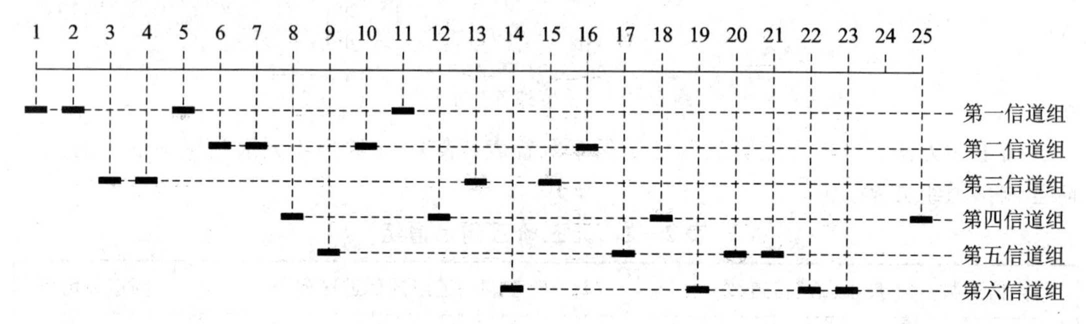

图 2-18 分组信道分配法示例图

这种方法提高了频率利用率，频道利用率为 24/25，它适用于小区中所需信道数较少时的情况。在大容量系统中宜采用等频距分配法。

(3) 等频距信道分配法。等频距分配法是按等频距配置信道的，假设某系统可用频道为 100 个，分成 10 组，每组 10 个频道，第一组选择的序号是 1、11、21、31、41、51、61、71、81、91；第二组的序号是 2、12、22、32、42、52、62、72、82、92，以此类推。

等频距分配的信道不满足无三阶互调干扰的条件，但对于同一小区来说，选用的频道间距较大，隔离度也大，可以采用选频电路来降低互调产物的幅度。这种方法适用于大容量移动通信系统。

习题 2

1. 什么是移动通信？
2. 简述移动通信的发展历程。
3. 什么是小区制？蜂窝移动通信中采用小区制方式有何优缺点？
4. 移动通信有哪些基本特点？
5. 简述移动通信系统的基本构成。
6. 移动通信中存在哪些噪声？该如何去降低噪声？

7. 噪声系数的定义如何？噪声系数是一个大于 1 的数值，这个数值越大越好吗？
8. 移动通信中存在哪些干扰？
9. 什么是邻道干扰？
10. 什么是互调干扰？如何避免出现三阶互调干扰？

第3章　移动通信的电波传播与场强估算

3.1　无线电波的传播特性

3.1.1　无线电波

无线电波是一种能量的传输形式。发射天线或者自然产生的辐射源发出的电磁波，在自然条件下的各种介质中向前行进，电场和磁场交替变换，称之为无线电波的传播。

在传播的过程中，无线电波中的磁场振动方向和电场振动方向保持相互垂直的状态，两者又同时垂直于传播的方向，如图3-1所示。

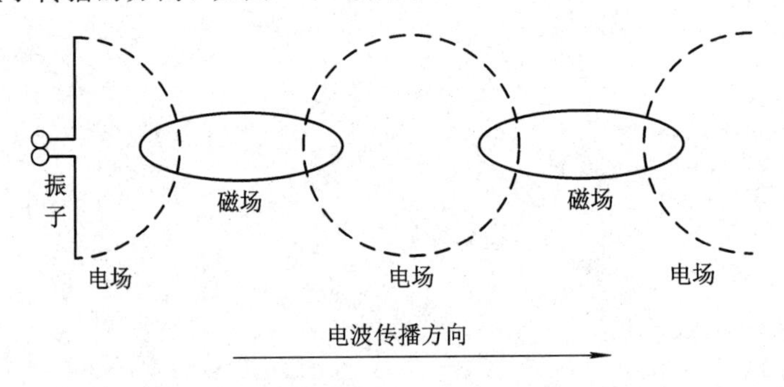

图3-1　无线电波传播示意图

受到传播介质的影响，不同的介质中，无线电波的传播速度v是不同的。在真空中，无线电波的传播速度v等于光速c，$c=3\times10^8$ m/s；在其他介质中，传播的速度$v=c/n$，其中，c是光速，n是介质的折射率。一般认为，真空的折射率为1，而空气的折射率与真空非常接近，略大于1，因此常常将空气的折射率也定义为1，认为无线电波在空气中的传播速度等于光速。

根据发射源的不同，无线电波的频率f(单位为赫兹，Hz)和波长λ(单位为米，m)也不相同，但两者都满足关系式$v=f\lambda$，即无线电波的传播速度等于其频率与波长的乘积。

根据国际电信联盟(ITU)的标准，常见的无线电波波长与频率的分类如表3-1所示。

不同波长的电磁波在传播的过程中能够显示出不同的特性，表现形式主要是在反射、折射、绕射、散射、吸收的过程中，电磁波的强度、传播方向、传播速度和极化形式等特性发生变化的情况有所区别。因此，其使用的方法也有所区别。

表 3-1　电磁波谱和波段的划分

国际电信联盟波段号码	频段名称	缩写	频率范围	波段	波长范围	用　法
			≤3 Hz		≥100 000 km	
1	极低频	ELF	3～30 Hz	极长波	100 000～10 000 km	潜艇通信或者直接换成声音
2	超低频	SLF	30～300 Hz	超长波	10 000～1 000 km	直接转换成声音或交流输电系统(50～60 Hz)
3	特低频	ULF	300 Hz～3 kHz	特长波	1 000～100 km	矿场通信或直接转换成声音
4	甚低频	VLF	3～30 kHz	甚长波	100～10 km	直接转换成声音、超声波，地球物理学研究
5	低频	LF	30～300 kHz	长波	10～1 km	国际广播、全向信标
6	中频	MF	300 kHz～3 MHz	中波	1 km～100 m	调幅(AM)广播、全向信标、海事及航空通信
7	高频	HF	3～30 MHz	短波	100～10 m	短波、民用电台
8	甚高频	VHF	30～300 MHz	米波	10～1 m	调频(FM)广播、电视广播、航空通信
9	特高频	UHF	300 MHz～3 GHz	分米波	1～0.1 m	电视广播、无线电话通信、无线网络、微波炉
10	超高频	SHF	3～30 GHz	厘米波	0.1～0.01 m	无线网络、雷达、人造卫星接收
11	极高频	EHF	30～300 GHz	毫米波	0.01～0.001 m	射电天文学、遥感、人体扫描安检仪
			≥300 GHz		≤0.001 m	

在移动通信中，使用的电磁波频段主要属于微波，即波长范围为 0.001～1 m，频率范围为 300 MHz～300 GHz 的无线电波。

3.1.2　直射波

在没有遮挡的情况下，电磁波以直线的形式进行传播，形成直射波。这种传播也叫视距传播，指的是收发天线处于相互“看得见”的状态，中间没有遮挡物。一般来说，如果接收天线和发射天线间形成了直射波，则直射波的接收功率相对于其他种类的传播方式而言是最强的。

移动通信属于地面通信，其直射波的传播会受到地球曲率的影响，如图 3-2 所示。

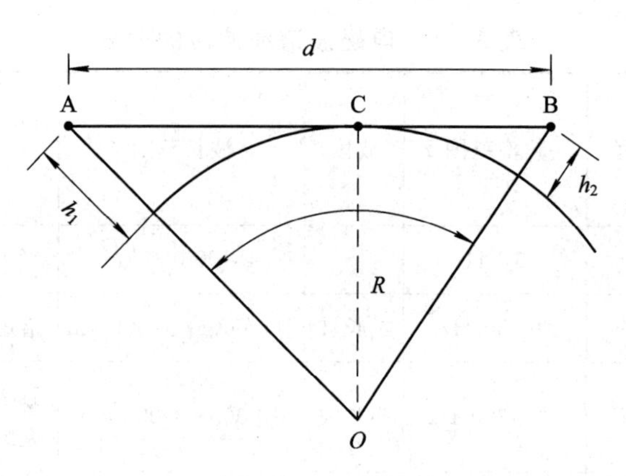

图 3-2　直射波受到地球曲率的影响

在图 3-2 中，假设地球半径为 R，发射天线高度为 h_1，接收天线高度为 h_2，传播距离为 d，则根据几何学很容易知道：

$$d=\sqrt{(R+h_1)^2-R^2}+\sqrt{(R+h_2)^2-R^2}\approx\sqrt{2R}(\sqrt{h_1}+\sqrt{h_2})\qquad(3-1)$$

由于地球半径可以看成是定值，因此直射波的传播距离可以由发射天线和接收天线的高度决定：

$$d\approx 3.57(\sqrt{h_1}+\sqrt{h_2})\times 10^3(\mathrm{m})\qquad(3-2)$$

3.1.3　大气中的电波传播

1. 大气层对地表直射波的影响

由于移动通信发射的电磁波是在地球表面附近的大气中进行传播的，在实际计算中，就需要考虑地球大气的影响，如地球大气对无线电波可能产生的折射和衰减的效果。

大气层是非均匀的介质，大气的压力、湿度、温度都会随着距离地面的高度不同而发生变化，由此带来的大气层折射率也会有相应的变化。在通常情况下，大气层的介电常数和折射率会随着高度的增加而减小，最终趋向于1，所以在电磁波的传播过程中，如果经过的海拔高度升高，介质折射率就会降低；海拔高度下降，折射率就会上升。假定将大气层分成很多的薄层，每片薄层之内是均匀的，各个薄层之间的折射率是变化的，那么电磁波在经过这些薄层的交界面时，就会发生折射，如图 3-3 所示。

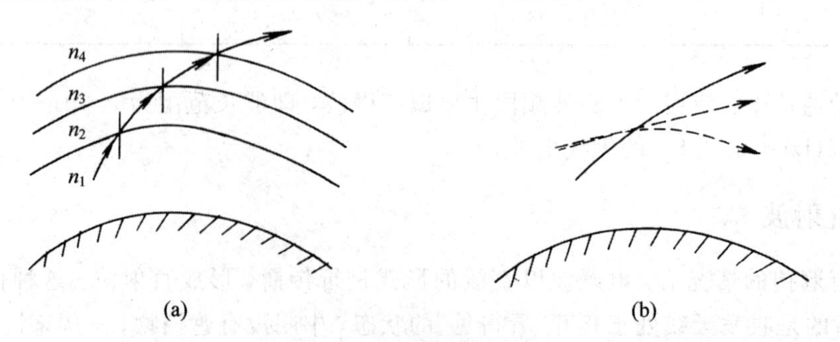

图 3-3　大气对电波的折射

由图 3-3 可见，如果电磁波是向着空中进行传播的，则由于大气的折射作用，其传播方向会逐渐向平行于地面的方向进行偏折；如果向地面传播，则会向垂直于地面的方向进

行偏折。如果在这种情况下考虑直射波的视距传播，需要对式(3-2)进行一定程度上的修正。在工程上常用的视距传播公式为

$$d \approx 4.12(\sqrt{h_1} + \sqrt{h_2}) \times 10^3 (\mathrm{m}) \tag{3-3}$$

2. 无线电波在电离层传播

电离层传播指的是天线发出的电波在高空被大气中的电离层反射后到达地面接收点的传播方式，也称为天波传播，常用于传输中波和短波。

电离层是高空大气层的一部分，从地面的 60 km 高度延伸至 1000 km 的高空。电离层是由于太阳辐射造成的大气分子电离所产生的，因此会随着太阳辐射的强弱变化而产生变化。在靠近太阳的位置，电离的情况相对较强，因此电离层中高度越高，电子浓度越大，越容易导电。从这个角度看，电离层也是非均匀介质，电波在其中传播会产生反射、折射、散射的现象。

仿照对底层大气的分析方法，也可以将电离层按照高度分为许多薄层，假定每个薄层之内的电子浓度相同，而薄层之间的电子浓度不同，最下层的浓度最小。根据电动力学的原理可得自由电子浓度为 N 的各向同性均匀介质的折射率为

$$n = \sqrt{1 - \frac{80.8N}{f^2}} < 1 \tag{3-4}$$

式中，f 是电磁波的频率。因此不同频率的电磁波，在相同的电子浓度下的折射率是不同的。

由于电子浓度会随着高度的增加而变大，所以折射率会随着高度的变大而减小，电离层中底层的折射率最大，越向高处折射率越小，如图 3-4 所示。

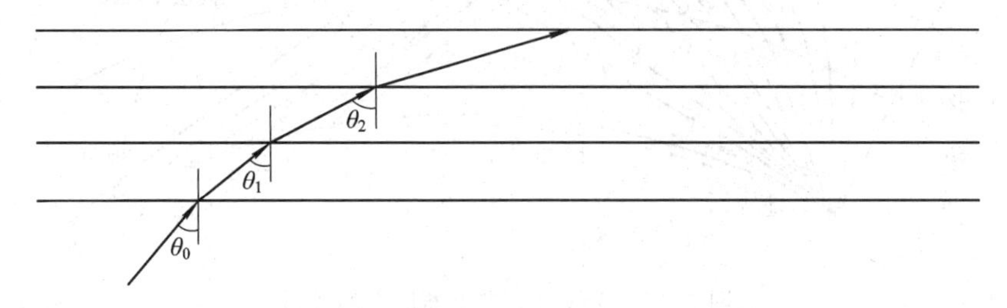

图 3-4　电离层对电磁波的连续折射情况

在图 3-4 中，各个薄层之间可以使用折射率定律得到：

$$n_0 \sin\theta_0 = n_1 \sin\theta_1 = n_2 \sin\theta_2 = n_3 \sin\theta_3 = \cdots = n_i \sin\theta_i \tag{3-5}$$

也就是说，当电波以入射角 θ_0 进入电离层之后，由于电离层折射率较小，折射角 θ_1 小于入射角 θ_0，射线要向下偏折。电磁波进入电离层之后，由于电子浓度随高度的增加而逐渐变大，各薄层的折射率依次变小，电波将连续地向下偏折直到到达某一层时入射角为 90°，电波开始返回。电波返回的点称为反射点。

设 θ_0 是进入电离层的角度，$n_0=1$，电波在到达最高点时，$\theta_n=90°$，那么根据式(3-5)可以得到

$$n_0 \sin\theta_0 = n_n \sin\theta_n = n_n \sin 90° = n_n = \sqrt{1 - \frac{80.8N_n}{f^2}} = \sin\theta_0 \tag{3-6}$$

式(3-6)揭示了电磁波频率 f、入射角 θ_0 和电波反射点处电子浓度 N_n 之间的关系。

1）最高可用频率 f_{max}

由于电离层的电子浓度不可能无限增大，当发射角度不变的时候，电离层能够反射的最大电波频率为

$$f_{max} = \sqrt{80.8N_{max}}\sec\theta_0 \tag{3-7}$$

其中，N_{max}是电波发射时的电离层最大电子浓度。发射频率 f 越高，就要求反射处电子浓度 N_n越高，因此需要在更高的地方才能够进行反射，而反射点越高，意味着电磁波能够到达的距离就越远。当电波的频率超过最大频率 f_{max}时，由于电离层此时不存在比 N_{max}更高的电子浓度，电磁波将不会被电离层反射回来，从而穿透电离层，进入宇宙空间。

2）最小发射角度 θ_{0min}

当电磁波发射频率 f 固定的时候，调整电波的发射角度可以发现，角度越小，反射时需要的 N_n就越大。

$$\theta_{0min} = \arcsin\sqrt{1-\frac{80.8N_{max}}{r^2}} \tag{3-8}$$

当入射角度小于式(3-8)所得到的最小角度 θ_{0min}时，将电磁波反射回来所需要的电子浓度会超过电离层的最大电子浓度，电磁波将穿透电离层不再回来。

由此可知，利用电离层进行信号传播时，以发射天线为中心，一定半径区域内不会收到电磁波信号，该区域称为静区，如图 3-5 所示。

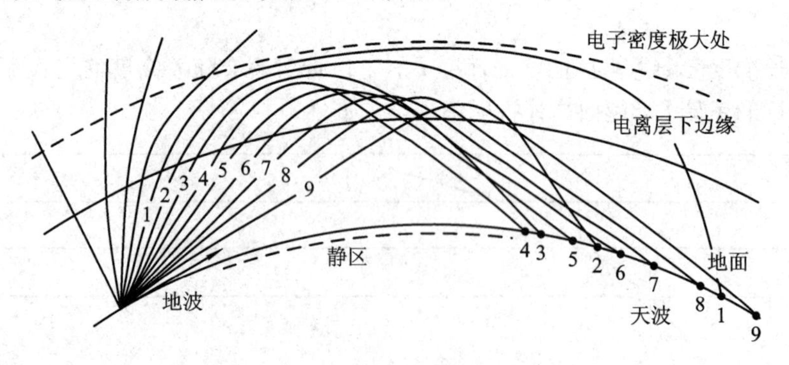

图 3-5　无线电波在电离层中的传播

3.1.4　障碍物的影响与绕射损耗

当电磁波在传输过程中遇到障碍物的时候，会被障碍物反射，或者在障碍物的边缘处发生绕射现象。

绕射使电磁波能够绕过障碍物，到达障碍物的背面，如图 3-6 所示。

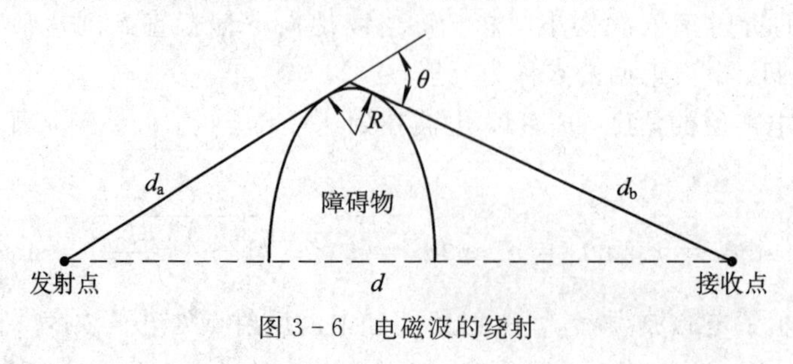

图 3-6　电磁波的绕射

电磁波的绕射现象可以使用惠更斯-菲涅耳原理进行解释：行进中的波阵面上任一点都可看做是新的次波源，而从波阵面上各点发出的许多次波所形成的包络面，就是原波面在一定时间内所传播到的新波面。

同样的，可以利用惠更斯-菲涅耳原理对绕射产生的电磁波损耗进行计算。

如图 3-7 所示，假设电磁波接收点和发射点之间存在单刃障碍物，则损耗计算方法如下所述。

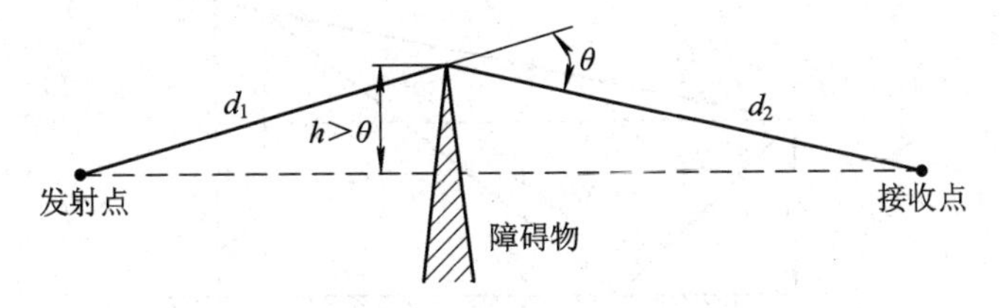

图 3-7　单刃障碍物

假设刃形山峰等效高度为 H，则绕射系数 v 的计算公式为

$$v=-H\sqrt{\frac{2}{\lambda\left(\frac{1}{d_1}+\frac{1}{d_2}\right)}} \tag{3-9}$$

其中，等效高度 H 的含义为发射源与接收源的连线到山峰最高点的高度差；d_1 和 d_2 分别表示接收点和发射点与山峰之间的距离。当发射源与接收源的连线高于山峰最高点时，山峰的等效高度为负值，如图 3-8(a)所示；相反，当连线低于山峰最高点时，山峰的等效高度为正值，如图 3-8(b)所示。

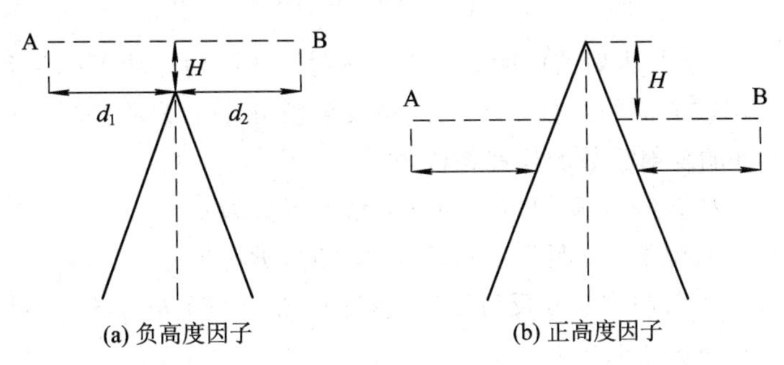

图 3-8　正高度因子和负高度因子

对不同的绕射系数，对应的绕射损耗近似值为

$$F(\text{dB})=\begin{cases}0 & (v\geqslant 1)\\ 20\lg(0.5+0.62v) & (0\leqslant v\leqslant 1)\\ 20\lg(0.5e^{0.45v}) & (-1\leqslant v\leqslant 0)\\ 20\lg\left[0.4-\sqrt{0.1184-(0.1v+0.38)^2}\right] & (-2.4\leqslant v\leqslant -1)\\ 20\lg\left(-\dfrac{0.225}{v}\right) & (v\leqslant -2.4)\end{cases} \tag{3-10}$$

如果出现了两个或者两个以上的刃形障碍物，则可以根据单刃的计算公式进一步进行推导。目前，常见的求取多刃峰绕射损耗的方法有 4 种，分别为 Bullington 算法、Epstein 算法、Atlas 算法和 Deygout 算法，这里不再一一赘述。

3.1.5 反射波

靠近地面的电磁波在传输的过程中会受到地面的影响。当电磁波传播至地面时，会被地表反射至接收点，与直射波一起被接收天线收到，此时，收到的信号波就是直射波与反射波的叠加，如图 3-9 所示。

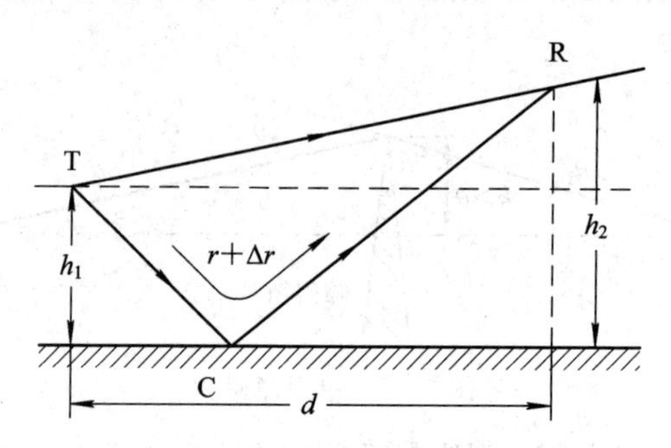

图 3-9 直射波与反射波的叠加

图 3-9 中，设 h_1 为发射天线高度，h_2 为接收天线高度，d 为天线之间的距离，地面光滑平坦，没有障碍物，传输介质为空气。如果直射波在接收点的场强为 E_d，反射波在接收点的场强为 E_r，则直射波和反射波在接收点的场强有效值分别为

$$E_d = \frac{\sqrt{30P_1G_1}}{r} \tag{3-11}$$

$$E_r = \frac{\sqrt{30P_1G_2}}{r+\Delta r} \mid R \mid e^{-j}\left(\varphi + \frac{2\pi}{\lambda}\Delta r\right) \tag{3-12}$$

上面两个公式中，r 是直射波的距离；P_1 是发射天线的输入功率；G_1 和 G_2 是发射天线分别在直射波和反射波方向的增益系数；Δr 是反射波和直射波的路程差；λ 是工作波长，$|R|$ 和 φ 是反射点处的反射系数的模和相位角。

如果满足 $r \gg h_1$ 和 $r \gg h_2$，则可以认为反射角度近似为 0。

当地面导电率为有限值，并且反射角近似为 0 时，$R=1$，$\varphi=0$。

假设发射天线的直射波增益和反射波增益相同，$\Delta r \approx (2h_1h_2)/d$，直射波和反射波的叠加最终可以简化为标量叠加，如下式：

$$E = E_0 v = \frac{\sqrt{30P_1G_1}}{r} \times 2\left|\sin\left(\frac{2\pi h_1 h_2}{d\lambda}\right)\right| \tag{3-13}$$

3.2 移动通信的信道特征

3.2.1 传播路径与信号衰落

在陆地上，移动通信的终端在各种建筑群中来回穿梭，其接收信号的强度是由直射波和反射波共同决定的。假定这些电波来源于同一个发射天线，但是由于传播的途径不同，到达终端时的幅度和相位都不一样。而移动台又在移动，因此，移动台在不同的时间和不同的地点时，接收到的信号合成后的强度都是不同的，这将使得移动台行进途中接收到的信号电平起伏不定，最大时可以相差 30 dB 以上。这种现象称为衰落，它严重影响通信质量。

1. 衰落的概念

由于实际传播环境中复杂的地形、建筑物和障碍物对传播信号的阻碍、反射、绕射和散射，导致接收信号的随机变化，称为衰落。

下面介绍几种按不同方式分类的衰落类型及其产生的原因。

1）阴影衰落和慢衰落

基站发射的电磁波的传播路径上遇到阻挡，如遇到起伏的地形或者高大的建筑物时，会在这些障碍物的背面产生阴影区。当移动台经过阴影区时，接收到的信号均值会发生变化(衰落)，这种衰落称为阴影衰落。

阴影衰落的特点在于：衰落速率与工作频率无关，而与地形地物的分布、高度以及移动台的运动速度有关。

同时，大气折射也会产生衰落，在气象条件发生变化时，大气介电常数垂直梯度会发生缓慢变化，这种变化会随着时间改变，因此是时间的函数。这种由于大气折射率变化导致的衰落对电波传播的影响远小于由于存在障碍物而产生的阴影衰落。而这些由阴影效应和气象条件引起的信号接收电平的变化，主要造成的结果是接收电平的场强中值缓慢变化，因此称为慢衰落。慢衰落一般服从对数正态分布，如果用分贝数表示电平中值，则服从正态分布。

2）多径衰落和快衰落

当移动台在城市内通信时，大部分时间它都处在建筑物的平均高度以下，因此很少具备直线传播路径，所以任何一点接收到的信号都是由大量的发射信号叠加而成的。这些发射波虽然由同一个天线发射，但是由于经过的路径各不相同，其相位是随机变化的。因此，合成电波的电平将呈现出快速的随机起伏，称为多径衰落，如图 3-10 所示。这种接收场强瞬时值有快速且大幅度的变化，因此又称为快衰落，因其统计特性满足瑞利分布，又称为瑞利衰落。其衰落的速率和移动台的移动速度、工作频率有关，衰落的深度与地形地物有关。

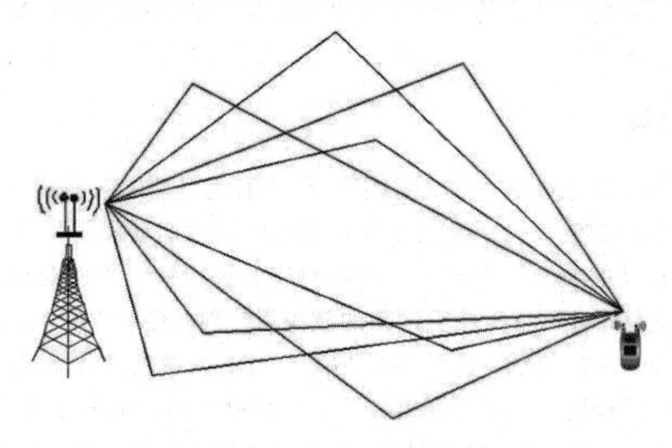

图 3-10　多径衰落

3）空间、频率、时间选择性衰落

根据在不同空间、时间和频率，衰落特性的不同，还可以将衰落分成空间选择性衰落、频率选择性衰落和时间选择性衰落。

空间选择性衰落：即在不同的地点衰落特性有所不同，又称为平滑瑞利衰落，是由于天线点波束扩散引起的。

频率选择性衰落：即在不同频率衰落特性不一样，是由于时延扩展引起的衰落。

时间选择性衰落：即在不同的时间衰落特性不一样，是由于变速移动引起频率扩散，最终在接收点波形产生的衰落。

在实际移动通信系统中，三种衰落都存在，形成的原因均是多径传播。

2. 表征衰落的统计数字特征量

衰落的表现形式是接收信号的电平的随机起伏。对衰落现象进行统计分析，可以发现在随机起伏的电平之中存在着一定的规律。这些规律可以使用一些统计数字特征量进行表示。

1）场强中值

当接收信号电平的强度超过某个电平值的持续时间，且在整个统计时间内超过一半，那么该电平值就称为场强中值。

根据场强中值的定义可以知道，如果场强中值等于接收机门限，则通信的可通率只有百分之五十，即只有一半的时间可以通信。所以场强中值必须远大于接收机的门限值，才能保证在绝大多数时间内的正常通信。

2）衰落深度

衰落深度指接收电平和场强中值电平之差。一般情况下，移动通信系统的衰落深度可以达到 20～30 dB。

3）衰落速率

衰落速率用来描述衰落的频繁程度，即接收信号场强变化的快慢情况。通常用单位时间内场强包络与某个给定电平值的交点数的一半来表示。衰落速率和工作频率、移动台的行进速度及行进方向等有关。

4）衰落持续时间

场强低于某一给定的电平值的持续时间称为衰落持续时间，用于表示信息传输受影响的程度，也可以用来判断信令误码的长度。

3.2.2 多普勒效应

多普勒效应是为了纪念奥地利物理学家及数学家克里斯琴·约翰·多普勒而命名的，其主要内容是物体辐射的波长会因为波源和观测者的相对运动而发生变化。

当观测者处于运动的波源前方时，接收到的波会被压缩，波长变得较短，频率变得较高，这种现象称为蓝移；当观测者处于运动的波源后方时，会产生相反的效应。接收到的波的波长变得较长，频率变得较低，这种现象称为红移。波源的速度越高，所产生的效应越大。根据波红(蓝)移的程度，可以计算出波源循着观测方向运动的速度。

在移动通信中，由于移动台会随着用户的移动而发生位移，所以同样会存在多普勒效应。在用户靠近基站的过程中，移动台接收到的信号频率会变高，而当用户逐渐远离基站时，移动台收到的信号频率会变低。信号频率变化的幅度和移动台的移动速度有关，其变化满足多普勒频移公式：

$$f=\frac{c\pm v}{\lambda} \tag{3-14}$$

式中，f 是观察到的频率；c 是光速；v 是观察者和波源的相对移动速度；λ 是信号源的波长。其中加号表示的是移动台正在靠近基站，所以频率增加了；减号表示移动台正在远离基站，所以频率变低了。

在高速运动中，因多普勒频移带来的通信频率的偏移量不可忽略，是影响移动通信信号质量的重要因素。

3.2.3　多径效应与瑞利衰落

多径效应，是电波传播信道中的多径传输现象所引起的干涉延时效应。在实际的无线电波传播信道中(包括所有波段)，常有许多时延不同的传输路径。各条传播路径会随时间变化，参与干涉的各分量场之间的相互关系也就随时间而变化，由此引起合成波场的随机变化，从而形成总的接收场的衰落。因此，多径效应是衰落的重要成因。多径效应对于数字通信、雷达最佳检测等都有着十分严重的影响。

多径效应不仅是衰落的经常性成因，而且是限制传输带宽或传输速率的根本因素之一。在短波通信中，为保证电路在多径传输中的最大时延与最小时延差不大于某个规定值，工作频率要求不低于电路最高可用频率的某个百分数。这个百分数称为多径缩减因子，是确定电路最低可用频率的重要依据之一。对流层传播信道中的抗多径措施，通常有抑制地面反射、采用窄天线波束和分集接收等。

抗多径干扰主要有如下几个方面的措施：

(1) 提高接收机的距离测量精度，如窄相关码跟踪环、相位测距、平滑伪距等；

(2) 采用抗多径天线；

(3) 采用抗多径信号处理与自适应抵消技术等。

多径会导致信号的衰落和相移。瑞利衰落就是一种冲激响应幅度服从瑞利分布的多径信道的统计学模型。

瑞利分布是一个均值为 0、方差为 σ^2 的平稳窄带高斯过程，如图 3-11 所示。瑞利分布是最常见的用于描述平坦衰落信号接收包络或独立多径分量接收包络统计时变特性的一种分布类型。两个正交高斯噪声信号之和的包络服从瑞利分布。

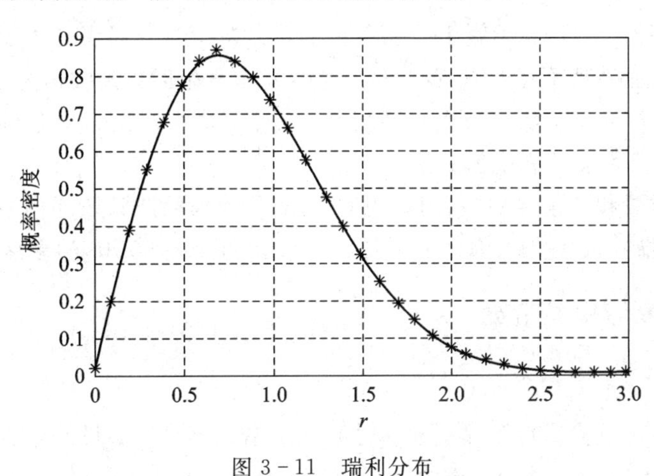

图 3-11　瑞利分布

瑞利衰落可有效描述当存在能够大量散射无线电信号的障碍物时的无线传播环境。若传播环境中存在足够多的散射，则冲激信号到达接收机后表现为大量统计独立的随机变量的叠加，根据中心极限定理，这一无线信道的冲激响应将是一个高斯过程。如果这一散射信道中不存在主要的信号分量，通常这一条件是指不存在直射信号，则这一过程的均值为0，且相位服从 0～2π 的均匀分布。即信道响应的能量或包络服从瑞利衰落分布。

瑞利衰落模型适用于描述建筑物密集的城镇中心地带的无线信道。密集的建筑和其他物体使得无线设备的发射机和接收机之间没有直射路径，而且使得无线信号被衰减、反射、折射、衍射。在曼哈顿的无线环境测试实验证明，当地的无线信道环境确实接近于瑞利衰落。通过电离层和对流层反射的无线电信道也可以用瑞利衰落来描述，因为大气中存在的各种粒子能够将无线信号大量散射。

瑞利衰落属于小尺度的衰落效应，它总是叠加于如阴影、衰减等大尺度衰落效应上。

3.2.4 慢衰落特性和衰落储备

在无线通信系统中，由障碍物阻挡造成阴影效应，接收信号强度下降，但该场强中值随地形地物的改变变化缓慢，故称慢衰落，又称为阴影衰落、对数正态衰落，如图 3-12 所示。慢衰落的场强中值服从对数正态分布，且与位置/地点相关，衰落的速度取决于移动台的速度。

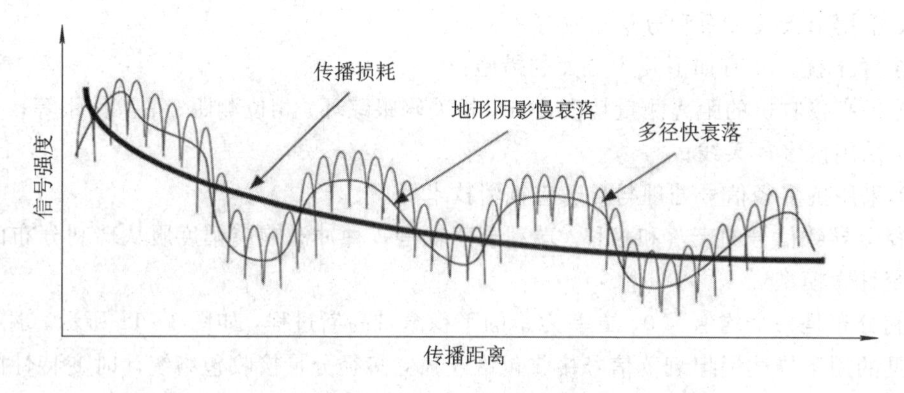

图 3-12 慢衰落示意图

慢衰落的典型例子有降水衰减和次折射引起的绕射衰减。后者是由于发射点和接收点之间的直射线弯曲而被地面阻挡所形成的。这类衰减发生时，接收信号电平低于正常值，从而形成衰落。这种衰落通常称为衰减型衰落。其中，降水和次折射条件下的绕射所形成的衰落，分别称为降水衰落和绕射衰落。

为保证通信质量和通信可靠性(用可用度表示)，常规微波频段通信系统为了保证足够的性能指标(误码指标)，一般会预先在链路设计上预留 30～50 dB 的衰落储备。

3.2.5 多径时散与相关带宽

1. 多径时散

多径时散是指由于多径传输而引起信号时间扩散的现象。假设基站发射一个极短的脉冲信号，经过多径信道后，移动台接收到的信号呈现为一串脉冲，结果使脉冲宽度被展宽。这种因多径传播造成信号时间扩散的现象，称为多径时散。多径时散的性质是随时间而变化的，如果进行多次发送试验，则接收到的脉冲序列是变化的。

多径传输时，在接收方收到的信号为 N 个不同路径传播的信号之和，即

$$S_0 = \sum_{i=1}^{N} a_i s_i[t - \tau_i(t)] \tag{3-15}$$

式中，a_i 是第 i 条路径的衰减系数；τ_i 是第 i 条路径的相对时延差。

实际上各个脉冲幅度是随机变化的，它们在时间上可以互不重叠，也可以相互重叠，甚至随移动台周围散射体数目的增加，所接收到的离散脉冲会变成有一定宽度的连续信号脉冲。

2. 相干带宽

相干带宽是一定范围内频率的统计测量值，它是建立在信道上所有谱分量均以几乎相同的增益及线性相位通过的基础上的。也就是说，相干带宽是指某一特定的频率范围，在该范围内，两个频率分量有很强的幅度相关性。在这种条件下，频率间隔大于相关带宽的两个正弦信号受信道影响大不相同。如果相干带宽定义为频率相关函数大于 0.9 的某特定带宽，则相干带宽近似为

$$B_c \approx \frac{1}{50\sigma_\tau} \tag{3-16}$$

其中，σ_τ是时延扩展。

到目前为止，相干带宽与时延扩展之间不存在确定的关系。一般来说，谱分析技术与仿真可用于确定时变多径系统对某一特定发送信号的影响。因此，在无线应用中，设计特定的调制解调方式必须采用精确的信道模型。

3.3　陆地移动信道的传播损耗与场强估算

3.3.1　地形、地物分类

1. 地形分类

陆地表面各种各样的形态，总称地形。地形也是地貌和地物的统称。地貌是指地表面高低起伏的自然形态；地物是指地表面自然形成或人工建造的固定性物体。不同地貌和地物的错综结合，就会形成不同的地形，如平原、丘陵、山地、高原、盆地等。

在移动通信中，是按照场强中值对地形进行分类的。通常将地形分为准平滑地形和不规则地形，两者的区别如表 3-2 所示。

表 3-2　移动通信中的地形

	地形	平均起伏高度
准平滑地形	平坦	5～10 m
	准平坦	10～20 m
不规则地形	起伏	20～40 m
	丘陵	40～80 m
	山区	80 m 以上

2. 地物分类

障碍物的不同会造成电波传播条件不同，地物的分类一般是按照地面障碍物的密集程度和屏蔽程度进行的，通常将地物分为开阔地、郊区和城市三种类型。

开阔地：在电波传播路径上无高大树木、建筑物等障碍物，呈开阔状地面；

郊区：在基站附近有一些障碍物，障碍物为1～2层楼房。

城市：有较稠密的建筑物和高层楼房。

3.3.2 在中等起伏地形上传播时的损耗中值

1. Okumora 模型(OM 模型)

对于陆地移动通信来说，通常移动台在移动中进行信息交换，且电波传播的路径时刻变化，影响电波传播的地形地物也随之变化，必须利用统计结果获得准确预测接收信号强度的方法。

场强预测的方法很多，基本的预测方法相似，均以某一地形地物状况的实测数据为参考给出经验模型，其他地形地物给出修正因子予以矫正。

OM 模型是以日本东京城市场强中值实测结果得到的经验曲线构成的模型，将城市视为“准平滑地形”，给出城市场强中值，对于其他地形或地物情况，给出修正值，在场强中值基础上进行修正。此模型的适用范围是：

工作频率：100～1500 MHz；

基站天线高度：30～200 m；

移动台天线高度：1～10 m；

通信距离：1～20 km。

2. 市区损耗中值

电波在中等起伏地形的市区内进行传播时的损耗中值计算公式为

$$L_t = L_{fs} + A_m(f, d) - H_b(h_b, d) - H_m(h_m, f) \tag{3-17}$$

式中，L_{fs}为自由空间传播损耗；$A_m(f, d)$为基本损耗中值，它是以h_b=200 m、h_m=3 m的自由空间传播损耗作为参考的数值；$H_b(h_b, d)$为基站天线高度增益因子，指当h_b不等于200 m时的损耗修正值；$H_m(h_m, f)$为移动台天线高度增益因子，指当h_m不等于3 m时的损耗修正值。

自由空间传播损耗是指电磁波在自由空间中传播时产生的损耗。自由空间是一个理想空间，在其中，电波沿直线传播，不被吸收，不会被反射、折射、绕射和散射，电磁波能量没有损失，就像在真空中一样。但是在电波传播中，由于信号从天线发散传播，在接收点接收机只能收到发射机发射信号的一部分，由此产生的损耗称为自由空间传播损耗。

自由空间传播损耗的计算方法为

$$L_{fs} = 32.45 + 20\lg d + 20\lg f \tag{3-18}$$

式中，d是天线间距离，单位为km；f是电磁波频率，单位为MHz。

A_m的值可以根据传播距离d和电波频率f，利用图3-13进行查找。

图3-13中，对天线的高度进行了限制。通常情况下，如果天线有效高度与规定的数值不同，则会对信号产生影响。同样，如果移动台天线高度与上面的情况不一致，也会影响到

损耗中值。因此，同样需要对两者进行修正，具体参考图 3－14。

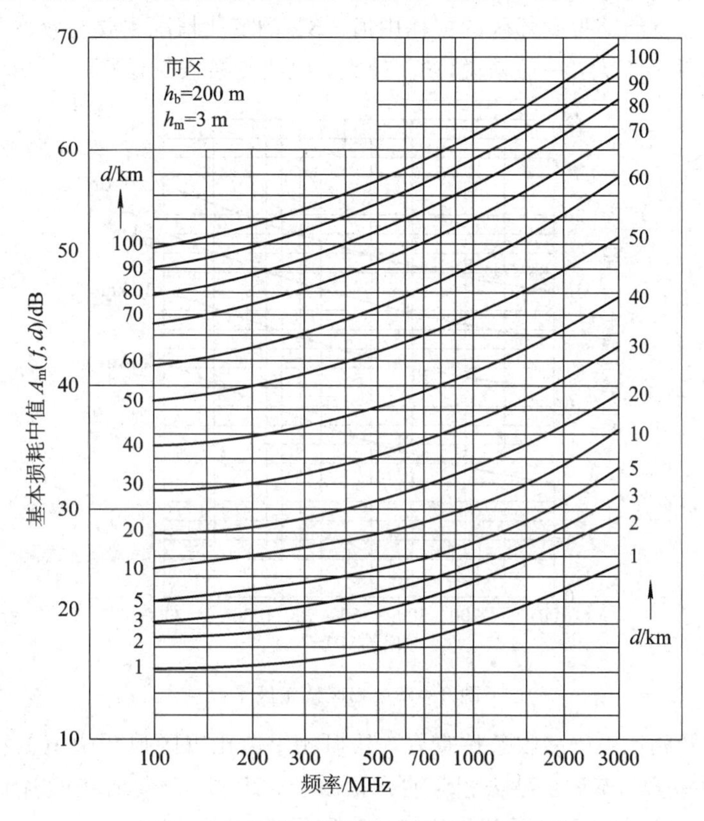

图 3－13　中等起伏地形市区基本损耗中值

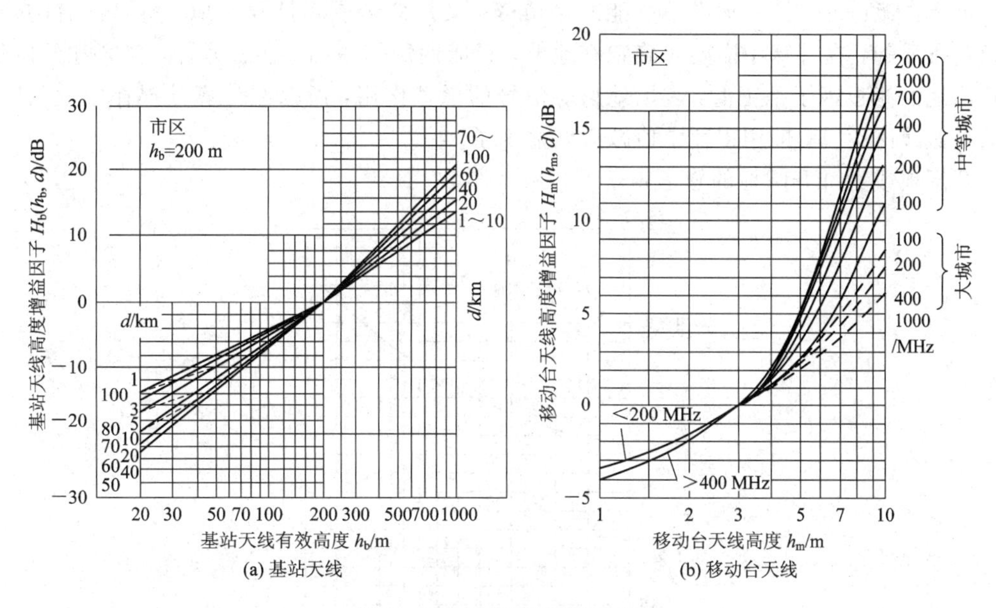

图 3－14　天线高度修正因子

3. 郊区、开阔地损耗中值

郊区的建筑物一般是分散的、低矮的，所以传播条件比市区要好。郊区的场强中值与基准场强中值的差距称之为郊区修正因子 K_{mr}，如图 3-15 所示。用市区的场强损耗中值减去郊区修正因子，就能够得到郊区的损耗中值。K_{mr} 的变化情况主要与频率和距离有关，与基站天线高度的关系不大，一般来说，K_{mr} 越大，说明传播条件越好。

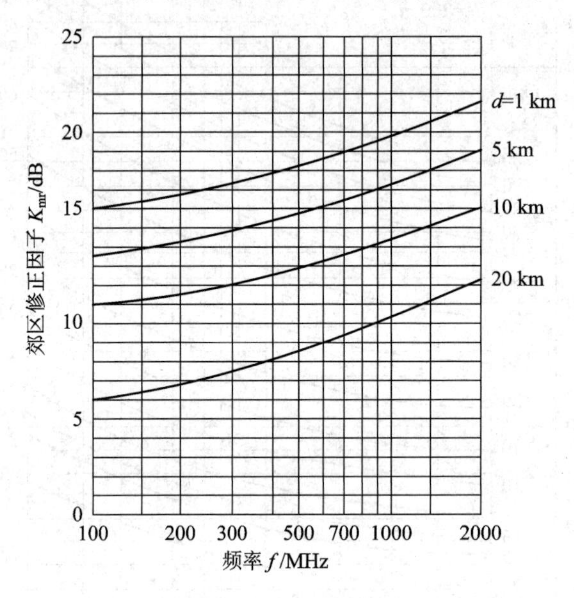

图 3-15　郊区修正因子

开阔地、准开阔地由于接收条件良好，其损耗中值比市区损耗中值更小，其计算方法是在市区的损耗中值的基础上减去相应的修正因子。其中，开阔地修正因子是 Q_0，准开阔地修正因子是 Q_r。两个修正因子都是仅与频率和距离有关。

需要注意的是，某一地区不可能既是市区，又是郊区或者是开阔地。所以三者的修正是相互排斥的，在计算中需要先确定好地形，只能使用其中的一种。另外，郊区和开阔地、准开阔地的修正因子是正值，表示地形对信号的增益作用，所以在计算其损耗中值的时候应该是做减法运算，即用损耗中值减去增益因子。

开阔地或者准开阔地的修正因子可以参考图 3-16。

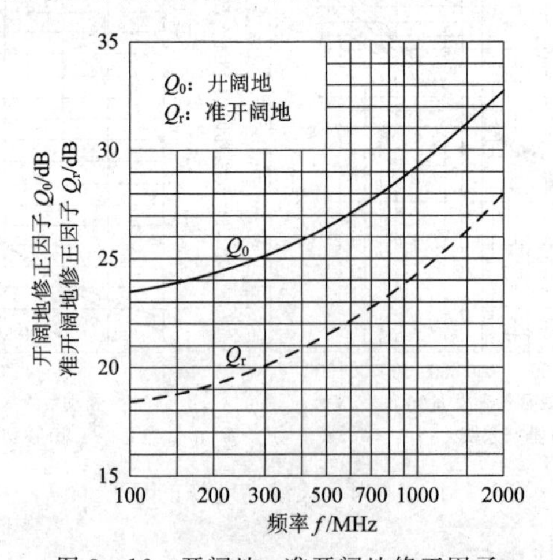

图 3-16　开阔地、准开阔地修正因子

3.3.3　在不规则地形上传播时的损耗中值

采用与前相同的方法，只要有了相应的修正因子，就可以得到各种不同地形的传播损耗中值。

1. 丘陵地修正因子

丘陵地形的主要参数是“地形起伏高度 Δh”，含义是自接收移动台向发射的基站方向延伸10 km的范围内，地形起伏的90%与10%处的高度差。与 Δh 相关的场强中值修正因子为 K_h；除此之外还有称为丘陵地微小修正因子的 K_{hf}，这一项是考虑在丘陵中，谷底和山峰处的屏蔽作用不同而设立的，见图3-17。

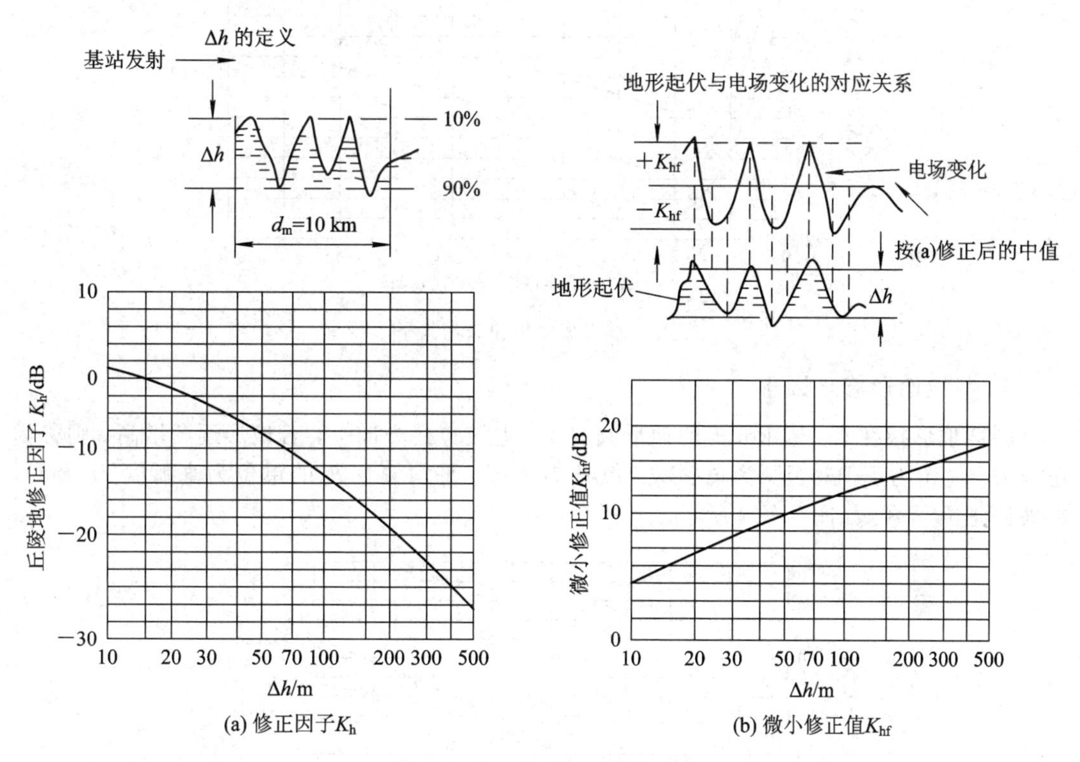

图3-17　丘陵地场强修正因子

在计算丘陵地形的损耗中值时，先按照图3-17(a)进行修正，再按照图3-17(b)进行计算，最终得到丘陵地区的损耗中值。

2. 孤立山丘修正因子

当电波传播路径上存在近似刃形的单独山丘时，场强计算需要考虑绕射衰减。考虑了绕射衰减的修正因子为 K_{js}，见图3-18，其条件是山丘的高度定义为200 m，以山丘到发射点和接收点的距离为参考进行修正。

如果山丘的高度并不是200 m，就需要使用高度影响系数 $\alpha=0.07\sqrt{H}$ 进行修正。修正因子因此会变为 αK_{js}。

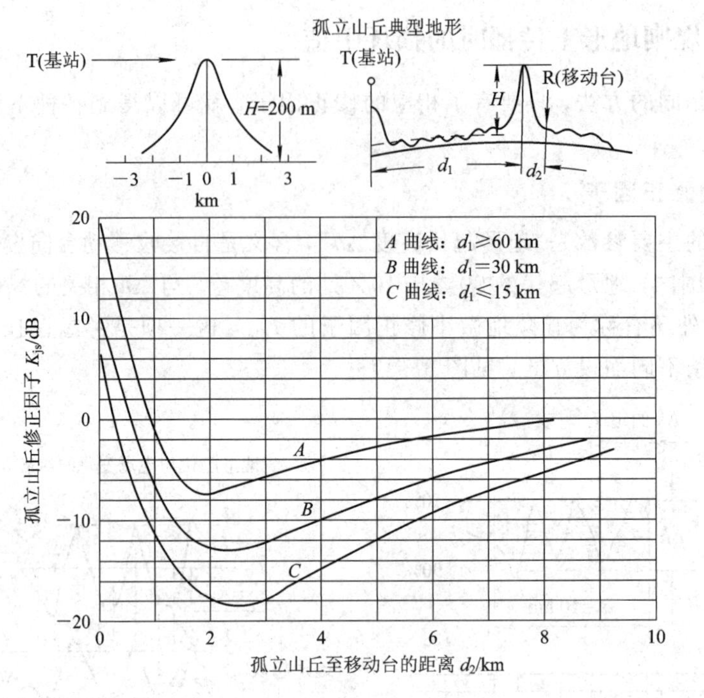

图 3-18　孤立山丘修正因子

3. 斜坡地形修正因子

斜坡地形指在 5～10 km 内的地形倾斜。在电波传播方向上，若地形逐渐增高，则称为正斜坡，倾角为正值；否则为负斜坡，倾角为负值。平均倾角 θ_m 的单位为毫弧度(m rad)。斜坡修正因子 K_{sp} 如图 3-19 所示。

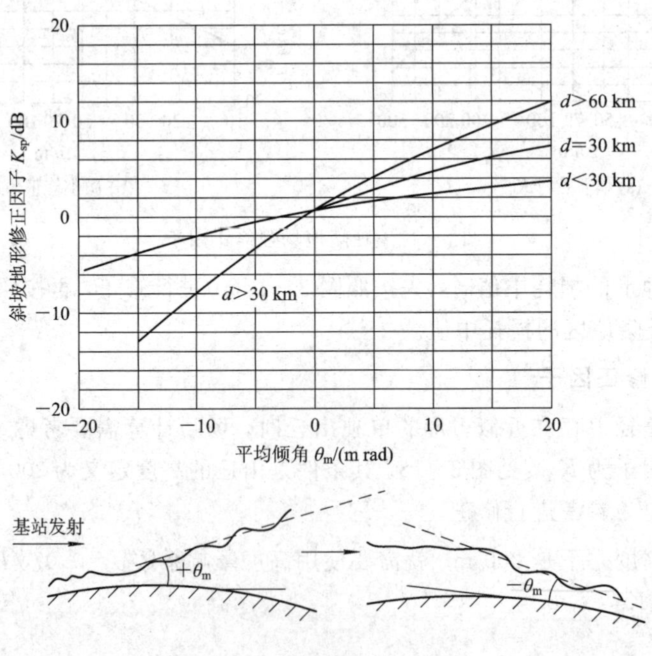

图 3-19　斜坡地形修正因子

4. 水陆混合地形修正因子

如果传播路径中存在水域，则接收信号会有一定的增强，该种地形以水面距离和全距离的比值作为地形参数。其修正因子 K_s 可以由图 3-20 得到。

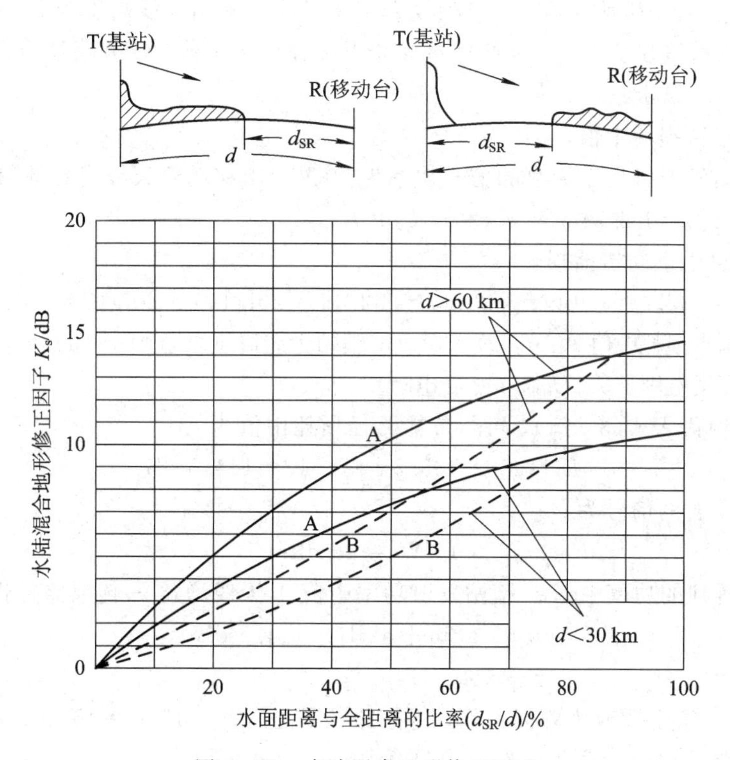

图 3-20　水陆混合地形修正因子

在图 3-20 中，曲线 A(实线)表示水面位于移动台一侧时的修正因子，曲线 B(虚线)表示水面位于基站一侧时的修正因子。如果水面是在传播路径中间，则取曲线的中间值。

3.3.4　在任意地形地区传播时的损耗中值

前面已经讨论了各种地形地物情况下的损耗中值变化，由此可以得到对信号中值较为准确的预测。计算时，以准平滑市区的信号衰减场强中值为基准，根据实际传播路径的地形地物情况进行修正。

在给定发射功率的条件下，准平滑市区的接收功率中值为

$$P_p = P_0 - A_m(f, d) + H_b(h_b, d) + H_m(h_m, f) \tag{3-19}$$

式中，P_0是自由空间传播条件下的信号接收功率。

如传播路径上的地形地物不是准平滑的市区，应根据地形地物的修正，在 P_p 中加上适当的修正因子。因此，在任意地形下的接收功率为

$$\begin{cases} P_{pc} = P_p + K_T \\ K_T = K_{mr} + Q_0 + Q_r + K_h + K_{hf} + K_{js} + K_{sp} + K_s \end{cases} \tag{3-20}$$

根据具体情况，K_T可能是一项或者多项的总和。

如果要计算衰减，一样可以得到

$$\begin{cases} L_A = L_t - K_T \\ L_t = L_{fs} + A_m(f,d) - H_b(h_b,d) - H_m(h_m,f) \\ K_T = K_{mr} + Q_0 + Q_r + K_h + K_{hf} + K_{js} + K_{sp} + K_s \end{cases} \tag{3-21}$$

［**例 3-1**］ 某一移动信道，工作频段为 450 MHz，基站天线高度为 50 m，天线增益为 6 dB，移动台天线高度为 3 m，天线增益为 0 dB；在市区工作，传播路径为中等起伏地，通信距离为 10 km。试求：

(1) 传播路径损耗中值；

(2) 若基站发射机送至天线的信号功率为 10 W，求移动台天线得到的信号功率中值。

解 (1) 根据已知条件，有 $K_T=0$，$L_A=L_t$。

首先计算自由空间传播损耗：

$$[L_{fs}] = 32.44 + 20\lg f + 20\lg d = 32.44 + 20\lg 450 + 20\lg 10 = 105.5 \text{ dB}$$

由图查得市区基本损耗中值 $A_m(f, d)=27$ dB；基站天线高度增益因子 $H_b(h_b, d)=-12$ dB；移动台天线高度增益因子 $H_m(h_m, f)=0$ dB。

把上述各项代入式(3-21)，可得传播路径损耗中值为

$$L_A=L_t= 105.5+27+12=144.5 \text{ dB}$$

(2) 基站发射的信号为

$$10 \text{ W} = 40 \text{ dBm}$$

$$\begin{aligned} \text{移动台得到的功率中值} &= \text{基站发射功率中值} + \text{天线增益} - \text{传播路径损耗中值} \\ &= 40 \text{ dBm} + 6 \text{ dB} - 144.5 \text{ dB} \\ &= -98.5 \text{ dBm} \end{aligned}$$

［**例 3-2**］ 若上题改为郊区工作，传播路径是正斜坡，且 $\theta_m=15$ m rad，其他条件不变，再求传播路径损耗中值及接收信号功率中值。

解 由式(3-21)可知 $L_A=L_t-K_T$，与上例相同：

$$L_t = 144.5 \text{ dB}$$

根据已知条件，地形地区修正因子 K_T 只需考虑郊区修正因子 K_{mr} 和斜坡修正因子 K_{sp}，因而 $K_T=K_{mr}+K_{sp}$。

查得 $K_{mr}=12.5$ dB，$K_{sp}=3$ dB，所以传播路径损耗中值为

$$L_A - L_t - K_T = L_T - (K_{mr} + K_{sp}) - 144.5 - 15.5 = 129 \text{ dB}$$

接收信号功率中值为

$$[P_{pc}] = [P_p] + K_T = -98.5 \text{ dBm} + 15.5 \text{ dB} = -83 \text{ dBm}$$

3.3.5 建筑物的穿透损耗及其他传播特点

除了前面所述的情况之外，在计算损耗时还需要考虑的因素有下面几种。

1. 建筑物穿透损耗

各个频段的电波穿透建筑物的能力是不同的(一般波长越短，穿透能力越强)，同时各个建筑物对电波的吸收能力也是不同的。不同的材料、结构和楼层数，其吸收损耗的数值都不一样。一般传播模型都是以街心或者空地作为假设条件，如果移动台在室内使用，计算传播损耗和场强时需要把建筑物的穿透损耗也计算进去。

建筑物的穿透损耗不是定值，根据具体情况有不同的值，具体可参考表 3-3。

表 3-3　建筑物穿透损耗

频率/MHz	150	250	450	800
平均穿透损耗/dB	22	19.7	18	17

2. 植被损耗

树木和植被对电波有吸收作用。在传播路径上，由树木和植被引起的附加损耗取决于树木的高度、种类、形状、分布密度、空气湿度和季节变化，同时还与工作频率、天线极化、通过树林的路径长度有关。

值得一提的是，水平极化波的衰耗要比垂直极化波的衰耗小一些。

在城市中，由于树林和其他障碍物往往交替存在，因此它们对电波的影响与大片森林的影响也是不同的。

3. 隧道

移动通信的空间电波传播在遇到隧道等障碍时将产生严重的衰落，甚至不能通信。

习题 3

1. 什么是无线电波？移动通信使用的是哪种无线电波？
2. 直射波有什么特点？
3. 如果发射天线高 20 m，接收天线高 10 m，在不考虑大气层影响的情况下，直射波的传输距离是多少？
4. 什么是电离层传播？电离层传播为什么有最大发射频率和最小发射角？
5. 什么是惠更斯-菲涅耳原理？该原理有什么用途？
6. 什么是衰落？什么是慢衰落？什么是快衰落？
7. 什么是多普勒效应？
8. 移动基站发送的信号频率为 1000 MHz，如果用户以 80 km/h 的速度向其靠近，由于多普勒频移将造成信号增加(或减少)多少频率？
9. 抗多径干扰有哪些措施？
10. 瑞利衰落模型可用于哪些场合？
11. 什么是多径时散？什么是相干带宽？
12. 什么是地形？什么是地物？
13. 什么是自由空间？
14. 如何利用 OM 模型计算郊区和开阔地的场强损耗中值？
15. 不同频段的电磁波穿透建筑物的情况有什么不同？

第4章　移动通信的基本技术

通信系统的任务就是将由信源产生的信息通过信道有效、可靠地传送到目的地。

对于移动通信系统(见图4-1)，信源除了常见的语音信号外，也可以是图像(如可视移动电话)或离散数据。信源产生的模拟信号要想通过移动信道传输到达接收端并还原为原始信号，就必须根据信号特征参量，对信号进行一系列处理，使之变换成适合移动信道传输的信息码元序列。处理过程包括信源编码、信道编码、调制等。

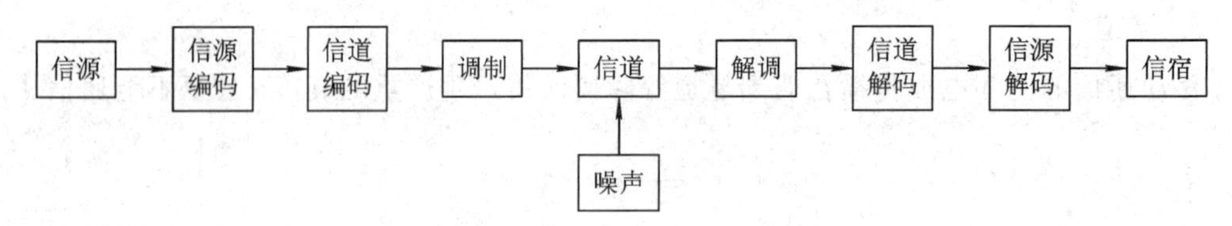

图4-1　移动通信系统模型

4.1　信源编码技术

为了使数据在数字移动通信系统或数字信道中有效传输，要对信源输出的信号进行变换，使之成为合适的数字脉冲串(一般为二进制脉冲)，这就是信源编码。如果信源是模拟信源，则应先进行模拟/数字转换(A/D转换)，将模拟信号变为数字信号，保证信号在时间上离散，在取值上为有限个状态。在数字移动通信系统中，信源编码的基本目的就是通过压缩信源产生的冗余信息来提高整个传输链路的有效性，即在保证一定的传输质量的前提下，用尽可能少的数字脉冲来表示信源产生的信息。信源编码在发送端将模拟信号转换成二进制数字信号，在接收端再将收到的数字信号还原为模拟信号，这是由模拟网到数字网至关重要的一步。

4.1.1　信源编码的基本概念

通信信源中的模拟信号主要是语音信号和图像信号，而移动通信中最多的是语音信号，因而语音编码技术在数字移动通信中具有相当重要的作用。语音编码技术会直接影响到数字移动通信系统的通信质量、频谱利用率和系统容量。语音编码属于信源编码，它利用语音信号和人的听觉特性上的冗余性，在将冗余性进行压缩的同时，将模拟语音信号转变为数字信号。语音编码要求在保证一定的算法复杂度和通信时延的前提下，尽可能少地占用信道，同时尽可能传输高质量的语音信号。

常见的信源信号的数字化按编码方法分有三种：波形编码、参量编码和混合编码。

1. 波形编码

波形编码是语音信号数字化的主要方法，它将时域的模拟信号直接进行抽样、量化和编码，从而变换成数字语音信号，称为 A/D 转换。波形编码技术以尽可能重构语音为原则进行数据压缩，即在编码端以波形逼近为原则对语音信号进行压缩编码，在译码端根据这些编码信息还原出原始语音信号的波形。

波形编码的优点是：① 具有很宽的语音带宽，能够对各种模拟语音信号进行编码；② 抗干扰能力强，能够还原出较好的语音信号，语音质量较高；③ 相对于参量编码和混合编码，波形编码技术相对较成熟，复杂度低。但同时，波形编码由于对编码速率要求较高，占用频带宽度较宽，且所需要的编码速率高，当编码速率低到 16 kb/s 以下时，编码质量将迅速下降。对于移动通信系统来说，频率资源相对紧张，因此不适合这种编码方式。

典型的波形编码方式有：脉冲编码调制(PCM)、增量调制(AM)以及其改进型，如差分脉冲编码调制(DPCM)、自适应差分脉冲编码调制(ADPCM)等。CCITT(国际电报电话咨询委员会)建议了两种语音波形编码方式：一种是 30 路 PCM(欧洲标准)；另一种是 24 路 PCM(北美标准)。

2. 参量编码

参量编码又称为声源编码或声码器，是以语音信号产生模型为基础的编码方法。构成声码器的主体是一个滤波器，它的系数和声源参数由语音信号的频谱特性决定。在发送端，先将表征语音信号的特征参量提取出来，对其进行量化、编码，获得相应的数字信号，通过信道发送出去；在接收端，通过声码器变换，还原原有特征参量，重新合成相应的语音信号。参量编码并不注重于反映输入语音信号的原始波形，而更注重人耳的听觉特性，确保解码的可懂性和清晰度，主要用于数字电话通信中。

参量编码由于只传送语音的特征参量，因此语音编码速率可以低至 2～4.8 kb/s，且不影响语音可懂性。

LPC(线性预测编码)就是参量编码的典型应用，目前移动通信系统的语音编码技术大都以这种类型的技术为基础。

3. 混合编码

混合编码就是波形编码和参量编码的有机结合，它是近年来发展起来的一种低速语音编码技术。混合编码将波形编码的高质量和参量编码的低速率结合，基于语音产生模型进行分析和合成，同时，又利用了语音时间波形信息，增强了重建语音的自然度，提高了语音质量。混合编码的比特率一般在 4～16 kb/s 之间，当编码速率在 8～16 kb/s 范围内时，其语音质量可以达到商用语音通信标准的要求。

典型的混合编码有规则脉冲激励线性预测编码(RPE - LPC)、多脉冲激励线性预测编码(MPE - LPC)、矢量和激励线性预测编码(VSELPC)、码激励线性预测编码(CELP)、规则脉冲激励并具有长期预测的线性预测编码(RPE - LTP - LPC)等。

常用的数字移动通信系统语音编码类型如表 4 - 1 所示。

表 4-1 常用数字移动通信系统语音编码类型

标 准	服务类型	语音编码
GSM	数字蜂窝网	RPE-LTP-LPC
USDC(IS-54)	数字蜂窝网	VSELPC
IS-95(CDMA)	数字蜂窝网	CELP
CT2、DECT、PHS	数字无绳电话	ADPCM
DCS-1800	个人通信系统	RPE-LTP-LPC
PACS	个人通信系统	ADPCM

4.1.2 移动通信中的信源编码

移动通信中的信源编码与有线通信不同，它不仅需要对信息传输有效性进行保障，还应与其他一些系统指标密切相关，如容量、覆盖和质量等。

如 GSM 系统，主要采用的是全速率语音编码和半速率语音编码，其速率分别是 9.6 kb/s 和 4.8 kb/s。显然，全速率语音编码的通信质量较好，但是由于要求速率高，占用的系统资源也很大，而当对语音质量要求不是那么高时，可以通过降速来换取容量的提升。

1. IS-95 语音编码

IS-95 采用码激励线性预测编码(CELP)，其原理框图如图 4-2 所示。CELP 综合使用了线性预测、矢量量化、综合分析等技术，并采用感觉加权滤波器来衡量语音的失真度，通过四个等级的变速率编码实现语音激活。

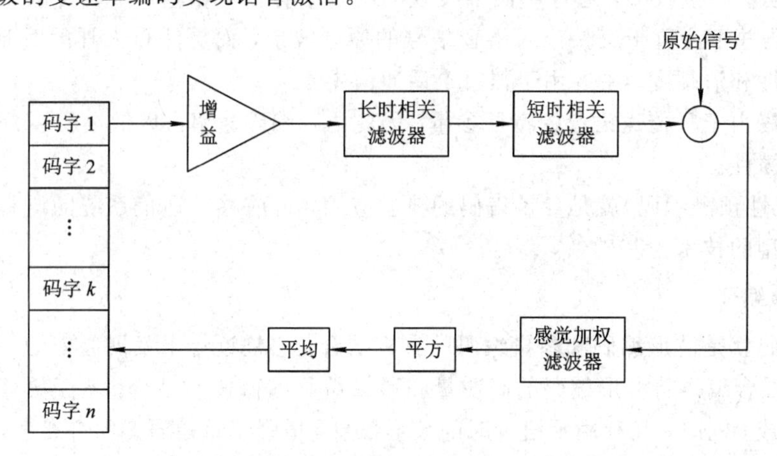

图 4-2 CELP 原理框图

CELP 采用分帧技术进行编码，帧长一般为 10～30 ms，每一帧又分为 2～5 个子帧，采用矢量量化(VQ)码本中的码字作为激励源，码本中每一个存储的码字矢量都可以代替余量信号作为可能的激励信号源。在编码时，对码本中的码字矢量逐个进行搜索，找到与输入语音误差最小的合成语音的码字矢量，将该矢量的标号传送给接收端，在接收端用存储的同样码本根据收到的标号恢复出相应的码字矢量作为激励。CELP 在 4.8～16 kb/s 范围内可以获得质量相当高的合成语音，并且具有较强的抗干扰能力，被广泛应用在 16 kb/s 的电话频带(约 300～3400 Hz)语音压缩中。

图 4 - 2 中，每帧所需的激励序列选自某个码本中的一个波形样本矢量，每次编码时都在这个码本中搜索一个最佳的激励矢量，当用这个码字矢量去激励合成滤波器时，产生的合成语音和原始语音之间的感觉加权误差最小。

2. GPRS/WCDMA 语音编码

现在很多数字移动通信设备都支持多媒体业务，特别是音频和视频播放功能，同时也支持分组交换和电路交换方式。对于 WCDMA 来说，移动信道是随机变化的，固定速率的编码不能使系统工作在最佳的信源编码和信道编码速率上，因此，就需要一种能够根据信道要求随时调整编码速率的方法。

自适应多速率编码(AMR)是一种增强型语音变频方式，属于语音编码方法。它是一种在较大数据传输速率范围内的编码器，也用在多种蜂窝系统中协调编码器标准。相比原有的 GSM 语音编码器采用固定的编码速率，AMR 可以根据无线信道和传输状况来自适应地选择一种最佳信道模式(全速率或半速率)和信源编码模式进行编码传输，即 AMR 自适应技术包括两个方面，一个是信道模式自适应，一个是信源编码模式自适应。

AMR 多种语音速率与目前各种主流移动通信系统使用的编码方式兼容，有利于设计多模终端。可提供 8 种语音速率：12.2 kb/s、10.2 kb/s、7.95 kb/s、7.40 kb/s、6.70 kb/s、5.90 kb/s、5.15 kb/s、4.75 kb/s。其中，12.2 kb/s 的 AMR 声码器相当于 GSM EFR 编码器，7.40 kb/s 的 AMR 声码器相当于 US - TDMA(IS - 641)声码器。利用 AMR 声码器，就有可能在网络容量、覆盖及语音质量之间按照需要进行折中。

AMR 主要用于移动设备的音频压缩，压缩比非常高，但音质较差，因此主要用于语音类的音频压缩，不适合对音质要求较高的音乐类音频压缩。

3. CDMA 2000 语音编码

可选择模式语音编码(SMV)主要应用在 CDMA 2000 通信系统中，取代 EVRC 声码器，并且提供更佳的语音服务和更大的灵活度。它有四种网络控制操作模式：Mode0(高品质模式)、Mode1(标准模式)、Mode2(经济模式)、Mode3(节省容量模式)，不同模式实现了平均码速和语音质量的不同折中。

SMV 设计特别适合发挥 CDMA 网络的软容量这一优势，其中可变的模式是很好地解决无线蜂窝不断变化的特性的方案。SMV 理论上适合所有的 CDMA 应用系统(包括 2G、2.5G 和 3G)，它非常适合 3G 宽带 CDMA(W - CDMA)，也能取代 UMTS 应用系统中的 AMR 声码器，能在 3GPP 和 3GPP2 语音网络间提供无缝的互通协作。除了直接的网络容量增加以外，SMV 的模式切换的灵活度可以实现动态的网络负荷控制，扩大有线网络的软容量。

4. 3G 系统语音编码

在 3GPP 的 R6、R7 以及 3GPP2 的高演进版本中，视频通信业务采用了 H.264/AVC(高级视频编码)的时频压缩标准。

H.264 是一种高度压缩数字视频编码器标准，从某种程度上看是 MPEG 的扩展。H.264 的最大优势是具有很高的数据压缩比率，在同等图像质量条件下，H.264 的压缩比是 MPEG - 2 的两倍以上，是 MPEG - 4 的 1.5～2 倍。在 H.264 中，一副图像可编码成一个或若干个片，每个片包含整数个宏块(MB，Macro Block)，相当于一个完整图像中的不同区域，各数据片之间具有相关性，能够进一步压缩数据速率。

4.2 信道编码技术

信道编码是为了保证通信系统的传输可靠性，克服信道噪声和干扰，而在传输数据时加入多余的码元(监督码元)，用以避免数据传输时出现差错的技术。信道编码的主要作用是进行差错控制，用于检测差错的信道编码称为检错编码，既可检错又可纠错的信道编码称为纠错编码或抗干扰编码。

移动通信系统要传输的是信息码，而为了达到检错纠错的目的，在传输信息码时，会额外加入一些码元，即监督码元。监督码元不携带用户信息，因此对于用户来说，监督码元是多余的，为冗余码元。一般来说，信道编码引入的监督码元越多，其检错纠错能力越强，但是信道的传输效率会随之降低。

4.2.1 码间距离及检、纠错能力

1. 码间距离 d

码字：信息码元与冗余码元一起构成的消息块称为码字，用 c 表示。

码长：码字中的码元个数称为码长，用 n 表示。

码距：又称为汉明距离，指一个码组中任意两个码字之间对应位上的码元取值不同的个数，用 d 表示，即

$$d(c_i, c_j) = \sum_{p=0}^{n-1} (c_{ip} \oplus c_{jp}) \tag{4-1}$$

由式(4-1)可知，码距 d 等于两个码字对应位模 2 加“1”。

最小码距：码组中各个码字之间距离的最小值称为最小码距，用 d_0 表示，又称为最小重量(码重)。

2. 最小码距与检、纠错能力的关系

信道编码就是通过插入监督码元的方式增加码距，因此，码距实际上代表了检、纠错能力，而最小码距的大小直接关系到信道编码的检、纠错能力大小。

(1) 当码组用于检测错误时，假设检错个数为 e，则要求 $d_0 \geqslant e+1$；

(2) 若码组用于纠正 t 个错码，则要求 $d_0 \geqslant 2e+1$；

(3) 若码组用于纠正 t 个错码，同时还能检测 e 个错码，则 $d_0 \geqslant e+t+1$，$e>t$。

4.2.2 信道编码的分类

信道编码可以按照不同的方法进行分类。

(1) 按监督码位的功能不同，可分为检错码和纠错码。检错码仅具有发现差错的能力，在发现差错时，接收端向发送端发出请求，要求重新发送信息；而纠错码不仅能够检出错误，还具备一定的纠错能力。

(2) 按码组中监督码元与信息码元之间的关系不同，可分为线性码和非线性码。线性码指监督码元与信息码元之间存在着线性关系，即满足一线性方程；反之，则为非线性码。

(3) 按码组中监督码元与信息码元之间的约束方式不同，可分为分组码和卷积码。分组码先把信息序列划分为 k 个码元的小段，然后由 k 个码元按一定的规则产生 r 个监督码元，构成码长 $n=k+r$ 的码字，即本码组中的监督码元仅与同一码组的信息码元相关；而卷积码的监督码元不仅与本组信息码元相关，还与前面若干组信息码元有关。

4.2.3　常用的信道编码

1. 线性分组码

分组码是在发送的信息码元中加上一些监督码元，使在信道中传输的信息形成一定长度的码组，记为(n, k)，其中，n 为一个码组的长度，k 为信息码的长度，$r=n-k$，为监督码的长度。监督码元与信息码元之间存在某种特定的关系，利用这种关系可以在接收端对接收到的码元进行检错或纠错。

线性分组码中的监督码元是按照线性方程生成的，线性码建立在代数学群论基础上，是利用代数关系构造的，因而又称数码。

线性分组码中，$n-k$ 个监督位是由 k 个信息位的线性组合产生的，每个码字中的 r 个监督码元仅与本组的信息码元有关，而与别组无关。线性分组码的构造如图 4-3 所示。

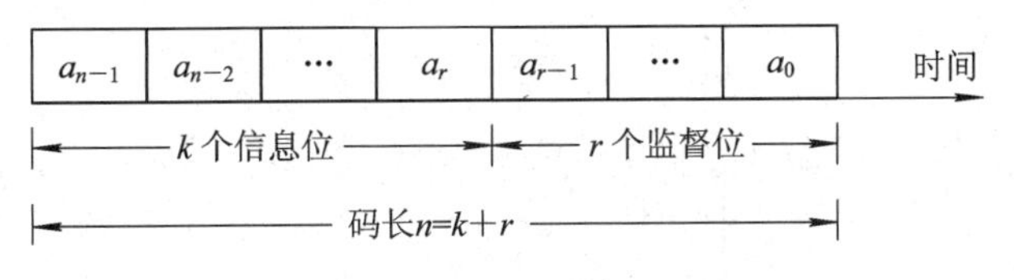

图 4-3　线性分组码的构造

下面以(7, 3)线性分组码为例，说明线性分组码的产生。

线性分组码(7, 3)表示信息码元每 3 位为一组进行编码，即输入信息位长度 $k=3$，编码器输出组长度 $n=7$，因此监督位长度 $r=n-k=4$，编码效率 $\eta=k/n=3/7$。假设输入信息位 $m=m_0m_1m_2$，输出码元记为 $c=c_0c_1c_2c_3c_4c_5c_6$，则编码的线性方程组如下：

$$\begin{cases} c_0=m_0 \\ c_1=m_1 \\ c_2=m_2 \\ c_3=m_0\oplus m_2 \\ c_4=m_0\oplus m_1\oplus m_2 \\ c_5=m_0\oplus m_1 \\ c_6=m_1\oplus m_2 \end{cases}$$

可见，在输出码组中，前 3 位码元就是信息位的简单重复，后 4 位码元是监督位，是由 3 个信息码的线性组合构成的。由此可得到 8 个许用码组，如表 4-2 所示。

表 4-2 8个许用码组

信息位	监督位	信息位	监督位
$c_0\ c_1\ c_2$	$c_3\ c_4\ c_5\ c_6$	$c_0\ c_1\ c_2$	$c_3\ c_4\ c_5\ c_6$
000	0000	100	1110
001	1101	101	0011
010	0111	110	1001
011	1010	111	0100

因此，输出码组写成对应的矩阵形式为

$$\begin{aligned}\boldsymbol{c} &= (c_0, c_1, c_2, c_3, c_4, c_5, c_6)\\ &= (m_0, m_1, m_2)\begin{bmatrix}1&0&0&1&1&1&0\\0&1&0&0&1&1&1\\0&0&1&1&1&0&1\end{bmatrix} = \boldsymbol{mG}\end{aligned}$$

式中，$\boldsymbol{G}$ 称为生成矩阵。将上述编码方程中后 4 位监督位方程改写为

$$\begin{cases}c_3 = m_0 \oplus m_2 = c_0 \oplus c_2\\ c_4 = m_0 \oplus m_1 \oplus m_2 = c_0 \oplus c_1 \oplus c_2\\ c_5 = m_0 \oplus m_1 = c_0 \oplus c_1\\ c_6 = m_1 \oplus m_2 = c_1 \oplus c_2\end{cases}$$

可以得到

$$\begin{cases}c_0 \oplus c_2 \oplus c_3 = 0\\ c_0 \oplus c_1 \oplus c_2 \oplus c_4 = 0\\ c_0 \oplus c_1 \oplus c_5 = 0\\ c_1 \oplus c_2 \oplus c_6 = 0\end{cases}$$

将上述线性方程写成矩阵形式为

$$\begin{bmatrix}1&0&1&1&0&0&0\\1&1&1&0&1&0&0\\1&1&0&0&0&1&0\\0&1&1&0&0&0&1\end{bmatrix}\cdot\begin{bmatrix}c_0\\c_1\\c_2\\c_3\\c_4\\c_5\\c_6\end{bmatrix} = \boldsymbol{0}$$

简记为

$$\boldsymbol{c}\cdot\boldsymbol{H}^{\mathrm{T}} = \boldsymbol{0}$$

其中，$\boldsymbol{H}$ 为线性码的监督矩阵。只要监督矩阵给定，编码时监督位和信息位的关系就可以确定。$\boldsymbol{H}$ 的行数是监督关系式的个数，等于监督位的个数 r；$\boldsymbol{H}$ 的列数是码长 n，因此 $\boldsymbol{H}$ 为 $r\times n$ 矩阵。

通常生成矩阵 $\boldsymbol{G}$ 用于编码，监督矩阵 $\boldsymbol{H}$ 用于解码。

若假设发送端码字为 $c=c_0\,c_1\,c_2\,c_3\,c_4\,c_5\,c_6$，接收端码字为 $r=r_0\,r_1\,r_2\,r_3\,r_4\,r_5\,r_6$，当 $r=c$ 时，则 $\boldsymbol{r}\cdot\boldsymbol{H}^{\mathrm{T}}=\boldsymbol{0}$。这种情况下判断为传输正确，没有误码出现。

在 $\boldsymbol{r}\cdot\boldsymbol{H}^{\mathrm{T}}=\boldsymbol{0}$ 中，若传输中存在干扰，出现误码，设误码错误图样为 $e=e_0\,e_1\,e_2\,e_3\,e_4\,e_5\,e_6$，当 $e_i=1$ 时，认为第 i 位码元出现错误；为 $e_i=0$ 时，认为没有错误，则 $r=c\oplus e$，可得到 $\boldsymbol{e}\cdot\boldsymbol{H}^{\mathrm{T}}=\boldsymbol{S}$。式中，$\boldsymbol{S}$ 为伴随式，即每一种错误伴随一个 $\boldsymbol{S}$，又称为校正子(校验子)。$\boldsymbol{S}$ 是 $1\times r$ 的行矢量，由 r 个元素构成，可算得 $\boldsymbol{S}$ 一定等于 $\boldsymbol{H}^{\mathrm{T}}$ 的第 i 行或者等于监督矩阵 $\boldsymbol{H}$ 的第 i 列。

对于(7，3)线性分组码来说，4 个监督方程式会得到 4 个校正子 S_1、S_2、S_3、S_4，假设校正子码组与误码位置的对应关系如表 4-3 所示。

表 4-3　校正子码组与误码位置的对应关系

$S_1\ S_2\ S_3\ S_4$	误码位置	$S_1\ S_2\ S_3\ S_4$	误码位置
1110	e_0	0100	e_4
0111	e_1	0010	e_5
1101	e_2	0001	e_6
1000	e_3	0000	无错

对于线性分组码，可以检测并纠正误码的个数与码长和监督位长度相关。假设要至少纠正 t 个误码，则所有可能的校验图样的个数至少等于最多 t 个误码发生的所有可能的情况的个数。即对于$(n,\ k)$码，$r=n-k$，必须满足：

$$2^r \geqslant \sum_{i=0}^{t}\binom{n}{i} \tag{4-2}$$

例如，要纠正单个误码，即 $t=1$ 时，必须满足 $2^r\geqslant n+1$。若 $r=3$，则 n 最多不能大于 7 比特，因此，对于(7，3)线性分组码，当 $\boldsymbol{H}$ 的所有列都不相同时，可以检测并纠正出 1 个误码；而要纠正 2 个误码，则需要采用(10，4)码、(11，5)码等；若要纠正至少 3 个误码，可用(15，5)码、(23，12)码等。

2. 循环码

循环码是一种线性分组码，如果线性分组码中各码字的码元循环左移位(或右移位)所形成的码字仍然是码组中的一个码字(全零码除外)，则这种码被称为循环码。

循环码有许多特殊的代数性质，检错能力较强，易于实现，能够用带反馈的移位寄存器实现其硬件，且性能较好，不但可以纠正独立的随机差错，还可以用于纠正突发差错。

1) 循环码的多项式表示

因为循环码的循环性，不论循环码右移或左移，移位位数多少，其结果均为循环码组。对任意一个码长为 n 的循环码，一定可以找到一个唯一的 $n-1$ 次多项式表示，这个多项式称为码多项式。

若许用码组 $a=a_{n-1}\,a_{n-2}\cdots\,a_1\,a_0$，则相应的多项式表示为

$$A(x)=a_{n-1}x^{n-1}+a_{n-2}x^{n-2}+\cdots+a_1x+a_0 \tag{4-3}$$

这里的 x 为任意的时变量，它的幂次代表移位的次数。当上述许用码组向左循环移 1 位时，得到的码组记为 $a^{(1)}=a_{n-2}\,a_{n-3}\cdots\,a_0\,a_{n-1}$，则其多项式为

$$A^{(1)}(X) = a_{n-2}x^{n-1} + a_{n-3}x^{n-2} + \cdots + a_0 x + a_{n-1}$$

左移 i 位后的码组 $a^{(i)} = a_{n-i-1}\ a_{n-i-2} \cdots\ a_{n-i+1}\ a_{n-i}$，则其多项式为

$$A^{(i)}x = a_{n-i-1}x^{n-1} + a_{n-i-2}x^{n-2} + \cdots + a_{n-i+1}x + a_{n-i}$$

$A^{(i)}(x)$可利用下式由 $x^iA(x)$求得

$$x^iA(x) = Q(x)(x^n + 1) + A^{(i)}(x) \tag{4-4}$$

式中，$Q(x)$是商，$A^{(i)}(x)$是余式。式(4-4)也可以表示为

$$A^{(i)}(x) = x^iA(x)\bmod(x^n + 1) \tag{4-5}$$

即可以理解为，若 $A(x)$是码长为 n 的循环码中的一个码多项式，则 $xA(x)$按模 x^n+1 运算得出的余式，也必定为该循环码中的另一个码多项式。

例如，某循环码组为 101001，则 $A(x)=x^5+x^3+1$。若将该码组左移 1 位，则可得

$$x(x^5 + x^3 + 1) = Q(x)(x^6 + 1) + (x^4 + x + 1)$$

该式中，余式为 $A^{(1)}(x)=x^4+x+1$，其对应的码组为 010011。显然，这个结果与将循环码组 101001 直接左移 1 位是相同的。由此可知，循环码的每一个码字都是按模 x^n+1 运算的余式。应该注意的是，模 2 加运算中，需要用加法代替减法。

2) 生成多项式

在循环码中，一个(n, k)循环码有 2^k 个不同的码组，除了全零码之外，循环码中的码字最多只能有 $k-1$ 个连“0”，则若用一个多项式 $g(x)$表示其中前 $k-1$ 位皆为“0”的码组，那么这个多项式就必然为一个$(n-1)-(k-1)=n-k$ 次的多项式，且仅有一个 $n-k$ 次的多项式。这个码多项式就是生成多项式 $g(x)$。确定了 $g(x)$，整个(n, k)循环码就确定了。

下面以$(7, k)$循环码为例。$r=7-k$，因此，要想找到生成多项式 $g(x)$，就必须找到 x^7+1 的因式。由因式分解得到

$$x^7 + 1 = (x + 1)(x^3 + x^2 + 1)(x^3 + x + 1) \tag{4-6}$$

若为(7, 4)循环码，则后两个具有 x^3 的因式 x^3+x^2+1 和 x^3+x+1 中的任一个都可以作为 $g(x)$生成多项式使用，就可以得到(7, 4)循环码的两种可能码组形式，其中 $r=3$。若为(7, 3)循环码，则求解生成多项式时，必须考虑因式中要含有 x^4，因此，可用$(x+1)(x^3+x^2+1)$，采用模 2 加，得到因式 x^4+x^2+x+1 作为 $g(x)$，或者也可以用$(x+1)(x^3+x+1)$，采用模 2 加，得到因式 $x^4+x^3+x^2+1$ 可作为 $g(x)$使用。

由式(4-6)可以得到$(7, k)$循环码的生成多项式，如表 4-4 所示。

表 4-4　$(7, k)$循环码的生成多项式

(n, k)	d	$g(x)$
(7, 6)	2	$x+1$
(7, 4)	3	x^3+x^2+1 或 x^3+x+1
(7, 3)	4	$(x+1)(x^3+x^2+1)$或$(x+1)(x^3+x+1)$
(7, 1)	7	$(x^3+x^2+1)(x^3+x+1)$

任何(n, k)循环码的生成多项式 $g(x)$乘以 $x+1$ 后得到生成多项式 $g(x)\times(x+1)$，由

此构造的循环码$(n, k-1)$的最小码距增加 1，因此可以认为$(n, k-1)$循环码是(n, k)循环码的一个子集。

3）生成矩阵和监督矩阵

找出生成多项式 $g(x)$后，可得到相应的生成矩阵 $\boldsymbol{G}$。由于 $g(x)$是 $n-k$ 次多项式，将与此相对应的码组作为生成矩阵的最后一行，则通过对 $g(x)$移位，得到相应的多项式 $xg(x)$，$x^2g(x)$，…，$x^{k-1}g(x)$，这些多项式之间必定是线性无关的。把这 k 个多项式相对应的各个码组作为矩阵的各行，即得到生成矩阵 $\boldsymbol{G}$，从而可以得到 2^k 个可能的码字作为循环码码组。生成多项式可以表示为

$$\boldsymbol{G}(x)=\begin{bmatrix} x^{k-1}g(x) \\ x^{k-2}g(x) \\ \vdots \\ xg(x) \\ g(x) \end{bmatrix}$$

若发送的信息码元为 $c_{k-1}\,c_{k-2}\cdots\,c_1\,c_0$，则相应的循环码多项式为

$$\begin{aligned} A(x) &= (c_{k-1}, c_{k-2}, \cdots, c_1, c_0)\boldsymbol{G} \\ &= (c_{k-1}x^{k-1}+c_{k-2}x^{k-2}+\cdots+c_1x+c_0)g(x) \end{aligned}$$

这表明，所有码多项式必定是 $g(x)$的倍式。

在(n, k)循环码中，若已知生成多项式 $g(x)$，则可以利用 x^n+1 的因式分解得到相应的监督多项式 $h(x)$：

$$h(x)=\frac{x^n+1}{g(x)}$$

因此可得相应的监督矩阵为

$$\boldsymbol{H}(x)=\begin{bmatrix} h_0 & h_1 & \cdots & h_k & & & & \\ & \ddots & \ddots & & \ddots & & & \mathbf{0} \\ & & h_0 & h_1 & \cdots & h_k & & \\ \mathbf{0} & & & \ddots & \ddots & & \ddots & \\ & & & & h_0 & h_1 & \cdots & h_k \end{bmatrix}$$

可以验证，有 $\boldsymbol{GH}^{\mathrm{T}}=\mathbf{0}$。

由生成矩阵得到的循环码并非是系统码，在系统码中，码组最左边 k 位是信息码元，右边 $n-k$ 位是监督码元，因此，码多项式可写为

$$\begin{aligned} A(x) &= c(x)x^{n-k}+r(x) \\ &= c_{k-1}x^{n-1}+c_{k-2}x^{n-2}+\cdots+c_0x^{n-k}+r_{n-k-1}x^{n-k-1}+\cdots+r_0 \end{aligned}$$

其中，$r(x)=r_{n-k-1}x^{n-k-1}+\cdots+r_0$ 为监督码多项式，其相应的监督码元为 $r_{n-k-1}\cdots r_0$。

$$r(x)=A(x)-c(x)x^{n-k}\equiv c(x)x^{n-k}\bmod g(x)$$

由此可知，在循环码编码时，只需将发送的信息码元升 $n-k$ 次幂(即乘以 x^{n-k})，然后除以 $g(x)$，所得的余式 $r(x)$即为监督码元。而编码后的循环码组为 $c(x)x^{n-k}+r(x)$。

［**例 4-1**］　已知(7, 3)循环码的生成多项式为 $g(x)=x^4+x^3+x^2+1$，若信息码为 111，求编码后的循环码组。

解　信息码多项式为

$$c(x) = x^2 + x + 1$$

则可得

$$c(x)x^{n-k} = (x^2 + x + 1)x^4 = x^6 + x^5 + x^4$$

对应的码组为1110000。因此

$$r(x) = c(x)x^{n-k} \bmod g(x) = x^2$$

转换成码组为0100，编码后的循环码组为1110100。

4）循环编码器

对循环码而言，其编码方式实际上可以看成是将信息码多项式 $c(x)$ 升 $n-k$ 次幂后除以生成多项式 $g(x)$，再将余式 $r(x)$ 放在升幂后的信息码多项式后构成的。对于中间涉及的多项式除法，除了可以用长除直式计算外，还可以利用带反馈的线性移位寄存器来实现。

这种除法电路一般有两种：一种是采用"内接"的异或(模2加)电路；另一种是采用"外接"的异或电路。在实际中，通常采用内接异或的除法电路实现。内接异或门除法电路的工作过程与长除直式的过程完全一致，每当一个"1"移出寄存器进入反馈线时，就相当于从被除式中"减去"除式(这里的"减"仍然是模2加)。

仍然以(7，3)循环码为例，若信息码为111，生成多项式 $g(x)=x^4+x^3+x^2+1$，则使用的循环编码器如图4-4所示。

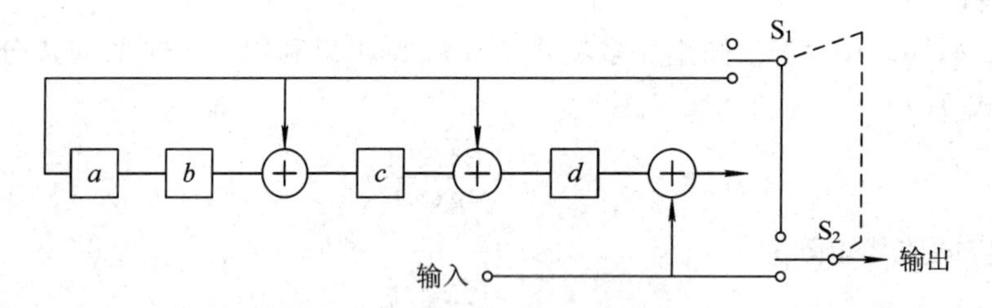

图4-4　(7，3)循环码编码器

当信息码输入时，开关 S_1、S_2 向下，输入的码元一方面送入除法电路，一方面直接输出。当信息码全部输入除法电路后，开关向上，反馈线断开，这时输出端接到寄存器，将寄存器中存储的余数依次移位取出，构成码字。除法编码过程如表4-5所示。

表4-5　除法编码过程

输入	移位寄存器 *abcd*	反馈	输出
0	初始状态：0000	0	0
1	1011	1	1
1	0101	0	1
1	余数0010	0	1
0	0000	无反馈	0
0	0000		1
0	0000		0
0	0000		0

3. 卷积码

前面介绍的分组码是在 k 比特信息码后面加上 r 位监督码元，构成 n 位码元长度的码组，每个码组的 r 个监督码元仅与本码组的 k 个信息位有关，而与其他码组无关。为了达到一定的纠错检错能力，分组码的码组长度都比较长，编译码时需要用到较大存储量的寄存器，会产生较大的时延。

卷积码与分组码相比，它也是将 k 个信息码元编码成 n 位码元长度，但由于卷积码编码码组中的监督码元不仅与本码组信息码相关，还与前面 $n-1$ 段的信息码有关，因此，在编码过程中，对 k 和 n 的长度要求都不大，可以传输短信息，延时相对较小。

卷积码一般可以表示为(n, k, m)，其中，n 为编码输出码元长度，k 为编码输入信息码长度，m 为编码器中寄存器的个数，也可以理解为输出的当前码组的 n 位码元与前面 $m-1$ 个连续时刻的输入信息码元相关。

卷积码的编码器结构如图 4－5 所示。

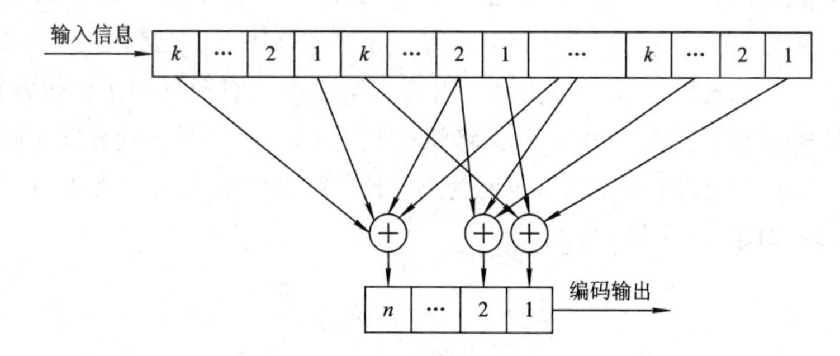

图 4－5　卷积码编码器框图

卷积码编码器中共有 m 个输入移位寄存器，每个寄存器中都有 k 位用来放置 m 个信息码组的码元数据，整个寄存器共有 mk 位。除此之外，编码器中还包括一组模 2 相加器，以及一个 n 位的输出移位寄存器。从图 4－5 中可以看出，卷积码编码输出 n 位信息不仅与当前的 k 个输入信息有关，还和之前的$(m-1)k$ 个输入信息有关。

通常把 m 称为卷积码的约束长度，它表示编码过程中相互约束的分支码数。卷积码的编码效率为 $R=k/n$。

卷积码的描述可以有两种类型：图形法和解析法。图形法有树状图、网格图和状态图；解析法就是用数学公式直接表达，有离散卷积法、码生成多项式法等。

1）树状图

以(2，1，3)卷积码为例，在卷积码编码器中，输出移位寄存器用转换开关代替，每当输入 1 位信息码元，编码输出 2 位信息码元，如图 4－6 所示。

假设移位寄存器初始状态为 0，若第 1 位输入码元为 0，则输出为 00；若第 1 位输入码元为 1，则输出为 11。从第 2 位输入码元开始，第 1 位往右移 1 位，为 m_0，第 2 位输入码元为 m_1，此时输出 $x_{2,1}=m_1 \oplus m_0$，同时受 m_1 和 m_0 影响；当第 3 位码元输入时，第 1 位往右再移 1 位，而刚才输入的第 2 位码元也同时往右移 1 位，此时会输出两个由这 3 位移位寄存器存储内容共同决定的码元；当第 4 位码元输入时，之前的第 1 位码元移出移位寄存器消失，此时输出码元由当前存储于 3 位移位寄存器中的内容决定。

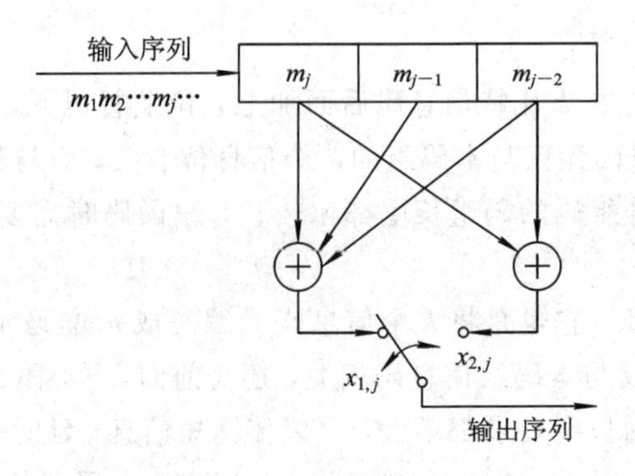

图 4-6 (2，1，3)卷积码编码器

以此类推，可知，移位过程可能产生的各种序列可以用树状图表示。

树状图以时序关系为横轴进行展开，展示出编码器的所有输入和输出的可能状态。从节点 a 开始画，表示移位寄存器初始状态为 00。当第 1 个输入 $m_1=0$ 时，输出 $x_{1,1}x_{2,1}=00$；若 $m_1=1$，输出 $x_{1,1}x_{2,1}=11$。所以，从 a 点出发会有两条支路，$m_1=0$ 表示选取上面一条支路，$m_1=1$ 表示选取下面一条支路。当输入第 2 个信息码元时，移位寄存器往右移 1 位，上支路移位寄存器状态仍为 00，下支路状态则为 01，树状图继续分叉，形成 4 条支路，2 条向上，2 条向下，上支路对应输入码元为 0，下支路对应输入码元为 1。以此类推，最终形成二叉树图形，如图 4-7 所示。

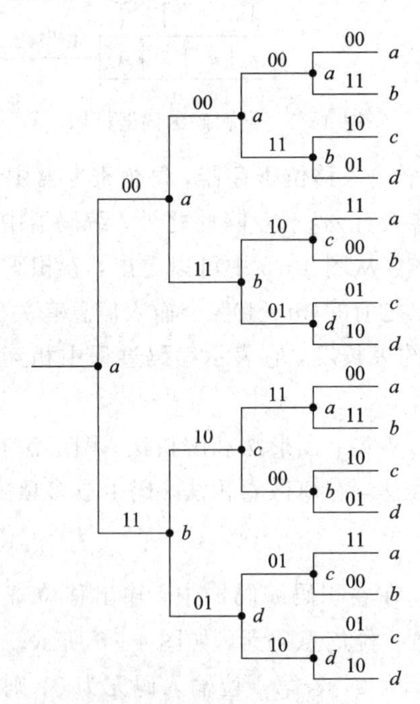

图 4-7 (2，1，3)卷积码树状图

树状图中，每条树杈上所标注的码元为输出码元，每个节点上标注的 a、b、c、d 为移位寄存器的状态，树状图有 4 个基本状态 $a=00$、$b=01$、$c=10$、$d=11$。显然，对于第 j 个输入信息码元，有 2^j 条支路，从第 4 条支路开始，树状图上下两部分完全相同。

例如，输入信息码元序列为 1101，则根据树状图，输出码字为 11010100。

2) 网格图

将树状图用一种更为紧凑的图形表示，即网格图。网格图既有明显的时序关系，又不产生重复图形结构，特别适用于卷积码的译码。

网格图(见图 4-8)中，把树状图里具有相同状态的节点合并在一起，编码器从一种状态转移到另一种状态，状态每变化一次就输出一个分支码元，两个节点的连线表示一个确定的状态转移方向。输入码元为 0，表示上支路，用实线表示；输入码元为 1，表示下支路，用虚线表示。连线上的数字就是相应的输出码字。

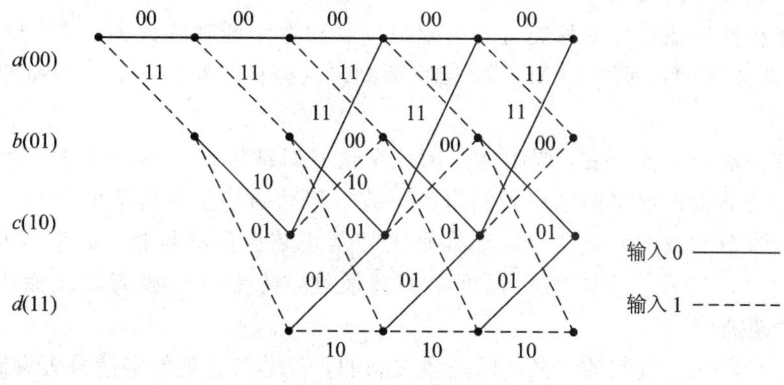

图 4-8 (2，1，3)卷积码网格图

例如，输入信息码序列为 1011，在网格图中找出编码路径，得到输出码字为 11100001。

3) 状态图

卷积码还可以用状态图表示，对于(2，1，3)卷积码，由于 4 个基本状态 $a=00$、$b=01$、$c=10$、$d=11$，对每个输入的信息码元，编码器状态都有两种变化可能，就如同网格图和树状图中所显示的上支路和下支路两个分支，将这两种状态的变化转移用图来表示，就形成了卷积码的状态图。图 4-9 中，两个自闭合圆环分别表示 $a-a$ 和 $d-d$ 的状态转移。

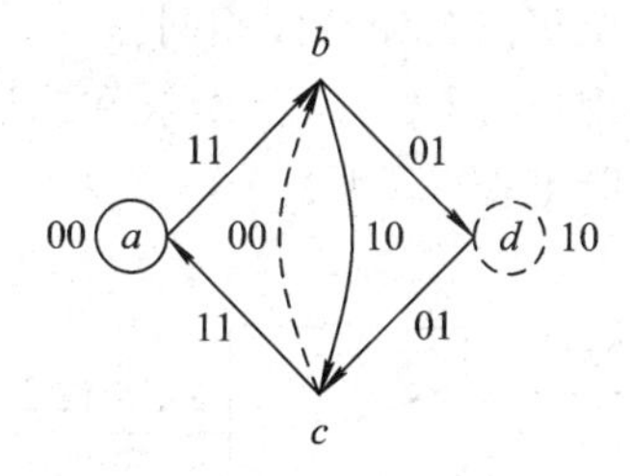

图 4-9 (2，1，3)卷积码状态图

4.3 调制技术

调制技术是把基带信号变换成传输信号的过程。移动通信系统中，信源产生的模拟信号通过抽样、量化、编码后成为可在信道中传输的二进制基带信号，要想让信号能适应移动通信系统的信道传输，需要对信号再次进行调制，将基带信号转换成适合信道传输的调制信号。

移动通信系统中广泛使用载波频率的调制或变换来使信息在需要的载波频率上传输或

进行特定的操作。通信系统在工作时，信号会在大气层中进行传输，低频信号会急剧衰减，而较高频率范围的信号可以传播到很远的距离，因此信号往往要求发送在射频段，如我国陆地公用蜂窝数字移动通信网 GSM 通信系统采用 900 MHz 频段，即 905～915 MHz 为移动台发、基站收频段，950～960 MHz 为基站发、移动台收频段。在此频段中传输信号，即要求信号要从基带跃迁到频带，必须通过调制完成基带信号的频谱搬移，将低频信号调制到高频段，达到匹配无线信道的目的。移动通信时，会要求将多路信号互不干扰地在同一物理信道中传输，高频段的信号易于实现信道复用，同时，将信号调制到更高的频率，可以减小发射和接收天线的尺寸。

调制技术根据传输信号的种类可分为模拟调制和数字调制两大类，其中模拟调制包括调幅(AM)、调频(FM)、调相(PM)等，数字调制包括幅移键控(ASK)、频移键控(FSK)和相移键控(PSK)。

对数字移动通信系统来说，调制就是用数字信号对载波信号的参数进行处理，将载波信号变换成为能够携带数字信息序列的适应于数字移动通信信道传输的信号。它对载波的调制与模拟信号对载波的调制类似，同样是去控制正弦振荡的振幅、频率或相位的变化。但由于数字信号的特点——时间和幅度上的离散性，使受控参数离散化而出现“开关控制”，因此称为“键控法”。

数字信号可以是二进制的，也可以是多进制的，若用二进制数字信号去调制载波信号，则调制方法为 2ASK、2FSK、2PSK。在高速数字调制中，一般更常用多进制数字信号对载波进行调制，采用多幅调制(MASK)和多相调制(MPSK)。

4.3.1 二进制数字调制

当调制信号为二进制数字信号时，调制就称为二进制数字调制。在二进制数字调制中，载波的幅度、频率或相位只有两种变化状态。

1. 二进制幅移键控(2ASK)

顾名思义，2ASK 指载波幅度随调制信号而变化的，调制信号只针对载波的幅度进行处理，调制后的信号其频率和相位仍然与原载波相同。

2ASK 可以用开关电路来实现(见图 4-10)，载波在二进制调制信号 1 或 0 的控制下通或断，这种键控方式又称为通-断键控(OOK)。

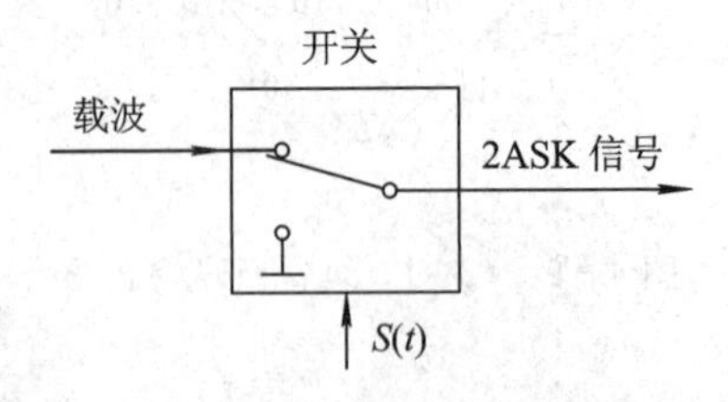

图 4-10 2ASK 模型框图

设数字信号为 $S_D(t)$，载波为 $A\cos\omega_0 t$，输出信号为 $S_{ASK}(t)$则可得 2ASK 信号时域表达式为

$$S_{ASK}(t) = S_D(t) \cdot A\cos\omega_0 t$$

因为 $S_D(t)$是二进制数字信号，故

$$S_D(t) = \begin{cases} 1, & \text{出现概率为 } P \\ 0, & \text{出现概率为 } 1-P \end{cases}$$

由此，可得到 2ASK 信号波形，如图 4-11 所示。

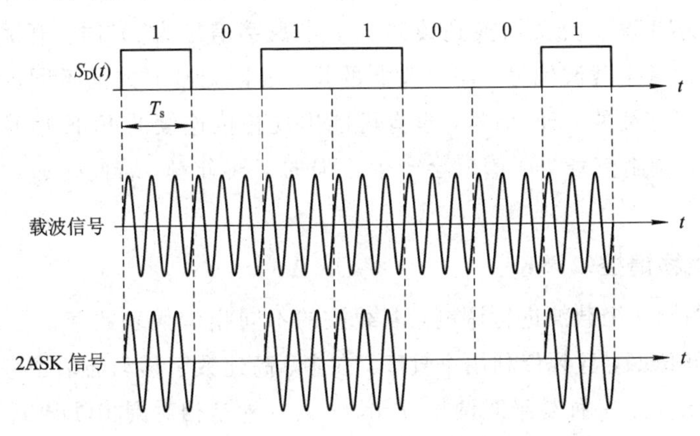

图 4-11　2ASK 信号波形

图 4-11 中，T_s是信号间隔。

2. 二进制频移键控(2FSK)

2FSK 是用不同频率的载波来传送数字信号的，可用“1”表示频率为 ω_1 的载波，用“0”表示频率为 ω_2 的载波，ω_1 和 ω_2 之间的改变可瞬时完成。图 4-12、图 4-13 所示为 2FSK 信号产生电路及已调信号波形。

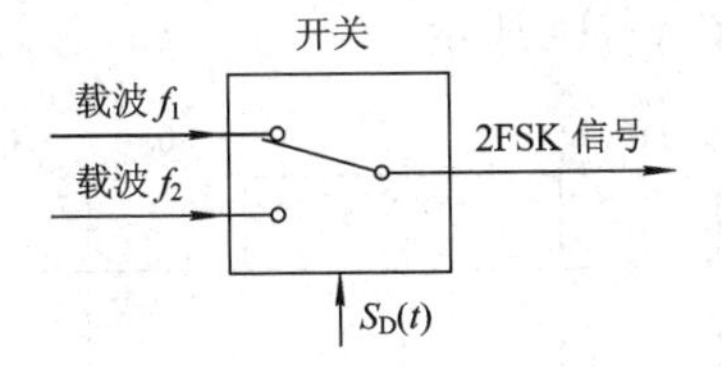

图 4-12　2FSK 模型框图

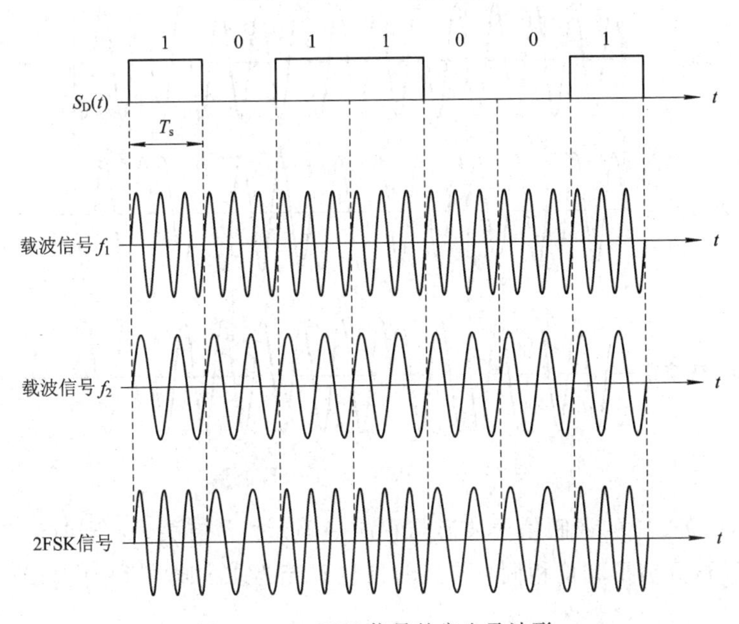

图 4-13　2FSK 信号的产生及波形

采用键控法，用数字矩形脉冲控制电子开关，使开关在两个不同频率的振荡器之间切换，当数字信号为"1"时，开关切换到载波 f_1，当数字信号为"0"时，开关切换到载波 f_2，输出为交替出现的两个载波信号。需要注意的是，根据调制方式的不同，频移键控调制时有可能出现相位不连续的 FSK 信号，也有可能出现相位连续的 FSK 信号，若两个频率转接处相位不连续，调制信号功率谱就会产生很强的旁瓣分量，若此时通过带限信道，就会波形失真。

3. 二进制相移键控(2PSK)

2PSK 一般用同一个载波进行调制，取载波的不同相位代表数字信号。PSK 系统抗噪性能优于 ASK 和 FSK，且频带利用率较高，在中、高速数字移动通信中应用较多。

PSK 有两种形式：一种是绝对调相(PSK)；另一种是相对调相(DPSK)。绝对调相就是用载波的不同相位对数字信号进行传输，2PSK 一般用 0 和 π 表示载波的两个相位；相对调相则利用载波的相对相位变化表示数字信号的相移方式，也称差分调相。

例如，现有数字信息序列 1011001，首先，求得相应的绝对码和相对码如下：

$S_D(t)$：1　0　1　1　0　0　1

绝对码：1　0　1　1　0　0　1

相对码：1　1　0　1　1　1　0

可得 2PSK 及 2DPSK 波形如图 4-14 所示。

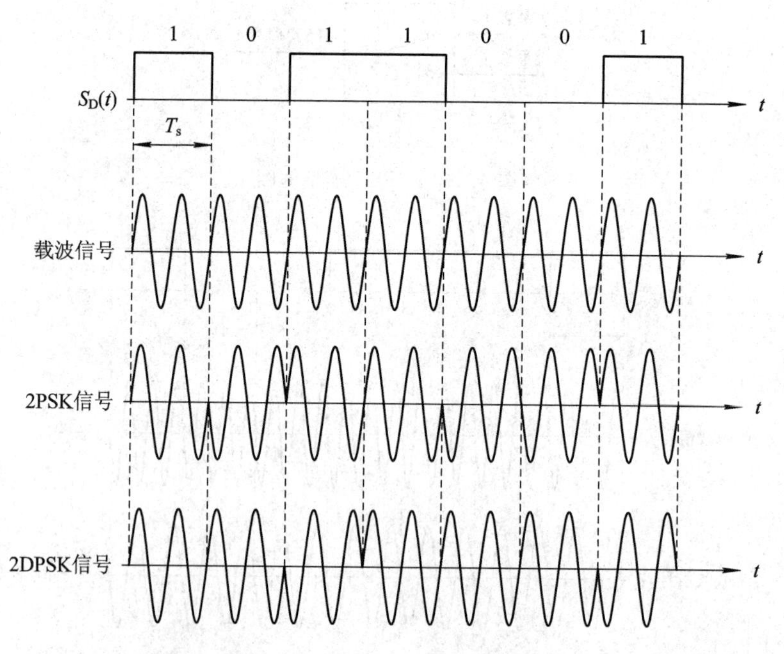

图 4-14　2PSK 及 2DPSK 波形

可以看出，2DPSK 的调制信号波形与它前一码元相位有关，若当前信息码元为 0，则波形相位与前一码元波形相位相同，若当前信息码元为 1，则波形相位与前一码元波形相位相反。

用数字信息序列表示 2DPSK 信号的码元相位关系如下：

数字序列：	1　0　1　1　0　0　1
2DPSK 相位：　或	0　π　π　0　π　π　π　0　参考相位为 0 时
	π　0　0　π　0　0　0　π　参考相位为 π 时

4.3.2　多进制数字调制

数字移动通信系统中，若传输的信息码元状态数目大于 2，则传输的数字信号为多进制信号，M 进制的信号有 $n=\text{lb}M$ 个二进制符号。由此可见，多进制系统传输速率是二进制系统传输速率的 n 倍，在相同的系统传信率下，多进制的信道数码率低于二进制的信道数码率，所需信道带宽相对二进制较小，提高了频带利用率。

多进制数字调制技术种类较多，常见的有多进制键控(MASK、MFSK、MPSK)、最小频移键控(MSK)、正交幅度调制(QAM)等。

1. 多进制幅移键控(MASK)

MASK 又称为多电平调幅，其调制信号表达式为

$$S_{\text{MASK}}(t)=\sum_{n}a_{n}g(t-nT_{0})\cos\omega_{0}t$$

式中，$g(t)$为基带信号波形；ω_0 是载波角频率；T_0 是信号间隔；a_n 是幅度值。a_n 取不同的电平值：

$$a_n=\begin{cases}a_1 & \text{出现概率 } P_1\\ a_2 & \text{出现概率 } P_2,\\ \vdots & \quad\vdots\\ a_M & \text{出现概率 } P_M\end{cases}\qquad P_1+P_2P_3+\cdots+P_M=1$$

MASK 的调制方法与 2ASK 相同，只是基带信号由二电平变为多电平，为此，可以将二进制信息序列以 n 个为一组，$n=\text{lb}M$，变换成 M 电平基带信号，再送入调制器。

MASK 调制波形是多种幅度的同频载波键控信号的叠加，在某一个码元位置上只可能出现一种幅度，因此，MASK 信号的带宽与 2ASK 相同，而信息传输速率是二进制的 $\text{lb}M$ 倍。MASK 调制时采用的调制器为线性调制器，即已调信号幅度应与输入基带信号幅度成正比，调制时，可采用双边带调制、单边带调制、残留边带调制等方法，调制原理与模拟调制完全相同。

2. 多进制相移键控(MPSK)

MPSK 是多进制键控的主要方式，又称多相制。通常采用的 MPSK 有四相制、八相制等，可用 2 的次方来表示。M 进制相移键控中，载波相位有 M 种取值，所对应的多相键控信号 $S_{\text{MPSK}}(t)$可以表示为

$$S_{\text{MPSK}}(t)=\sum_{n}g(t-nT)\cos(\omega_{0}t+\varphi_{n})$$

式中，φ_n 是载波在 $t=nT$ 时刻的相位，它的出现概率为

$$\varphi_n\begin{cases}\varphi_1, & \text{出现概率 } P_1\\ \varphi_2, & \text{出现概率 } P_2\\ \vdots & \quad\vdots\\ \varphi_M, & \text{出现概率 } P_M\end{cases}$$

$$P_1+P_2+P_3+\cdots+P_M=1$$

其取值通常为等间隔。将 $\cos(\omega_0 t+\varphi_n)$ 因式分解，可得

$$\cos(\omega_0 t+\varphi_n)=\cos\omega_0 t\cdot\cos\varphi_n-\sin\omega_0 t\cdot\sin\varphi_n$$

令 $\cos\varphi_n=a_n$，$\sin\varphi_n=b_n$，则多相键控信号 $S_{\text{MPSK}}(t)$ 可写为

$$S_{\text{MPSK}}(t)=\left[\sum_n a_n g(t-nT)\right]\cos\omega_0 t-\left[\sum_n b_n g(t-nT)\right]\sin\omega_0 t$$

由此可见，MPSK 信号可以看做是两个正交载波进行多电平双边带调制后得到的两路 MASK 信号的叠加，因此，MPSK 信号的频带宽度应与 MASK 的相同。

多相制信号可以用矢量图来表示，以 2PSK、4PSK 和 8PSK 为例，其相位状态各有两种方式，分别表示如下：

$$2\text{PSK}\begin{cases}\text{A 方式：}0°,\ 180°\\ \text{B 方式：}90°,\ -90°\end{cases}$$

$$4\text{PSK}\begin{cases}\text{A 方式：}0°,\ 90°,\ 180°,\ 270°\\ \text{B 方式：}45°,\ 135°,\ 225°,\ 315°\end{cases}$$

$$8\text{PSK}\begin{cases}\text{A 方式：}0°,\ 45°,\ 90°,\ 135°,\ 180°,\ 225°,\ 270°,\ 315°\\ \text{B 方式：}22.5°,\ 67.5°,\ 112.5°,\ 157.5°,\ -157.5°\\ \qquad -112.5°,\ -67.5°,\ -22.5°\end{cases}$$

用矢量图表示如图 4－15 所示。

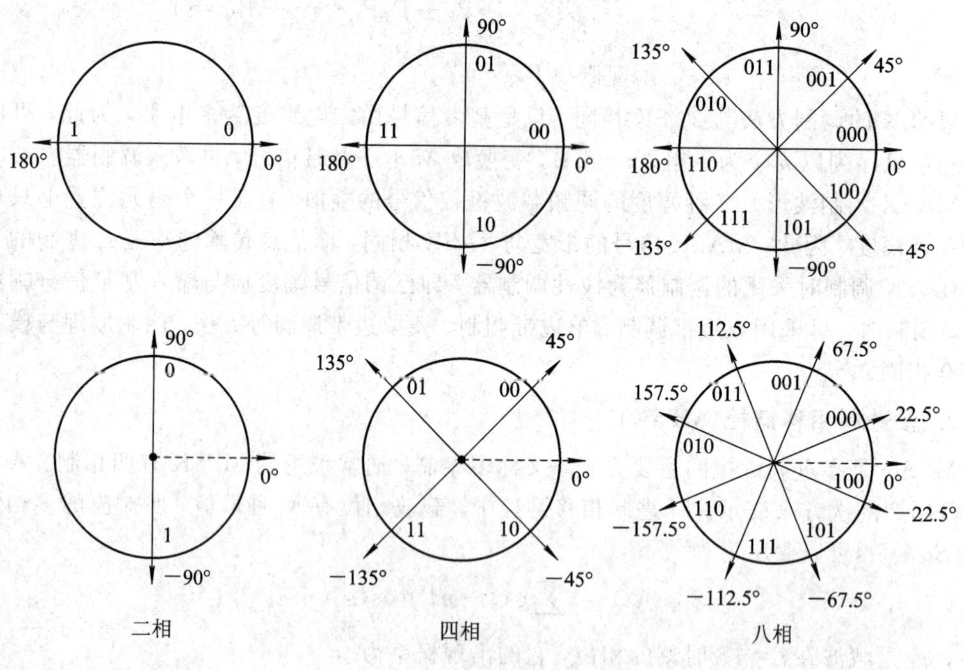

图 4－15　MPSK 矢量图

3. 正交幅度调制(QAM)

在 MPSK 调制中，传输信号幅度一定，因此幅度点组合起来形成一个圆周，我们称之为星座图。对于 MPSK 调制来说，星座图中显示出来的幅度矢量点因为都集中分布在一个

圆周上，因此，M 的数值越大，各矢量点之间的距离就越小。若允许传输信号的幅度可随着相位的变化而改变，则星座图不再是一个圆周，而变得层次分明，能够充分利用信号平面，同时，也能尽可能不减小幅度的矢量点之间的最小距离。这种调制方法就是幅度与相位相结合的多进制调制方法，称为正交幅度调制(QAM)，又可称为幅相键控(APK)。

QAM 信号可用下式表示：

$$S_{\mathrm{QAM}}(t)=\left[\sum_{n}a_{n}g(t-nT)\right]\cos(\omega_{0}t+\varphi_{n})$$

式中，$g(t)$是宽度为 T 的单个矩形脉冲；a_n 的取值为 a_1，a_2，…，a_n；φ_n 的取值为 φ_1，φ_2，…，φ_m。显然，QAM 信号的可能状态数为 $m\times n$。若 $m=n=4$，则可以合成 16 QAM 信号。

16PSK 的星座图和 16QAM 的星座图如图 4 - 16 所示。

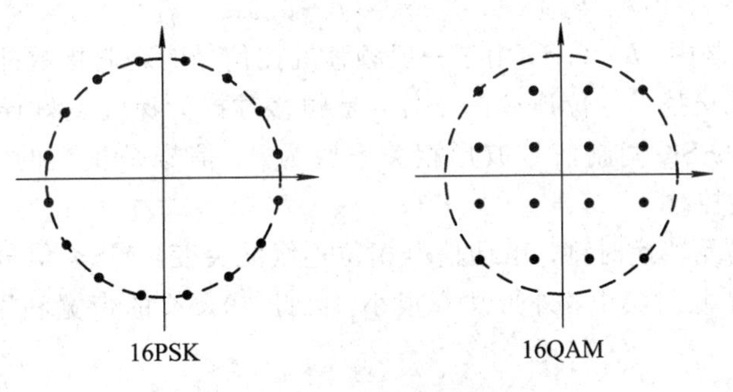

图 4 - 16　16PSK 和 16QAM 星座图

QAM 的星座图应用非常广泛，其图形常为矩形或十字形，其中，$M=4$、16、64、256 时，星座图为矩形，而 $M=32$、128 时星座图为十字形。

设调制信号的最大幅度为 1，则 MPSK 时，星座图上幅度矢量点之间的最小距离为

$$d_{\mathrm{MPSK}}=2\sin\frac{\pi}{M}$$

而 QAM 时，若星座图为矩形，则最小距离为

$$d_{\mathrm{QAM}}=\frac{\sqrt{2}}{\sqrt{M}-1}$$

当 $M=4$ 时，$d_{\mathrm{4PSK}}=d_{\mathrm{4QAM}}$，即 4PSK 的星座图与 4QAM 的星座图相同，而 $M>4$ 时，QAM 的最小距离就要比 MPSK 的最小距离大，因此可知，QAM 的抗干扰能力要优于 MPSK。

4. 最小频移键控(MSK)

最小频移键控 MSK 是频移键控 FSK 的一种改进形式，是相位连续、包络恒定的 2FSK。在 FSK 调制时，从一个码元到另一个码元时，两码元之间频率跳变，相位可能会不连续，而 MSK 具有正交信号的最小频差，能保持相位连续，解决了包络起伏的问题。

MSK 信号可表示为

$$S_{\mathrm{MSK}}(t)=A\cos[2\pi f_{\mathrm{c}}t+\varphi(t)]$$

式中，f_{c} 为载波频率；A 为已调信号幅度；$\varphi(t)$是随着时间变化而发生连续变化的相位。

设要发送的数据信号 $a_k=\pm1$，码元长度为 T_{b}，则在一个码元时间内，分别用两个不同频率 f_1、f_2 的正弦信号表示 2FSK 信号，可得

$$S_{FSK}(t)=\begin{cases}\cos(\omega_1+\varphi_1) & a_k=+1\\ \cos(\omega_2+\varphi_2) & a_k=-1\end{cases}$$

其中，$\omega_1=2\pi f_1$，$\omega_2=2\pi f_2$。定义载波角频率为

$$\omega_c=2\pi f_c=\frac{(\omega_1+\omega_2)}{2}$$

ω_1和ω_2相对于ω_c的角频偏为

$$\omega_d=2\pi f_d=\frac{|\omega_1-\omega_2|}{2}$$

定义调制指数为：$h=(f_1-f_2)T_b$，f_1 和 f_2 分别为对应于 2FSK 信号的两种符号频率。根据以上公式，可以重写 MSK 信号为

$$S_{MSK}(t)=\cos(\omega_c t+a_k\omega_d t+\varphi_k)$$

显然，MSK 调制中，$h=0.5$，由于一般频移键控信号的调制指数都大于 0.5，而当 $h=0.5$ 时，满足在码元交替点相位连续的条件，是频移键控为保证良好误码性能所允许的最小调制指数，此时，FSK 调制信号波形相关系数为 0，信号是正交的，所以称 $h=0.5$ 的 MSK 为最小频移键控。

MSK 调制在码元转换时刻，已调信号相位连续无突变，MSK 信号的功率谱密度旁瓣峰值滚降不快，频谱相对集中，外带功率很小。因此，MSK 的带宽利用率高，同时减少了相邻信道的干扰。

4.4 多址技术

在无线频率资源有限的条件下，大多数移动通信系统，特别是公众移动通信系统，均采用多用户共享一个通信信道传送信息。为保证多用户正常通信，需要采用有效的多址接入技术，简称多址技术。

移动通信系统常用的多址方式有频分多址(FDMA)、时分多址(TDMA)、码分多址(CDMA)和空分多址(SDMA)等。

4.4.1 频分多址技术

频分多址技术是将可以使用的带宽分成多个等间距且频率互不重叠的信道，每个信道具有一对频率(接收频率和发射频率)，用户通信时被分配给一个信道。即不同的通信用户是靠不同的频率划分来实现通信的。

频分多址的主要优点是技术成熟、设备简单、容易实现，主要缺点是容量小、抗干扰能力差。采用频分多址必须注意：设置适当的频率保护带，防止带通滤波器频率特性不理想时产生的“邻道干扰”；设法减少由于电路的非线性带来的互调干扰。

模拟移动通信系统采用了频分多址技术，典型的模拟蜂窝移动通信系统有美国的 AMPS 系统、英国的 TACS 系统、瑞典的 NMT—900 系统和日本的 HCMTS 系统。我国 900 MHz 模拟蜂窝移动通信网采用的是英国的 TACS 系统。随着移动通信的发展，用户数量剧增，采用频分多址的模拟移动通信系统在频率利用率、保密性、系统容量和语音质量等方面都暴露出了不足。现代的数字移动通信系统都采用了性能比频分多址先进的时分多址和码分多址技术。

4.4.2　时分多址技术

时分多址不是在频率轴上划分，而是在时间轴上划分。时分多址移动通信系统中所有用户都使用同一射频带宽，按一定的秩序分不同时间发射。它是将时间轴划分成许多时隙，不同的用户使用不同的时隙，N 个时隙组成一帧，以帧的形式传送，达到共用信道的目的。因为是按时间来划分的，所以对每个用户而言，其发射和接收都不是连续的。时分多址技术是数字数据通信和第二代移动通信的基本技术。

在 TDMA/TDD 系统中，时间被分割成周期性的帧，每一帧再分割成若干个时隙，无论帧或时隙都是互不重叠的。每帧中的时隙一半用于上行链路，一半用于下行链路。根据一定的时隙分配原则，让各个移动台在每帧内只能按照指定的时隙向基站发送信号的，而基站在满足定时和同步的条件下，可以分别在各时隙中接收各移动台的信号且互不干扰。同时，基站也是按照顺序向多个移动台分别发送信号的，在预定的时隙进行传输。在 TDMA/FDD系统中，上行链路和下行链路具有完全相同或相似的帧结构，但它们使用的频段不同。

与采用频分多址的模拟移动通信系统相比，采用时分多址的数字移动通信系统的移动用户容量提高，传输速率也比 FDMA 高，在频率利用率、保密性、数据传输和语音质量等方面也都有很大的改善。

尽管时分多址数字移动通信系统比频分多址的模拟移动通信系统在很多方面有了提高，但它仍没有很好地解决抗多径干扰问题，并且它对时间的同步要求非常严格，导致设备也比较复杂。这就促使了采用码分多址(CDMA)技术的数字移动通信系统的产生。

4.4.3　码分多址技术

采用码分多址的 CDMA 数字移动通信系统是靠编码的不同来区别不同的移动用户的。在 CDMA 系统中，每个用户配有不同的地址码，各用户所发射的载波既受基带数字信号调制，又受地址码调制。在接收端，对某一用户，只有确知其地址码的接收机才能用相关检测解调器调出相应的基带信号，而其他用户信息或其他接收机因地址码不同，无法解调出信号。码分多址技术是第二代移动通信的演进技术和第三代移动通信的基本技术。

码分多址技术是建立在扩频技术之上的一种多址技术，故码分多址又称为扩频多址。码分多址移动通信系统就是利用扩频通信的多址性，每个移动用户使用不同的具有正交性的扩频伪随机码(PN 码)作地址码，使得每个用户之间没有影响或相互影响极小。因而码分多址的移动通信系统能在同一频带内，允许多用户同时发送或接收信号，实现多址通信。

码分多址中最常用的扩频方式是直接序列调相方式和跳频方式。

1. 直接序列调相方式

直接序列调相(CDMA/DS)码分多址方式属于直接型的 PSK 调制，地址码用伪随机序列(即 PN 序列)，通常记为 CDMA/DS 或 CDMA/PSK/DS。

2. 跳频方式

跳频(CDMA/FH)方式属于间接型 MFSK 调制。

码分多址方式抗干扰性强，保密性好且设备简单，但传输速率相对较低。

从理论上说，TDMA 的通信容量大于 FDMA，而 CDMA 的通信容量大于 TDMA 和 FDMA。综合各种因素，一般认为 CDMA 的通信容量是 TDMA 的 4～6 倍，是 FDMA 的 20 倍左右。

4.4.4 空分多址技术

空分多址是利用用户空间特征的不同来实现多址通信的。利用天线的方向性来分割各个用户信号，使得不同地域的用户在同一时间使用相同频率实现互不干扰的通信。利用定向天线和窄波束天线，使电磁波按一定指向辐射，为小区内的每一个用户形成一个波束。不同波束范围可以使用相同的频率，也可以控制发射的功率。但这种方式要求天线的波束较窄并且具有十分准确的方向性。

在实际应用中，空分多址技术作为卫星通信的基本技术。卫星天线的波束指向地球表面的不同区域的地球站，这样，即使地球站在同一时间内使用相同的频率进行收发电波信号，也不会出现空间上的重叠，不会产生干扰。

空分多址方式很少单独使用，而是与其他多址方式结合使用，其典型方式是与时分多址方式组合，构成 SDMA/SS/TDMA 多址方式，即空分多址/卫星转接/时分多址方式。

4.5 交织技术

在信道编解码时，其主要作用是进行差错控制，差错分为随机差错和突发差错。信道编解码对于随机差错能够做到较为准确的检测和校正，而在实际传输中，比特差错经常是成串发生的。持续较长的深衰落谷点会影响到几个相邻的比特，对于这种突发差错，信道编解码往往是无能为力。这时，就需要采用交织技术，将信道中的突发的成串差错变为随机的独立差错。

在水平垂直监督码中将信息码元排列成方阵，然后对行和列分别进行检验，可以达到检测突发差错的目的。而这种方法也同样可以用于纠正突发差错，由此构造的纠错方法就是交织技术。交织技术就是把一条消息中的相继比特隔开，以非相继的方式传送，将突发差错变为离散的随机差错。交织技术的实现通过存储器来完成，信道输入端将信息按行写入交织存储器，按列读出；在信道输出端，将信息按列写入去交织存储器，按行读出，如图 4－17 所示。

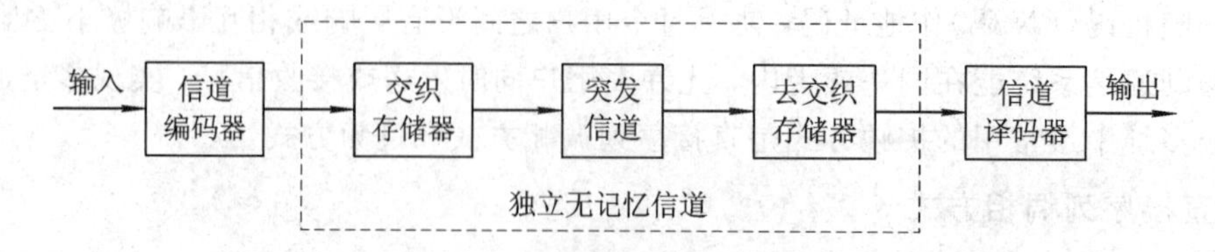

图 4－17　分组交织器实现框图

交织存储器是一个 $m\times n$ 的存储阵列，码流按行输入后按列输出，如图 4－18 所示，进入突发信道时码流的顺序由 1，2，3，…，7，8，…，变为 1，6，11，16，21，26，…。假如信道中产生了 5 个连续的差错，如果不交织，则这 5 个差错会集中在一个或者两个码字上，可能无法纠错。而采用交织技术，去交织后差错将分摊在 5 个码字上，每个码字中仅有 1

个差错，易于纠错。

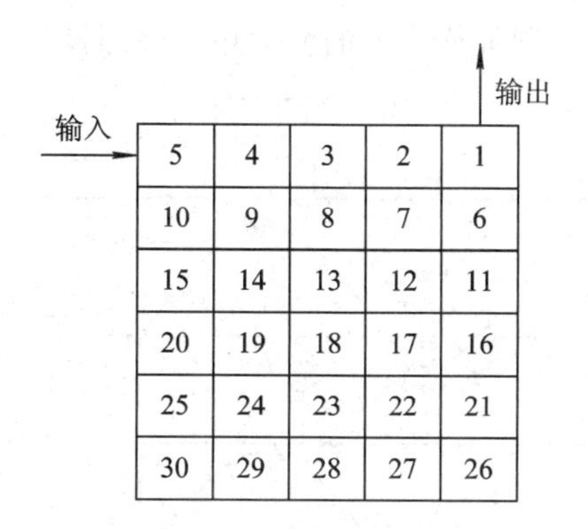

图 4－18　交织存储器工作原理

可见，经过交织和去交织后，原来信道中的突发差错会变成随机独立差错，这时再用信道编码纠错功能纠正差错，就能恢复原消息。

在 GSM 系统中，信道编码后进行交织，交织分为两次，第一次为内部交织，第二次为块间交织。将 20 ms 语音信号经信道编码得到的 456 bit 分为 8 帧，每帧为 57 bit，对每个 57 bit 进行比特交织，即内部交织，之后根据奇偶原则分配到不同的突发块口，形成二次交织。

交织前相邻的两符号在交织后的间隔距离称为交织深度，而交织后相邻两符号在交织前的间隔距离称为交织宽度。因此，对于一个 $m\times n$ 的交织阵列，若是行输入列输出的话，其交织深度为 m，交织宽度为 n。交织阵越大，传输特性越好，但传输时延也越大，在现实中，当语音延时不大于 40 ms 时，人的耳朵都是可以忍受的，因此在所有交织器中都带有一个延时小于 40 ms 的固定延时。

4.6　均衡技术

在实际基带传输系统中，由于设备限制、信道条件有限等因素，不可能完全满足理想波形传输的无失真要求。因多径效应而导致的码间干扰会使传输信号产生失真，从而在接收端产生误码。均衡技术就是用来有效克服时分信道中多径效应引起的码间干扰的一种技术。

4.6.1　均衡原理

为了减小码间干扰，提高通信质量，通常在通信系统中接入可调整滤波器，对整个系统的传输函数进行校正。这种起补偿校正作用的可调滤波器称为均衡器。如果在频域中进行校正，以补偿系统的幅频和相频特性，称为频域均衡。频域均衡满足奈奎斯特整形定理的要求，仅在判决点满足无码间干扰的条件相对宽松一些。如果在时域进行，即直接校正系统的冲激响应，则称为时域均衡。随着数字信号处理理论和超大规模集成电路的发展，时域均衡已成为高速数据传输中所使用的主要方法。

假设发送单个脉冲，如图 4－19(a)所示，则经过信道和接收滤波器后，输出信号波形如图 4－19(b)所示，由于信道特性不理想，波形产生失真，从而在 $t_0\pm T_b$、$t_0\pm 2T_b$、$t_0\pm$

$3T_b$……抽样点上产生对其他码元的干扰。为减小此码间干扰，在判决之前给失真波形加上图 4-19(c)所示的补偿波形，则抽样点上的波形相互叠加抵消，不再有码间干扰。

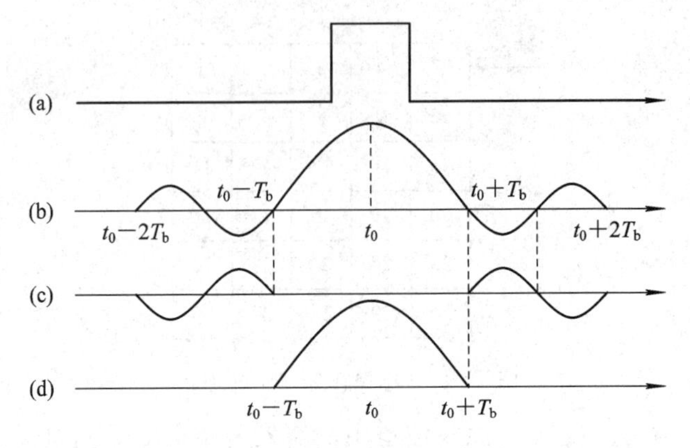

图 4-19　时域均衡原理框图

时域均衡器可以分为两大类：线性均衡器和非线性均衡器。如果接收机解调出来的数字信号未被用于均衡器的反馈逻辑中，则为线性均衡器；如果接收机解调出来的数字信号被用于均衡器的反馈逻辑中，并帮助改变了均衡器的后续输出，则为非线性均衡器。

在信道频率响应特性比较平坦，所引起的码间干扰不太严重的情况下，可采用线性均衡。在线性均衡器中，最常用的均衡器结构是线性横向均衡器，它由若干个抽头延迟线组成，延时时间间隔等于码元间隔，每个抽头的延时信号经加权送到一个相加电路汇总后输出，其形式与有限冲激响应滤波器(FIR)相同，如图 4-20 所示。

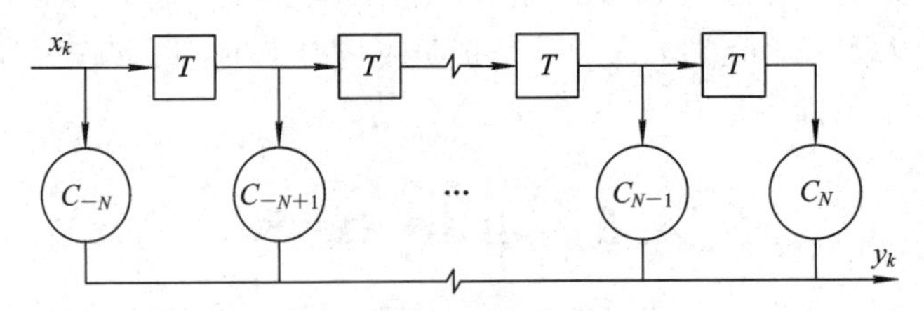

图 4-20　横向滤波器

假设有 $2N+1$ 个抽头，加权系数分别为 C_{-N}，C_{-N+1}，…，C_N，输入波形抽样值序列为 $\{x_k\}$，输出波形抽样值序列为 $\{y_k\}$，则有

$$y_k = \sum_{i=-N}^{N} C_i x_{k-i} \qquad k = -2N, \cdots, 0, \cdots, +2N$$

输出序列可以用矩阵进行计算，可以推论，由于横向滤波器的抽头太少，因此，虽然输出临近抽样点的码间干扰已校正为零，但相隔较远的抽样时刻还是出现了新的干扰。一般来说，一个有限抽头的横向滤波器不可能完全消除码间干扰，但当抽头数较多时可以将干扰减小到相当小的程度。

当信道失真严重，线性均衡器不易处理时，可考虑非线性均衡器。非线性均衡器的种类较多，包括判决反馈均衡器(DFE)、最大似然(ML)符号检测器和最大似然序列估计等。

4.6.2　自适应均衡器

在无线信道中，由于移动衰落信道具有随机性和时变性，要求均衡器必须能实时跟踪移动通信信道的时变特性，这种均衡器被称为自适应均衡器。

自适应均衡器的工作过程包含两个阶段：一是训练过程；二是跟踪过程。在训练过程中，发送端向接收机发射一组已知的固定长度训练序列，接收机根据训练序列设定滤波器的参数，使检测误码率最小。典型的训练序列是伪随机二进制信号或一个固定的波形信号序列，紧跟在训练序列后面的是用户消息码元序列。接收机的自适应均衡器采用递归算法估计信道特性，调整滤波器参数，补偿信道特性失真，训练序列的选择应满足接收机均衡器在最恶劣的信道条件下也能实现滤波器参数调整，所以，训练序列结束后，均衡器参数基本接近最佳值，以保证用户数据的接收。在接收用户消息数据时，均衡的自适应算法跟踪不断变化的信号，正确地工作在跟踪模式，均衡器还不断随信道特性的变化连续地改变均衡器参数。

实现均衡的滤波器结构有许多种，每种结构在实现时也有不同的算法，其中较为经典的算法有迫零算法(ZF)、最小均方算法(LMS)、递归最小二乘算法(RLS)等。

4.7　分集技术

在实际移动通信系统中，移动台接近地面，工作于建筑群或其他复杂的地理环境中，发送的信号经过反射、散射等，到达接收端时往往是多个幅度和相位不同的信号叠加，形成多径衰落。这种衰落会降低有用信号功率，增大干扰的影响，造成接收信号失真，波形畸变，影响通信质量。为了提高移动通信系统的性能，可采用信道编码、均衡和分集技术来改进和提高接收信号质量。

分集技术是一种用来补偿信道衰落的技术。移动通信系统中，衰落效应是影响无线通信质量的主要因素之一，而通过利用加大发射功率、增加天线尺寸和高度等方法来克服是不现实的，且会造成对其他电台的干扰。如图 4-21 所示，分集技术利用无线传播环境中同一信号的独立样本之间不相关的特点，通过寻找无线传播环境中两条或两条以上的独立多径信号进行合并传输接收，提高接收机中的瞬时信噪比，减轻衰落影响。

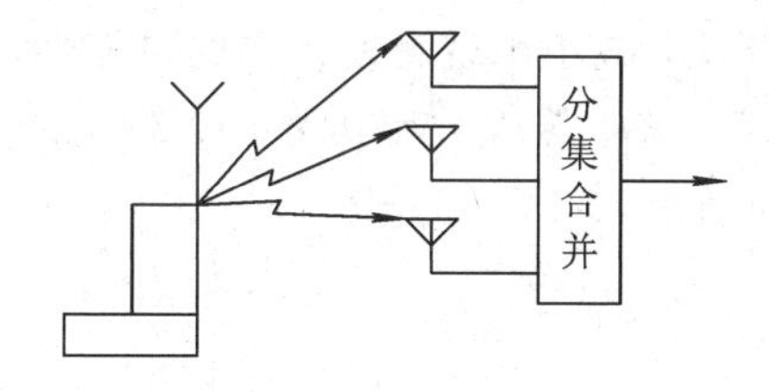

图 4-21　分集技术原理图

分集技术通常通过两个或更多的接收天线来实现，同均衡技术一样，在不增加传输功率和带宽的前提下，改善无线通信信道的传输质量。在移动通信中，基站和移动台的接收机都可以采用分集技术。

分集方式分为两种：宏分集和微分集。宏分集也称“多基站分集”，主要用于合并两个或多个长时限对数正态信号。在宏分集中，一个移动台同时接收来自多个不同的地理位置和不同方向上的基站天线发射的信号，只要在各个方向上的信号传播不是同时受到阴影效应或地形的影响，这种办法就可以保证通信不会中断。微分集是一种减少快衰落影响的分集技术，用于合并两个或多个短时限信号，在各种无线通信系统中都经常使用。

目前分集技术采用的主要有：空间分集、极化分集、时间分集、频率分集等。

4.7.1 空间分集

空间分集也称为天线分集，是无线通信中使用最多的分集技术之一。空间分集是利用场强随空间的随机变化实现的。在移动通信中，空间的任何变化都可能引发场强的变化，一般两副天线间的间距越大，多径传输的差异也越大，接收场强的相关性就越小，因此衰落也就很难同时发生。

移动通信中空间分集的基本做法是：在基站的接收端，装备两副天线，并使其间隔一定距离，进行信号接收。这两副天线分别称为接收天线和分集接收天线，其中接收天线可以与发射天线分别设置，也可以与发射天线合二为一，收发共用。两副天线相距为 d，间隔距离 d 与工作波长、地物及天线高度有关。在移动通信中通常取：市区 $d=0.5$，郊区 $d=0.8$。d 值越大，相关性就越弱。

4.7.2 极化分集

极化分集利用空中的水平极化和垂直极化路径不相关的特性，两个不同极化的电磁波具有独立的衰落，所以在移动环境中，发送端和接收端可以用两个位置很近但极化方向相互正交的天线分别发送和接收信号，以获得分集效果。

极化分集可以看成是空间分集的一种特殊情况，它也要用两副天线，但由于极化分集是利用不同极化电磁波的不相关衰落特性，因而天线之间不需要过长的距离。

将极化天线用于多径环境中，当传输路径中有障碍物时，极化分集可以有效地减少多径时延扩展。空间分集可以获得 3.5 dB 左右的系统增益，但是，由于射频功率要分给两个不同的极化天线，极化分集的增益会低于空间分集，一般为 1～1.5 dB 左右。

4.7.3 时间分集

时间分集是指将信源信号以超过信道相干时间的不同时段发射出去，使得在接收端接收到的信号具有独立的衰落环境，减小出现突发差错的可能性，产生分集效果。

时间分集主要用于在衰落信道中传输数字信号，交织就是一种时间分集方式，可以在不附加任何开销的情况下，使通信系统获得分集。

4.7.4 频率分集

频率分集的基本原理是频率间隔大于相关带宽的两个信号的衰落是不相关的，因此，可以用多个频率传送同一信息，以实现频率分集。扩频技术本身就是一种频率分集，采用扩频技术的 CDMA 数字移动通信系统的接收机利用多径信号中含有可用信息这一特点，通过合并多径信号来改善接收信号的信噪比，通常采用 RAKE 接收机来实现。

RAKE 接收机利用相关器检测出多径信号中最强的 M 个支路信号，再对每个 RAKE 支路的输出进行加权、合并，以提供优于单路信号的接收信噪比，并在此基础上进行判决。

分集技术中，接收机在接收到多条相对独立的多径信号后，会对这些信号进行合并处理，以得到分集增益，降低在接收端上过量的深衰落概率。各支路信号的合并可以根据实际情况，采用检测前合并，即在中频和射频上进行合并，也可以在检测器以后，即在基带上进行合并。具体的合并方法有选择式合并、最大比合并、等增益合并等。

习 题 4

1. 什么是信源编码？
2. 什么是信道编码？
3. 均衡技术的原理是什么？
4. 简述自适应均衡器的工作过程。
5. 什么是分集技术？
6. 什么是线性分组码？线性分组码包括哪些编码方式？
7. 语音编码的目的是什么？语音编码技术分为哪几类？
8. 多址方式包括哪些？各有什么特点？
9. 假设发送的信息码元序列为 010011100110，试分别画出 2ASK、2FSK、2PSK 和 2DPSK 信号波形图。
10. 已知某(7, 3)循环码的生成多项式为 $g(x)=x^4+x^2+x+1$，试求：

(1) 当信息码位为 101 时，写出编码过程，求出编码后的发送循环码组；

(2) 若接收码组为 $R(x)=x^6+x^4+x^2+1$，试问该码组在传输中是否出现误码？

11. 已知(2, 1, 3)卷积码编码器如图 4 - 6 所示，若输入信息序列为 01101，试在网格图中找出编码路径，并求出输出码字。

第5章 无线资源管理

5.1 频率资源

5.1.1 频率资源的特性

频率是一种稀缺的、有限的、具有重要战略意义的、可创造巨大经济和社会价值的自然资源，其在经济、社会、国防等方面的都具有广泛的应用。作为一种无形的自然资源，与地球上有一定容量的水资源、一定面积的土地资源、一定储量的矿产资源一样，无线电频谱也不是取之不尽、用之不竭的，而是有限的自然资源。

同时，无线电频谱是一种特殊的资源，不会因为使用而消耗殆尽，也不能存起来以后再用，不使用就是浪费，使用不当也是浪费。虽然无线电频谱可以根据空间、时间、频率和编码方式进行复用，即不同无线电业务和设备可以复用和共用频率，但就某一频段或频率而言，在一定区域、一定时间和一定技术条件下的利用是有限度的，不同时间，不同地点，频率可重复利用。无线电频谱易被污染，各种噪声源产生的噪声，电台之间的干扰等都是造成频谱污染的因素。

现代社会的高速发展，带来对无线电业务与应用的海量需求，加剧了无线电频谱资源的供求矛盾，特别是如移动通信等"黄金"频段的使用已过度密集，可用频率十分紧缺。同时，无线电频谱在许多重要领域的应用具有不可替代性，如移动通信、广播电视、航空导航、空间探测、射电天文等，无线电频谱的作用是其他资源无法替代的。

综上所述，频率资源的特性可概括为物理特性和经济特性，它们的关系如图5-1所示。

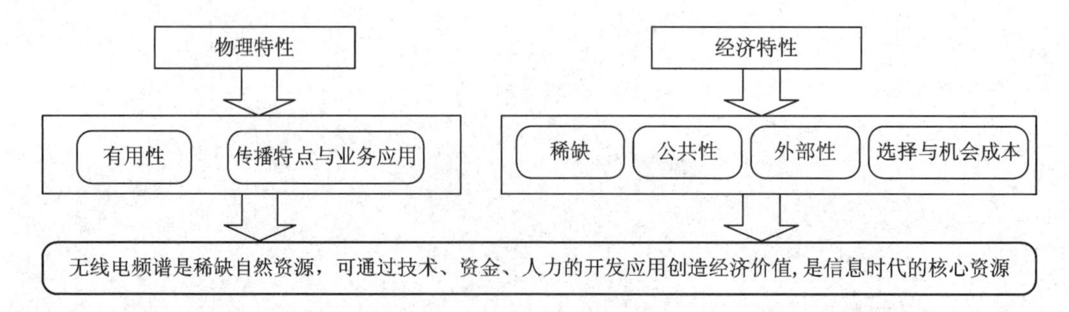

图5-1 频率资源的特性

5.1.2 频谱管理

为了有效地使用无线电频谱这种公共资源，必须要考虑国际、国内及各地区之间的频率协调问题。在国际上，由国际电信联盟 ITU 召开无线电行政大会，制定无线电规则。无线电规则主要包括各种无线电通信系统的定义、国际频率分配表和使用频率的原则、频率的指配与登记、抗干扰措施、移动业务的工作条件及无线电业务的种类等，并由 ITU 下属的频率登记委员会登记、公布、协调各会员国使用的频率；提出合理使用频率的意见，执行行政大会规定的频率分配和频率使用的原则等。

中国的频谱管理由国家无线电监测中心、国家无线电频谱管理中心(后面简称中心)负责，他们主要按当地当时的业务需要进行频率分配，并制定相应的技术标准和操作规范，技术标准应包括设备和系统的性能标准，抑制有害干扰的标准等。用户必须在满足合理的技术标准、操作标准和适当的频道负荷标准的条件下，才能申请使用频率。

中心日常的频谱管理工作主要包括：

(1) 审核频率使用的合法性；

(2) 检查有害干扰；

(3) 检查设备与系统的技术条件；

(4) 考核操作人员的技术条件，登记业务种类，电台使用日期等；

(5) 频率使用的授权；

(6) 建立频率使用登记表；

(7) 无线电监测业务；

(8) 控制人为噪声等。

合理分配频谱可有效地利用频率资源，提高频率利用率，相当于频率再生。频谱的分配应遵循：

(1) 频道间隔要求；

(2) 公共边界的频率协调原则；

(3) 多频道共用、频率复用原则；

(4) 共同遵守的一些主要规则，包括双工间隔、频率分配、辐射功率、有效天线高度等方面的要求。

影响频率利用率的因素很多，如网路结构、频道带宽、用户密度、每个用户的话务量、呼损率及共用频道数等，都对频谱利用率有影响。采用频率复用技术的小区制结构的网路，其频率利用率将高于大区制结构的网路；采用多频道天线共用技术的网路，其频率利用率将高于无共用的网路。当需要对一个移动通信系统的频率利用率进行定量评价时，应确定在相同传输质量和相同呼损(阻塞)率前提下的频率利用率。

在移动通信的组网过程中，用户所使用的频率一般都由主管部门分配，或根据能购到的设备来确定，用户本身并无选择余地。这种情况对网路的进一步扩充会带来不利影响，也可能会造成本来可以避免的相互干扰。实际上，影响频率选择的因素很多，主要包括传播环境、组网需求、多频道共用、互调等因素。

1. 我国移动通信频谱的使用

我国目前阶段的移动通信系统的频谱使用如表 5-1 所示。

表 5-1　中国常用移动通信系统频谱分配表

系统	名称	频段		
4G系统	中国电信 TDD LTE	2370～2390 MHz(20 M)	2635～2655 MHz(20 M)	
	中国移动 TDD LTE	1880～1900 MHz(20 M)	2320～2370 MHz(50 M)	2575～2635 MHz(65 M)
	中国联通 TDD LTE	2300～2320 MHz(20 M)	2555～2575 MHz(20 M)	
	中国电信 FDD LTE	1755～1785 MHz(30M)/1850～1880 MHz(30M)		
	中国联通 FDD LTE	1955～1980 MHz(25M)～2145～2170 MHz(25M)		
3G系统	中国电信 CDMA 2000	1920～1935 MHz(15 M)/2110～2125 MHz(15 M)		
	中国移动 TD-SCDMA	1880～1900 MHz(20 M)/2010～2025 MHz(15 M)		
	中国联通 WCDMA	1940～1955 MHz(15 M)/2130～2145 MHz(15 M)		
2G系统	GSM900 频道 1～124	890～915 MHz(25 M)/935～960 MHz(25 M)		
	GSM 1800 或 DCS 1800 频道 512～885	1710～1785 MHz(75 M)/1805～1880 MHz(75 M)		
	中国移动 GSM 900 频道 1～94	890～909 MHz(19 M)/935～954 MHz(19 M)		
	中国移动 GSM 1800 频道 512～559	1710～1720 MHz(10 M)/1805～1815 MHz(10 M)		
	中国联通 GSM 900 频道 96～124	909～915 MHz(6 M)/954～960 MHz(6 M)		
	中国联通 GSM 1800 频道 687～736	1745～1755 MHz(10 M)/1840～1850 MHz(10 M)		
	中国电信 CDMA	825～835 MHz(10 M)/870～880 MHz(10 M)		

表中所示部分频段已分配但未使用，如 1725～1745 MHz、1820～1840 MHz 给 FDD 但未分配给运营商使用；部分频段 2G、3G 共用，如 825～840 MHz、870～885 MHz 由 IS-95 CDMA 和 CDMA 2000 共用。

2. 载波干扰保护比

载波干扰保护比又简称为载干比，是指希望接收到的信号电平与非希望电平的比值。此比值与 MS 的瞬时位置有关，还与地形地物、天线参数、站址、干扰源等有关。

在系统组网时，会产生很多干扰，基站的覆盖范围将受这些干扰的限制。因此，在设计系统时，必须把这些干扰控制在可容忍的范围内，目前主要的干扰保护比有：

(1) 同频干扰保护比(C/I)，是指在同频复用时，服务小区载频功率与另外的同频小区对服务小区产生的干扰功率的比值。GSM 规范中一般要求 $C/I>9$ dB；工程中一般都会加 3 dB 的余量，即要求大于 12 dB。

(2) 邻道干扰保护比(C/A)，是指在同频复用时，服务小区载频功率与相邻频率对服务小区产生的干扰功率的比值。GSM 规范中一般要求 $C/A>-9$ dB；工程中一般加 3 dB 的余量，即要求大于－6 dB。

(3) 除了同频、邻频干扰以外，当与载波偏离 400 kHz 的频率电平远高于载波电平时，也会产生干扰，但此种情况极少，而且干扰程度不太严重。GSM 规范中载波偏离 400 kHz 时的干扰保护比 $C/I>-41$ dB；工程中一般加 3 dB 的余量，即要求大于－38 dB。在实际应用中，采用空间分集接收技术可改善系统的 C/I 性能。

采用保护频带的原则是移动通信系统能满足干扰保护比要求。例如，GSM 900 系统中，移动和联通两系统间应留有保护带宽；GSM 1800 系统与其他无线系统的频率相邻时，应考虑相互干扰情况，留出足够的保护带宽。

5.1.3　同频复用

同频复用，顾名思义就是对同一种频率的重复使用。可以通过下面的例子理解一下，我们在生活中可以通过名字来区分不同的人，由于汉字的数目是有限的，大家的想法也差不多，所以全中国使用频率最高的名字是“张伟”，但是一个家庭里面不会出现两个人的名字都叫“张伟”(避免同频干扰)。到学校的时候，一个班级就可能会出现两个“张伟”，老师一点名，两个张伟都站起来了(发生同频干扰)。这个例子里面的道理和同频复用的道理差不多，重复利用一种资源，但是要处理隔离度，否则会产生麻烦。

随着移动通信的发展，频道数目有限和移动用户数急剧增加的矛盾越来越突出。要解决频率拥挤问题主要有两种办法：一是开发新频段；二是研发各种有效利用频率的技术。从某种程度上讲，移动通信发展的过程，就是有效利用频率的过程，而且，仍是今后移动通信研究发展中的关键问题之一。提高频率利用率的有效措施主要有两种：同频复用和多信道共用。

同频复用即频率复用，是指小区内基站的工作频率，由于电波传播损耗产生的隔离度，可以在相隔一定距离后的另一小区重复使用，提高频率利用率，相当于频率再生。同频复用是小区制网移动通信能够广泛应用的核心问题，研究同频干扰和同频小区间的距离是频率复用的理论依据。在蜂窝结构的移动网中，无线区群是以 N 个正六边形小区组成的，且 $N=a^2+ab+b^2$(a、b 均为正整数或 0，但不能同时为 0，或一个为 0 一个为 1)，各区群可以按一定的规律使用相同的频率组。如不采用同频复用，每个群有 N 个小区，则需用 N 组频率。使用频率复用的结果是系统内部必然会产生同频干扰，因此，必须采取抗干扰措施，使频率干扰控制在系统允许范围内。比较典型的频率复用方式除 4×3 外，还有 3×3、2×6、1×3 方式等，如图 5-2 所示，还可采用分层复用方式。

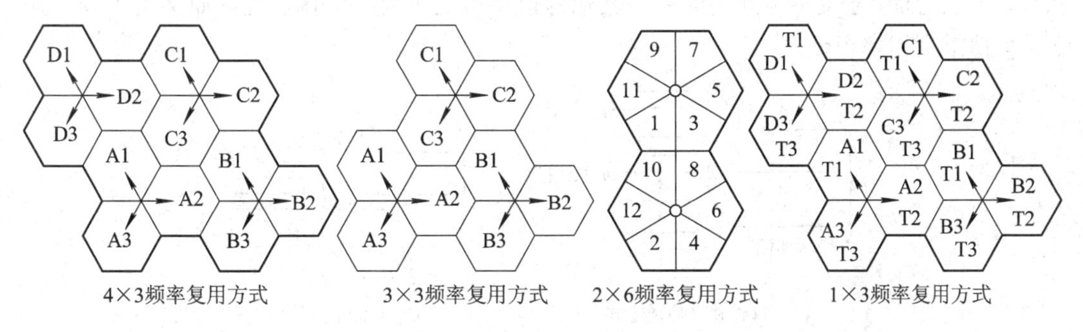

图 5-2　常见频率复用方式

同频复用需根据移动通信系统体制的要求进行应用，如 GSM 系统的无线网络规划基本采用 4×3 频率复用方式，即每 4 个基站为一群，每个基站小区分成 3 个三叶草形 60°扇区或 3 个 120°扇区，共需 12 组频率，因此，4×3 方式也常表示为 4/12 方式。因为这种方式同频干扰保护比 C/I 能够比较可靠地满足系统标准。

移动通信系统本身采用了许多抗干扰技术，如跳频、自动功率控制、基于语音激活的非连续发射、天线分集等，合理利用这些技术，将有效提高载干比(C/I)，因此，可以采用更紧密的频率复用方式，增加频率复用系数，提高频率利用率。

采用3×3频率复用方式，一般不需要改变现有网络结构，但容量增加有限，同时需要采用跳频技术降低干扰。采用2×6频率复用方式，虽然可较大地提升系统容量(约是4×3复用的1.6倍)，但需要对天线系统及频率规划做较大的调整，要求系统具备自动功率控制、不连续发射、跳频(一般为基带跳频)等功能。另外，对天线系统要求较高，需配置高性能的窄带天线。采用1×3频率复用方式必须注意三点：

(1) 必须采用射频跳频、自动功率控制、不连续发射、天线分集等技术有效降低干扰。

(2) 要保证一定的跳频频点数。

(3) 频率加载率必须控制在50%以下，同时需加强网络优化，才能获得比较好的效果。

5.1.4 多信道共用

1. 多信道共用的概念

通过一个例子来给大家解释其中的道理，高中的时候几乎每个同学都有一个固定的座位，大家几乎除了睡觉都要坐在这个座位上认真学习(独立信道方式)；但是高中的厕所可不是固定的，谁有需要就用，不存在一一对应的关系(多信道共用方式)。

在实际生产当中，由于移动通信频率资源十分紧缺，不可能为每个移动台预留一个信道(不可能每个同学分配一个厕所)，只能为每个基站配量好一组信道池，供该基站所有移动台共用，即多信道共用是指在网内的大量用户共同享有若干无线信道。从理论上讲，当信道数和用户数都满足某种概率条件时，这种占用信道的方式相对于独立信道方式来说，可以显著提高信道利用率。

独立信道方式如图5-3(a)所示。无线小区有n个信道，把用户也分成n组，每组用户分别被指定一个信道，不同的信道内的用户不能互换信道，信道和用户之间固定。这样就会导致当某一信道被某用户占用时，在它通话结束前，属于该信道的其他用户都处于阻塞状态，无法通话。但是，与此同时一些其他的信道可能正处于空闲状态，而又得不到利用。显然，信道利用率很低。

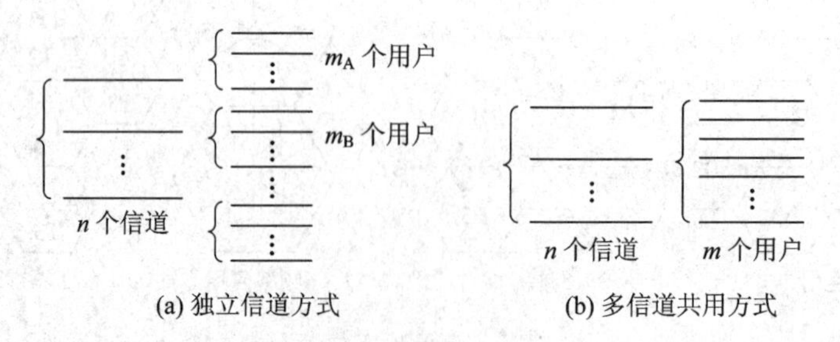

图5-3　信道使用方式

多信道共用方式如图5-3(b)所示。在多信道共用的情况下，一个基站若有n个信道同时为小区内的全部移动用户所共用，当其中$k(k<n)$个信道被占用之后，其他要求通信的用户可以按照呼叫的先后次序占用$n-k$个空闲信道的任何一个来通信，但基站最多可以同时保障n个用户进行通信。因为任何一个移动用户选取空闲信道和占用空闲信道的时间

都是随机的，所以所有 n 个信道同时被占用的概率远小于一个信道被占用的概率。因此，多信道共用可明显提高信道利用率。

从概率论角度分析可知，多信道共用的结构，在同样多的用户数和信道数的情况下，用户通信的阻塞率明显下降。当然，在同样多的信道和同样阻塞率情况下，多信道共用就可为更多的用户提供服务，当然也不是无止境的增加，否则将使阻塞率增加从而影响质量。那么，多信道共用中，究竟 n 个信道能为多少用户提供服务呢？共用信道之后必然会遇到所有信道被占用，而新的呼叫不能接通的情况。但发生这种情况的概率有多大呢？为了解决以上两个问题，在此先讨论话务量和呼损率。

2. 话务理论

话务量是电信业务流量的简称，也称为电信负载量，它既表示电信设备承受的负载，也表示用户对通信需求的程度。话务量的大小与用户数量、用户通信的频繁程度、每次用户通信占用的时长及所考察的时长(是一分钟、一小时还是一天等)有关。如果单位时间内的通信次数越多，每次通信占用的时间越长，而且所考察的时间也越长，那么话务量也就越大。由于用户呼叫的发生和完成一次通信所需时间的长短都是随机的和变化的，所以话务量是一个随时间变化的随机变量。话务量可分为完成话务量和损失话务量两种。完成话务量 A_S 是指呼叫成功接通的话务量，用单位时间内呼叫成功的次数与平均占用信道时间的乘积计算，即 $A_S=C_S\times t_0$。损失话务量 A_L 是指呼叫失败的话务量，其值为 $A_L=A-A_S$。

1）呼叫话务量 A

呼叫话务量是指单位时间(1 小时)内呼叫次数与每次呼叫的平均占用信道时间之积，即

$$A = C_0 \times t_0$$

式中，C_0 是平均每小时的呼叫次数；t_0 是每次呼叫占用信道的时间(包括接续时间和通话时间)。当 t_0 以小时为单位时，A 的单位是爱尔兰(Erlang)，以纪念话务理论的创始人 A. K 爱尔兰(Erl 有时译作“厄朗”或“厄兰”)。

由话务量计算公式可知，一个小时之内连续占用此信道，则其呼叫话务量为 1Erl，这是一个信道具有的最大话务量。例如，某信道每小时发生 30 次呼叫，平均每次呼叫占时 2 分钟，则该信道的呼叫话务量为 $A=30\times2/60=1$ Erl。若全网有 80 个信道，每小时共有 1000 次呼叫，每次呼叫平均占时 3 分钟，则全网话务量为 $A=1000\times3/60=50$ Erl。

2）呼损率

当多信道共用时，通常总是用户数大于信道数，当多个用户同时要求服务而信道数不够时，只能让一部分用户先通话，另一部分用户等信道空闲时再通话。后一部分用户因无空闲信道而不能通话，即为呼叫失败，简称呼损。在一个通信系统中，造成呼叫失败的概率称为呼叫损失概率，简称呼损率。

呼损率 B 的物理意义是损失话务量与呼叫话务量之比的百分数，也可用呼叫次数表示：

$$B = \frac{A_L}{A} \times 100\% = \frac{C_L}{C} \times 100\%$$

式中，C_L 为呼叫失败的次数；C 为总呼叫次数。

显然，呼损率 B 越小，成功呼叫的概率越大，用户就越满意。因此，呼损率也称为系统

的服务等级。例如，某系统的呼损率为15%，即该通信系统内的用户每呼叫100次，其中有15次因无空闲信道而打不通电话，其余85次则能找到空闲信道而实现通话。但是，对于通信网来说，要使呼损减小，只能让呼叫(流入)的话务量小一些，即容纳的用户数少些，这是每个运营商都不希望的。由此可知，呼损率与话务量是一对矛盾，服务等级与信道利用率也是矛盾的，必须选择一个合适的值。

在工程上，对呼损率的计算基于以下两个条件：

(1) 每次呼叫相互独立，互不相关，也就是说，一个用户要求通话的概率与正在通话的用户数无关，每个用户的呼叫互不影响。

(2) 每次呼叫在时间上都有相同的概率。

假定移动电话系统的信道数为n，则呼损率可按下式计算：

$$B = \frac{A^n/n!}{\sum_{i=0}^{n} A^i/i!} \tag{5-1}$$

式(5-1)就是爱尔兰公式。可知，如已知呼损率B，则可根据式(5-1)计算出A和n对应的数量关系。将用爱尔兰公式计算出的呼损率数据列表，即得到爱尔兰呼损表，一般工程上计算话务量时用查表方法进行。表中，A为呼叫话务量，单位为Erl；n为小区中的共用信道数，B为呼损率。例如，某小区中共有15个信道，若要求呼损率为5%，则查表得呼叫话务量$A=10.633$ Erl

3) 繁忙小时集中率K

根据人们的生活及作息规律，发生通话的时间也呈一定的分布特点，有的时候繁忙，有的时候呼叫人数较少。因此对一套特定的通信系统来说，可以区分出“忙时”和“非忙时”。例如，在我国早晨8～9点属于电话的忙时，夜间0点到次日5点属于非忙时，在规划通信系统的用户数和信道数时，应采用“忙时平均话务量”作为一个地区话务量的参考标准。因为只要在“忙时”信道数够用，“非忙时”肯定不成问题。忙时话务量与全日(24小时)话务量的比值称为繁忙小时集中率K，即

$$K = \frac{\text{忙时话务量}}{\text{全日话务量}}$$

从工程统计上可得K一般为8%～14%。图5-4(a)画出了国内某典型城市一天24小时的话务量分布；图5-4(b)画出了该城书一小时统计平均的话务量。

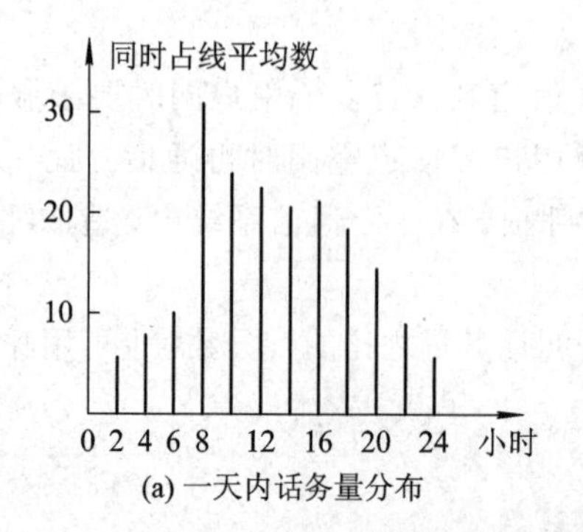

(a) 一天内话务量分布

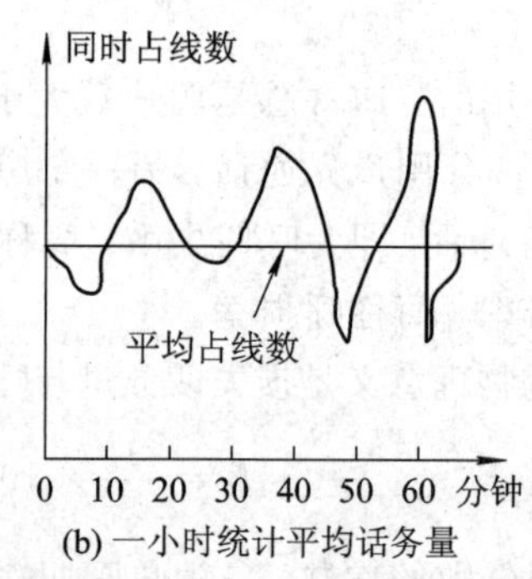

(b) 一小时统计平均话务量

图5-4 忙时话务量

4）每个用户忙时话务量 $A_{用户}$

设某用户一天平均呼叫次数为 C，每次呼叫平均占用信道时间为 T(单位为 s)，忙时集中率为 K，则每个用户忙时话务量为

$$A_{用户}=\frac{CTK}{3600}$$

式中，$A_{用户}$是一个统计平均值，单位为 Erl/用户。

根据统计数据表明，对专用移动通信系统，用户忙时的话务量可按 0.06Er/用户来计算；对于公用移动通信系统，用户忙时的话务量可按 0.01Er/用户来计算。

3. 每频道容纳的用户数的估算

显然，一定呼损率条件下特定信道所能容纳的用户数与系统所能负载的话务量成正比，而与每个用户的话务量成反比，即每个信道所能容纳的用户数 m 可表示为

$$m=\frac{\dfrac{A}{n}}{A_{用户}}=\frac{\dfrac{A}{n}}{\dfrac{CTK}{3600}} \tag{5-2}$$

式中，A/n 表示在一定呼损率条件下每个用户信道的平均话务量，A 可由爱尔兰呼损表查得。

［**例 5-1**］　设每天每户平均呼叫 10 次，每次呼叫占时 100 s，呼损率为 10%，繁忙小时集中率为 10%，求：

(1) 给定 20 个信道，能容纳多少个用户？

(2) 若区域内有 500 个用户，需要分配多少个信道？

解

$$A_{用户}=\frac{CTK}{3600}=0.028\ (\text{Erl/用户})$$

(1) 根据 $B=10\%$，$n=20$ 查爱尔兰呼损表得 $A=17.613$ Erl，从而

$$m\times n=\frac{A}{A_{用户}}=\frac{17.613}{0.028}\approx 629(个)$$

所以，给定 20 个信道可容纳约 629 个用户

(2)
$$A=m\times n\times A_{用户}=14\ (\text{Erl})$$

根据 A 及 $B=10\%$ 查爱尔兰呼损表得 $n\approx17$ 个，所以，500 个用户需共用约 17 个信道。

通过例 5-1 可以发现，当无线区共用信道数一定时，呼损率 B 越大，话务量 A 越大，信道利用率 n 越高，服务质量越低。因此呼损率应选择一个适当值，一般为 10%～20%。多信道共用时，随着信道数增加，信道利用率提高，但信道数增加，接续速率下降，设备复杂，互调产物增多，因此信道数不能太多。另外，用户数不仅与话务量有关，而且与通话占用信道时间有关。

在系统设计时，既要保持一定的服务质量，又要尽量提高信道的利用率，而且要求在经济技术上合理。为此，就必须选择合理的呼损率，正确地确定每个用户忙时的话务量，采用多信道共用方式工作，然后，根据用户数计算信道数，或给定信道数计算能容纳多少用户数。

5.2 功 率 控 制

5.2.1 功率控制的原因

功率控制，顾名思义就是对功率进行控制，可以通过下面的例子理解一下：当想把走在你前面的朋友玛丽叫住时，你喊一声她的名字：“喂，玛丽!”发现她没听见，你还会再提高嗓门喊她的名字；在图书馆，你对着张华说话，如果张华听到你的声音，并告诉你：“你小声点，别把别人吵着。”你就会降低声音和他说话。降低或者增大发声的功率，实际上就是对功率进行控制。

在移动通信系统中，某个用户信号的功率较强，对该用户的信号被正确接收是有利的，但却会增加对共享频带内其他用户的干扰，甚至淹没有用信号，结果使其他用户通信质量劣化，导致系统容量下降。特别是对于处于不同位置的用户来说，容易产生“远近效应”，所以必须根据通信距离的不同，实时地调整发射机所需的功率。通信中的“远近效应”可解释为：如果小区中的所有用户均以相同功率发射，则靠近基站的移动台到达基站的信号强，远离基站的移动台到达基站的信号弱，导致强信号掩盖弱信号。这也即是就是移动通信中的“远近效应”问题。在移动通信系统中，为了解决远近效应问题，同时避免对其他用户产生过大的干扰，必须采取严格的功率控制，见图 5－5。

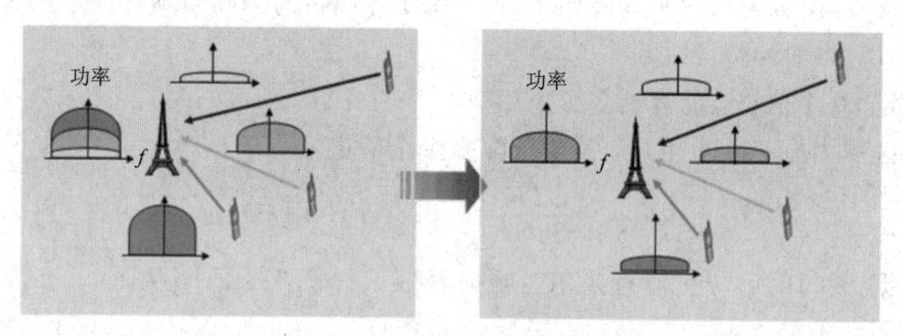

图 5－5 功率控制示意图

功率控制是蜂窝移动通信系统提高通信质量、增大系统容量的关键技术。移动通信系统都是自干扰系统，其通信质量和容量主要受限于收到干扰功率的大小。若基站接收到移动台的信号功率太低，则误比特率太大而无法保证高质量通信；反之，若基站接收到某一移动台功率太高，虽然保证了该移动台与基站间的通信质量，却对其他移动台增加了干扰，导致整个系统的通信质量恶化、容量减小。只有当每个移动台的发射功率控制到基站所需信噪比的最小值时，通信系统的容量才达到最大值。

5.2.2 功率控制的方式

依据功率控制的对象和方向，可以将其分为以下两大类：

(1) 反向功率控制(反向功控)(见图 5－6(a))，控制的对象是移动台，用来控制每一个移动台的发射功率，使所有移动台在基站端接收的信号功率或 SIR 基本相等，达到克服远近效应的目的。

(2) 前向功率控制(前向功控)(见图 5－6(b))，控制的对象是基站，即控制基站的发射功率，在满足所有移动台能够有足够的功率正确接收信号的前提下，基站的发射功率应尽可能地小，以减少对相邻小区间的干扰，克服拐角效应。前向链路公共信道的传输功率主要是由网络决定的。

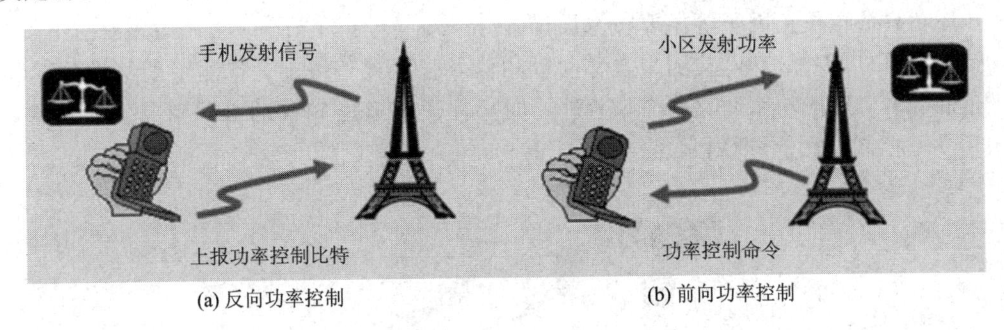

图 5-6 功率控制

1. 反向功控

移动通信系统的容量主要受限于系统内移动台的相互干扰，如果每个移动台的信号到达基站时都达到所需的最小信噪比，系统容量将会达到最大值。在实际系统中，由于移动台的移动性，使移动台信号的传播环境随时变化，致使每时每刻到达基站时所经历的传播路径、信号强度、时延、相移都随机变化，接收信号的功率在期望值附近起伏变化。因此，在移动通信系统的反向链路中引入了功控。

反向功控通过调整移动台发射功率，使信号到达基站接收机的功率相同，且刚刚达到信噪比要求的门限值，同时满足通信质量要求。各移动台不论在基站覆盖区的什么位置，经过何种传播环境，都能保证每个移动台信号到达基站接收机时具有相同的功率。

反向功控包括三类：反向开环功控、反向闭环功控和反向外环功控。

1）反向开环功控

每一个移动台都一直在计算从基站到移动台的路径损耗。当移动台接收到的从基站来的信号很强时，表明要么离基站很近，要么有一个特别好的传播路径，这时移动台可降低它的发送功率，而基站依然可以正常接收；相反，当移动台接收到的信号很弱时，它就增加发送功率，以抵消衰耗，这就是反向开环功控，如图 5-7 所示。反向开环功控简单、直接，不需在移动台和基站之间交换控制信息，同时控制速度快并节省开销。

图 5-7 反向开环功率控制

2）反向闭环功控

由于前向和反向传输使用的频率不同(IS-95 规定的频差为 45 MHz)，频差远远超过信道的相干带宽，因而不能认为前向信道上的衰落特性等于反向信道上的衰落特性，这是反向开环功控的局限之处。反向开环功控由反向开环功控算法来完成，主要利用移动台前向接收功率和反向发射功率之和为一常数来进行控制。具体实现中，涉及开环响应时间控制、开环功率估计校正因子等主要技术设计。

反向闭环功控中，基站检测来自移动台的信号强度或信噪比，将测得的结果与预定的标准值相比较，形成功率调整指令，通过前向功控子信道通知移动台调整其发射功率。反向闭环功率控制如图 5－8 所示。

图 5－8　反向闭环功率控制

3）反向外环功控

在反向闭环功控中，信噪比门限不是恒定的，而是处于动态调整中。这个动态调整的过程就是反向外环功控，如图 5－9 所示。

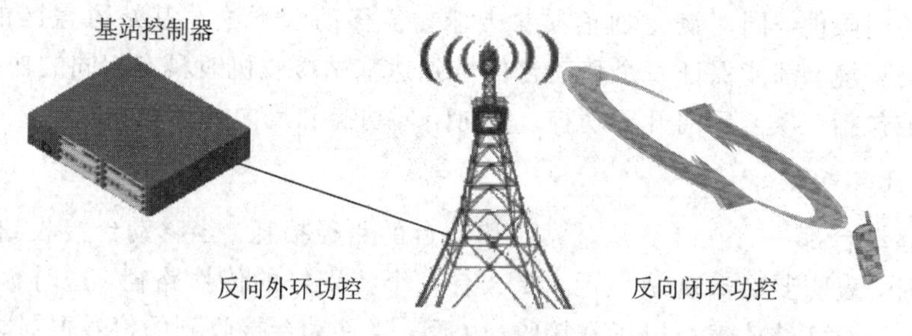

图 5－9　反向外环功率控制

在反向外环功控中，基站统计接收反向信道的误帧率 FER。如果误帧率 FER 高于误帧率门限值，说明反向信道衰落较大，于是通过上调信噪比门限来提高移动台的发射功率。反之，如果误帧率 FER 低于误帧率门限值，则通过下调信噪比门限来降低移动台的发射功率。

根据 FER 的统计测量来调整闭环功控中的信噪比门限的过程是由反向外环功控算法来完成的。算法分为三个状态：变速率运行态、全速率运行态、删除运行态。这三种状态全面反映了移动台的实际工作情况，不同状态下进行不同的功率门限调整。考虑 9600 bit 速率下要尽可能保证语音帧质量，因此在全速率运行态加入了 1％的 FER 门限等多种判断。

反向外环功控算法涉及步长调整、状态迁移、偶然出错判定、软切换 FER 统计控制等主要技术。在实际系统中，反向功控是由上述三种功率控制共同完成的，即首先对移动台发射功率做开环估计，然后由闭环功控和外环功控对开环估计做进一步修正，力图做到精确的功率控制。

2. 前向功控

在前向链路中，当移动台向小区边缘移动时，移动台受到邻区基站的干扰会明显增加；

当移动台向基站方向移动时，移动台受到本区的多径干扰会增加。

这两种干扰将影响信号的接收，使通信质量下降，甚至无法连接。因此，在移动通信系统的前向链路中引入了功率控制，如图5-10所示。

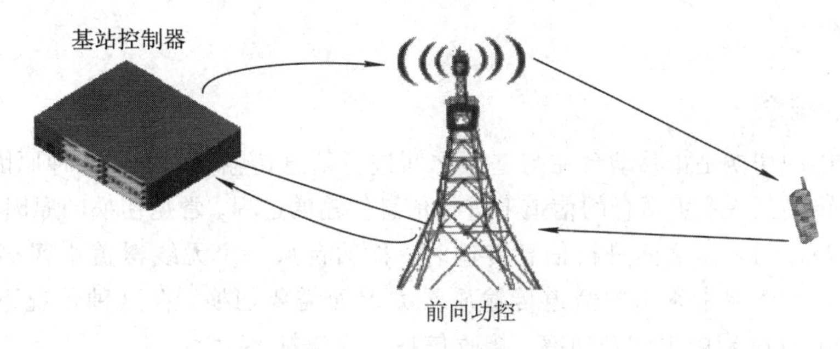

图5-10 前向功率控制

前向功控通过在各个前向业务信道上合理地分配功率来确保各个用户的通信质量，使前向业务信道的发射功率在满足移动台解调最小需求信噪比的情况下尽可能小，以减少对邻区业务信道的干扰，使前向链路的用户容量最大。

在理想的单小区模型中，前向功控并不是必要的。在考虑小区间干扰和热噪声的情况下，前向功控就成为不可缺少的一项关键技术，因为它可以应付前向链路在通信过程中出现的以下异常情况：

(1) 当某个移动台与所属基站的距离和该移动台与同它邻近的一个或多个基站的距离相近时，该移动台受到邻近基站的干扰会明显增加，而且这些干扰的变化规律独立于该移动台所属基站的信号强度。此时，就要求该移动台所属的基站将发给它的信号功率提高几个分贝以维持通信。

(2) 当某个移动台所处位置正好是几个强多径干扰的汇集处时，对信号的干扰将超过可容忍的限度。此时，也必须要求该移动台所属的基站将发给它的信号功率提高。当某个移动台所处位置具有良好的信号传输特性时，信号的传输损耗下降，在保持一定通信质量的条件下，该移动台所属的基站就可以降低发给它的信号功率。由于基站的总发射功率有限，这样就可以增加前向链路容量，也可以减少对小区内和小区外其他用户的干扰。

与反向功控相类似，前向功控也采用前向闭环功控和前向外环功控方式。在CDMA 2000 1x系统中，还引入了前向快速功控概念。

1) 前向闭环功控

闭环功控把前向业务信道接收信号的 E_b/N_t（E_b 是平均比特能量，N_t 指的是总的噪声，包括白噪声、来自其他小区的干扰）与相应的外环功控设置值相比较，来判定在反向功控子信道上发送给基站的功率控制比特的值。

2) 前向外环功控

前向功控虽然发生作用的点在基站侧，但是进行功率控制的外环参数和功率控制比特都是移动台通过检测前向链路的信号质量，得出输出结果，并把最后的结果通过反向导频信道上的功率控制子信道传给基站的。

当然，功率控制是蜂窝移动通信系统提高通信质量、增大系统容量的关键技术，也是实现这种通信系统的主要技术难题之一。

5.3 移动性管理

5.3.1 切换

1. 切换的概念

移动通信中的切换是指移动台在与基站之间进行信息传输时，由于各种原因，需要从原来所用信道上转移到一个更适合的信道上进行信息传输的过程。常见切换的原因主要有两种：

(1) 移动台在与基站之间进行信息传输时，移动台从一个无线覆盖小区移动到另一个无线覆盖小区，由于原来所用的信道传输质量太差而需要切换。在这种情况下，判断信道质量好坏的依据可以是接收信号功率、接收信噪比或误帧率。

(2) 移动台在与基站之间进行信息传输时，处于两个无线覆盖区之中，系统为了平衡业务需要对当前所用的信道进行切换。

本书主要介绍基于第一种原因的切换类型，并以 CDMA 通信系统的切换作为主要分析对象，详细说明切换种类。

2. 切换技术的种类

CDMA 移动通信系统中的切换技术包括：硬切换、软切换、更软切换以及接力切换。

1) 硬切换

无缝隙频率间的切换是 CDMA 网络的一个重要特性，用于具有分层小区结构和周围小区有更多载波的热点小区。在后一种情况下，频率之间的切换可由热点小区中小区之间的切换来完成。在前一种情况下，有效的方法是测量另一载波频率。

硬切换是指先断开与旧的小区的联系，再和新的小区建立联系的切换过程，如图 5-11(a) 所示。硬切换包括以下两种情况：同一 MSC 中的不同频点之间；不同 MSC 之间。

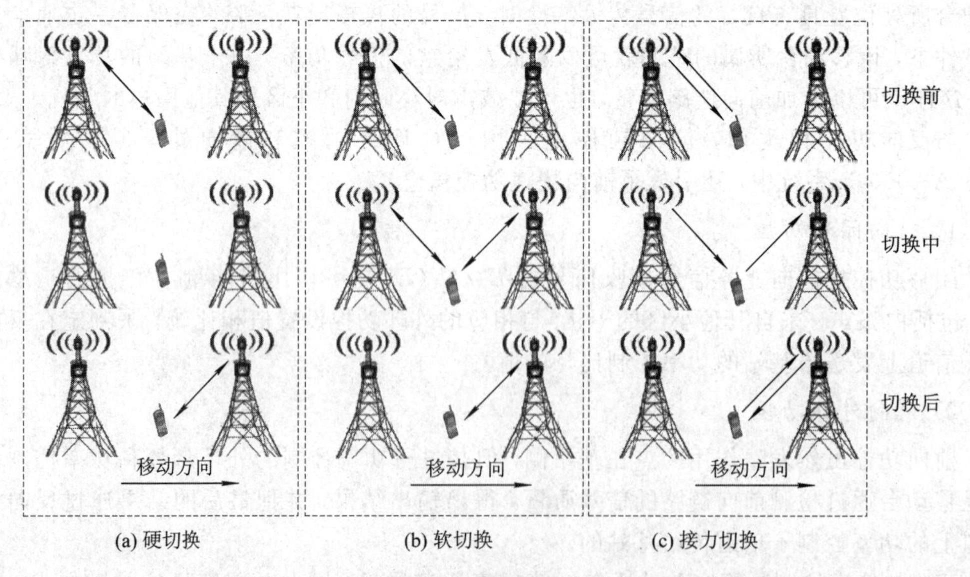

图 5-11 几种切换过程示意图

2）软切换

软切换是 CDMA 移动通信系统所特有的切换类型。软切换是指移动台在与新的基站建立联系之前并不断开与原基站的联系，而是同时保持与两个以上基站连接的切换过程，如图 5－11(b)所示。其基本原理如下：当移动台处于同一个 BSC 控制下的相邻 BTS 之间区域时，移动台在维持与原 BTS 无线连接的同时，又与目标 BTS 建立无线连接，之后再释放与原 BTS 的无线连接。发生在同一个 BSC 控制下的同一个 BTS 的不同扇区间的软切换又称为更软切换。

(1) 软切换的方式。软切换有三种方式：同一 BTS 内不同扇区相同载频之间的切换，也就是通常所说的更软切换；同一 BSC 内不同 BTS 之间相同载频的切换；同一 MSC 内，不同 BSC 之间相同载频的切换，其中后两者为软切换。

(2) 软切换的实现。所谓软切换，就是当移动台需要跟一个新的基站通信时，并不先中断与原基站的联系。软切换只能在相同频率的 CDMA 信道间进行，它在两个基站覆盖区的交界处起到了业务信道的分集作用，这样可大大减少由于切换造成的掉话。因为据以往对模拟系统 TDMA 的测试统计，无线信道上 90％的掉话是在切换过程中发生的。实现软切换以后，切换引起掉话的概率大大降低，保证了通信的可靠性。

3）更软切换

更软切换是指移动台在同一个小区具有相同频率的两个扇区之间的切换。更软切换发生在同一小区中移动台从一个扇区移动到另一扇区时。在前向链路移动台从两个扇区接收信号，然后在 RAKE 接收机中合并。在更软切换中因不需要在基站之间进行转换，因此比软切换要快。因此，可用分扇区的小区来实现街道的微小区以减少拐角切换所需的时间。

上面主要介绍了三种切换的类型、软切换实现过程和更软切换的概念，在实际系统运行时，这些切换是组合出现的，可能同时既有软切换，又有更软切换和硬切换。

例如，一个移动台处于一个基站的两个扇区和另一个基站交界的区域内，这时将发生软切换和更软切换。若处于 3 个基站交界处，又会发生三方软切换。

两种软切换都是基于具有相同载频的基站容量有余的条件下，若其中某一相邻基站的相同载频已经达到满负荷，MSC 就会让基站指示移动台切换到相邻基站的另一载频上，这就是硬切换。

在三方切换时，只要另两方中有一方的容量有余，就优先进行软切换。也就是说，只有在无法进行软切换时才考虑使用硬切换。当然，若相邻基站恰巧处于不同 MSC，这时即使是同一载频，也只能进行硬切换，因为此时要更换声码器(如果以后 BSC 间使用了 IP 或 ATM 接口，就能实现 MSC 间的软切换)。

4）接力切换

接力切换是 TD－SCDMA 系统的核心技术之一，其设计思想是在切换过程中首先将上行链路转移到目标小区，而下行链路仍与原小区保持通信，经短暂时间的分别收发过程后，再将下行链路转移到目标小区。这个过程就像是田径比赛中的接力赛跑传递接力棒一样，因而被形象地称为接力切换。接力切换通过与智能天线和上行同步等技术有机结合，巧妙地将软切换的高成功率和硬切换的高信道利用率结合起来，是一种具有较好系统性能优化的切换方法。

表 5-2 对几种切换方式进行了比较。

表 5-2 几种切换方式的比较

切换方式	特 点	应 用	类 比
硬切换	(1) 先断后接； (2) 算法简单，资源利用率高，信令开销少； (3) 切换成功率较低，掉话率较高	(1) 主要用于 FDMA 和 TDMA 系统中，如 1G、2G 的 GSM； (2) 用于 CDMA 系统的不同载频间； (3) 用于不同系统间	裸辞，再找下一份工作，中间去旅游
软切换	(1) 先接后断； (2) 切换成功率高，掉话率低； (3) 资源利用率低，增加信令负荷，下行链路干扰增大	(1) 适用于 FDDA CDMA 系统； (2) 在 IS-95 中获得成功应用； (3) WCDMA 和 CDMA2000 中的主要切换方式	先找好下一份工作，再把原来的工作辞掉
更软切换	(1) 属于软切换； (2) 由基站完成，不通过 MSC/RNC； (3) 不同的扇区天线起宏分集作用	(1) 已在 IS-95 系统中使用； (3) 在 3G 系统中应用	单位内部的工作调整
接力切换	(1) 先切换上行链路，再切换下行链路； (2) 切换成功率高，信道利用率高	(1) 是 TD-SCDMA 系统的核心技术； (2) 与智能天线和上行同步等技术结合	先从目标单位找点私活体验一下，感觉不错的情况下，再把原来的工作辞掉

5.3.2 小区重选

由于终端的移动，导致服务小区发生变化的，除了切换还有小区重选，下面以换房子作比喻，介绍小区重选(也称重构)。小明租的房子所在的小区物业管理水平特别差，又脏又乱，还经常丢失东西(低于一个忍受程度，或叫门限)；他希望在附近换一个条件好一些的小区，如图 5-12 所示。他开始考察，依据卫生水平、治安水平、环境条件是否满意，他初选了几个满足他自身条件的小区，之后开始重点考察(测量)。一段时间后(重选时延)，发现有一个小区满足了他所有的条件，而且还好了很多(超过了服务小区水平加迟滞)，他决定在这个小区内寻找房源。

图 5-12 小区重选的类比

小区重选是终端在非 Cell-DCH 状态下完成的小区再选择。当 UE 驻留在小区中时，随着 UE 的移动，当前小区和附近小区的信号强度在不断变化。如果 UE 所在小区的信号质量越来越差，低于某一门限值，他就无法忍受，开始测量其他小区的信号，想要选择一个更合适的小区。当其他小区的信号强度大于本服务小区的信号强度再加一个迟滞量，并且持续了一段时间(重选时间)，UE 就进行小区的重新选择。这就是小区重选过程。

UE 处于空闲状态时会驻留在某个小区上。由于 UE 会在驻留小区内发起接入，因此，为了平衡不同频点之间的随机接入负荷，需要在 UE 进行小区驻留时尽量使其均匀分布，这是空闲状态下移动性管理的主要目的之一。为了达到这一目的，LTE 引入了基于优先级的小区重选过程。

空闲状态下的 UE 需要完成的过程包括公共陆地移动网络(PLMN)选择、小区选择/重选、位置登记等。一旦完成驻留，UE 可以进行以下操作：

(1) 读取系统信息(例如，驻留、接入和重选相关信息以读取寻呼信息)；

(2) 发起连接建立过程。

一般来说，UE 开机后会首先进行 PLMN 选择，然后进行小区选择/重选、位置登记等。由于 PLMN 选择和位置登记主要是 NAS 的功能，本节不做过多的涉及，下面将介绍小区选择和重选过程。

小区重选与切换的主要区别：当用户在空闲状态下从一个小区穿越到另一个小区时，用户就会选择质量较好的另一个小区作为当前服务小区，这个过程就是小区重选；切换是指当用户在通话状态下，为了保证一定的通话质量，用户从一个服务小区(载频)转换到另一个服务小区(载频)的过程。

以下以 LTE 系统为例，详细讲解小区重选流程及相关准则。

LTE 小区重选指 UE 在空闲模式下通过监测邻区和当前小区的信号质量以选择一个最好的小区提供服务信号的过程。当邻区的信号质量及电平满足 S 准则且满足一定重选判决准则时，终端将接入该小区驻留。

S 准则中：

$$S_{\mathrm{rxlev}} = Q_{\mathrm{rxlevmeas}} - Q_{\mathrm{rxlevmin}} - P_{\mathrm{compensation}}$$

式中，$Q_{\mathrm{rxlevmeas}}$(测量的当前服务小区接收功率)指 P-CCPCH 信道的 RSCP 值；Q_{rxlevmin} 为服务小区最小接收功率，可以从系统广播消息中读出，一般终端读出后需做一定的算术转换；$P_{\mathrm{compensation}}$ 为补偿值。$P_{\mathrm{compensation}}$ 可通过下面公式计算得到：

$$P_{\mathrm{compensation}} = \max(\mathrm{UE\_TXP} - \mathrm{WR\_MAX\_RACH} - \mathrm{P\_MAX},\ 0)$$

其中，UE_TXP、WR_MAX_RACH(终端在做随机接入时 RACH 上的最大发送功率)由系统广播消息发送，一般设置为 0；P_MAX 是终端的最大标称发射功率。

UE 成功驻留后，将持续进行本小区测量。RRC 层根据 RSRP 测量结果计算 S_{rxlev}，并将其与 $S_{\mathrm{intrasearch}}$(同频测量启动门限)和 $S_{\mathrm{nonintrasearch}}$(异频/异系统测量启动门限)比较，作为是否启动邻区测量的判决条件。

1. LTE 小区重选测量准则

(1) 当系统消息指出邻小区优先级高于服务小区时，UE 总是执行对这些高优先级小区的测量；

(2) 对于同频/同优先级小区，若服务小区的 S 值小于或等于 $S_{\mathrm{intrasearch}}$(同频测量启动门限)，则 UE 执行测量，若大于则不测量；

(3) 当系统消息指出邻小区优先级低于服务小区时，若服务小区的 S 值小于或等于 $S_{\mathrm{nonintrasearch}}$(异频/异系统测量启动门限)，则执行测量，若大于则不测量；

(4) 若 $S_{\mathrm{nonintrasearch}}$ 参数没有在系统消息内广播，则 UE 开启异频小区测量。

2. LTE 小区重选准则

如果最高优先级上多个邻小区符合条件，则选择最高优先级频率上的最优小区。对于同等优先级频点(或同频)，采用同频小区重选的 R 准则。

高优先级频点的小区重选需满足以下条件：

(1) UE 驻留原小区时间超过 1 s；

(2) 高优先级频率小区的 S 值大于预设的门限(即高优先级重选门)，且持续时间超过重选时间参数 T；

同频或同优先级频点的小区重选需满足以下条件：

(1) UE 驻留原小区时间超过 1 s；

(2) 没有高优先级频率的小区符合重选要求条件；

(3) 同频或同优先级小区的 S 值小于等于预设的门限(即同频测量启动门限)，且在 T 时间内持续满足 R 准则。

低优先级频点的小区重选需满足以下条件：

(1) UE 驻留原小区的时间超过 1 s；

(2) 没有高优先级(或同等优先级)频率的小区符合重选要求条件；

(3) 服务小区的 S 值小于预设的门限(即服务频点低优先级重选门限)，并且低优先级频率小区的 S 值大于预设的门限(即低优先级重选门限值)，且持续时间超过重选时间参数值。

3. LTE 小区重选优先级处理原则

UE 可通过广播消息获取频点的优先级信息(公共优先级)，或者通过 RRC 连接释放消息获取。若消息中提供专用优先级，则 UE 将忽略所有的公共优先级。若系统消息中没有提供 UE 当前驻留小区的优先级信息，UE 将把该小区所在的频点优先级设置为最低。UE 只在系统消息中出现的并提供优先级的频点之间，按照优先级策略进行小区重选。

4. 同频/同优先级重选流程

同频测量启动准则：S_{rxlev}(S 准则)$\leqslant S_{\mathrm{intrasearch}}$(同频测量启动门限)，且在 T 时间内持续满足 R 准则。

5.4 位置管理

以现在的户籍制度给大家做个位置管理的比喻，同学们刚出生的时候，父母都会去派出所申请户口，这个过程和位置管理中的位置登记差不多，向派出所出示出生证明，申请户口(位置登记)。当同学们考上大学，自己从家乡到一个新的城市，你需要把户口迁过来或者办理暂住证，向派出所报告自己的位置，表示自己的位置发生了变化(位置更新)。

5.4.1 位置登记

类比于前面的例子，像我们出生的时候需要办理户口一样，移动台在开机瞬间或进入新位置区时都会执行位置登记。所谓位置登记，是指为了让通信网跟踪到移动台的位置变化，移动台向基站发送报文，表明自己所处的位置的过程，包括对其位置信息进行登记、删除和更新。

在大范围的服务区域中，一个移动通信系统的移动用户数达到一定数量时，要寻呼某个移动台，如果事先不知道它所处的位置，就需要所有区域同时发起寻呼，这就可能导致呼叫接续时间比通话时间还长，时间和线路的利用率很低。为避免大范围呼叫，依据惯例，通常将基站覆盖区域划分成若干个通信上的区域，称为位置区，一般一个 MSC 区域即为一个位置区。将它入网注册的位置信息称为这个移动台的“家区”，家区将每个移动台的位置信息及开户基本信息存入 MSC 的归属位置寄存器 HLR。

位置登记主要有以下几类：

(1) 开机位置登记(位置区登记)。如果移动台是首次开机，那么只要移动台一开机，即可从广播信道上搜索到位置区识别码，并将它提取出来，存储在移动台的存储器中。

如果移动台在关机后在原来所在的位置区重新开机，那么移动台进行位置登记(即 IMSI 可及)。

如果移动台是关机后改变了所在位置区，那么移动台开机后将进行的是位置更新。

(2) 关机位置登记。当关机时，移动台不会马上关掉电源，而是先向网络发出关机指令，直到关机位置登记(即 IMSI 不可及过程)完成之后，移动台才真正关掉电源。注意，关机位置登记只有移动台在当前服务系统中已经位置登记过才进行。

5.4.2　位置更新

类比于前面的例子，当你离开自己的家乡，去其他城市上大学时，就需要办理户口迁移或暂住证。如果移动台由原位置区移动到另一个位置区，则必须在新的位置区进行登记(办理户口迁移或暂住证)，也就是说一旦移动台出于某种需要或发现其存储器中的 LAI (位置区识别码)与接收到当前小区的 LAI 发生了变化，就必须通知网络来更改它所存储的移动台的位置信息，这个过程就是位置更新。

如图 5-13 所示，在某一小区(设为小区 1)内移动的用户处于待机或附着状态时，它被锁定在该小区。当移动用户向离开基站方向移动时，由于距离逐渐变远，信号强度逐渐变弱。当移动到两个小区理论边界附近时，移动台会因信号强度太弱而决定切换到邻近小区，为了正确选择无线小区，移动台要对每一邻近小区的信号强度进行测量，即进行小区重选。当发现新的基站 2 的信号强度优于原小区时，移动台将锁定在这个新载频上，并继续接收系统的控制信息及可能发给它的寻呼信息。小区 1 和小区 2 原属于同一位置区，由系统通过空中接口连续发送位置区识别码(LAI)，以告知移动用户所在的实际位置信息。

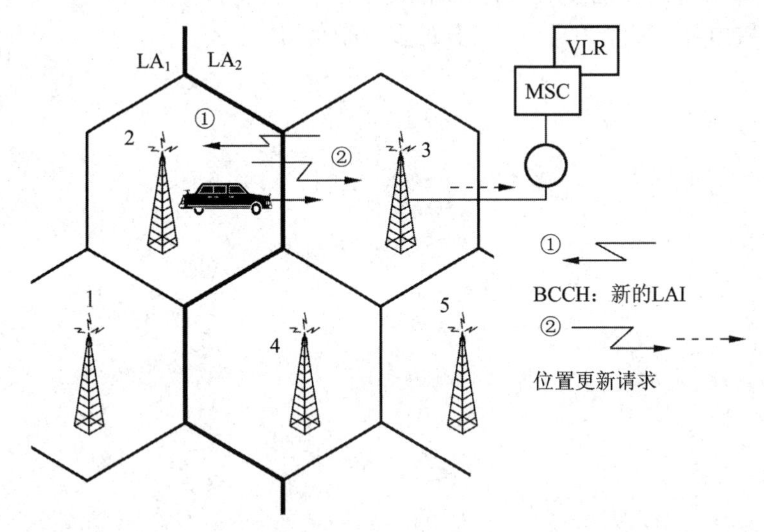

图 5-13　MS 从一个位置区移动到另外一个位置区

图 5-13 中，当移动用户由小区 2 进入小区 3 后，移动台通过接收 LAI 码可知已进入新位置区，由于位置信息非常重要，因此位置区的变化一定要通知网络，这个过程称为“强制登记”。在接入移动通信网的移动业务交换中心的 VLR 内进行位置信息的更新，同时在 HLR 中进行位置更新。根据位置更新区域的归属关系，通常有两类位置更新，即同一 MSC/VLR 中位置更新和不同 MSC/VLR 区间漫游时位置更新。

两种位置更新流程如下：

(1) 若小区 A 和小区 B 属于同一个 MSC/VLR 下不同的 BSC1 和 BSC2，移动用户由小区 A 向小区 B 移动时，基站 BTS 通过新的基站控制器(BSC2)把位置消息传给原来的 MSC/VLR，BSC/VLR 更新用户位置信息后，回送位置更新证实信息给移动用户。

(2) 若小区 A 和小区 B 属于不同 MSC/VLR 下不同的 BSC1 和 BSC2，移动用户由小区 A 向小区 B 移动时，新基站 BTS 通过新的 BSC2 把位置更新请求传给新的 MSC/VLR，即移动用户已到达了一个新的 MSC/VLR 业务区；新 MSC 把位置更新请求转发给该移动用户的归属局；HLR 进行位置更新后，向 MS 所处的新 MSC 发出请求位置更新接受信息；新 MSC 收到 HR 发来的位置接受信息后存储该用户位置信息，经 BSC、BTS 发位置更新证实信息给 MS；同时，HLR 向 MS 原来访问的 VLR 发位置删除请求信息；原 VLR 删除该 MS 的位置信息后发位置删除接受信息给 HLR。

习题 5

1. 简述频谱资源的特性。
2. 简述信道共用方式与独立信道方式各自的优缺点。
3. 列举功率控制的种类并简述每种功率控制的特点。
4. 列举切换的种类并简述它们的特点。
5. 设每天每用户平均呼叫 20 次，每次呼叫占时 150 s，呼损率为 9%，繁忙小时集中率为 8%，问：

(1) 给定 30 个信道，能容纳多少个用户？

(2) 若区域内有 600 个用户，需要分配多少个信道？

第 6 章　2G 移动通信系统

6.1　GSM 概述

6.1.1　GSM 简介

GSM 是 Global System for Mobile Communications 的缩写，即全球移动通信系统。它是由欧洲电信标准组织 ETSI 制定的一个数字移动通信标准，其空中接口采用时分多址(简称 TDMA)技术。自 20 世纪 90 年代中期投入商用以来，被全球超过 100 个国家采用。

GSM 属于第二代(2G)蜂窝移动通信技术。2G 是相对应用于 20 世纪 80 年代的模拟蜂窝移动通信技术以及目前正在商用的 4G - LTE 技术的说法。模拟蜂窝技术被称为第一代移动通信技术，宽带 CDMA 技术被称为第三代移动通信技术，即 3G，IMT - Advanced 技术被称为第四代移动通信技术，即 4G。

1. GSM 的特点

GSM 的主要特点可以归纳为以下几点。

1）兼容性

GSM 标准由欧洲多个国家共同制定，使得这一系统不仅在全欧洲，而且在世界各地被广泛采用。

2）灵活性与系统容量

GSM 系统高度依赖于软件，因而提供了高度的灵活性。

由于每个信道传输带宽增加，使同频复用载干比要求降低至 9 dB，故 GSM 系统的同频复用模式可以缩小到 4/12 或 3/9，甚至更小(模拟系统 7/21)；加上半速率话音编码的引入和自动话务分配以减小越区切换的次数，使 GSM 系统的容量比模拟移动通信系统提高了约 3～5 倍。

3）安全性和保密性

制定 GSM 系统时，充分考虑了针对盗话和盗机的安全性问题。移动用户的身份鉴别是通过一张称为用户识别模块 SIM(Subscriber Identity Module)的智能卡实现的，系统通过在系统数据库检查相关信息来鉴别移动用户身份。

GSM 能对空中接口的所有信令加密。不同的加密级别可以满足不同用户或国家的需要。

4）开放、通用的接口标准

在 GSM 标准的制定过程中，成立了专门的工作组——WP3。该工作组的主要任务之一就是制定开放的网络接口、建立通用的接口标准。因此，GSM 是一个不仅能在空中接口，而且网络内部各个接口都高度标准化、接口优化的网络。

5）频谱效率

GSM 中采用了窄带调制、信道编码、交织、均衡和语音编码等技术，使得频率复用的复用程度大大提高，能更有效地利用无线频率资源。

6）抗干扰能力

GSM 具有模拟移动通信系统无可比拟的抗干扰能力，因而通信质量高，话音效果好，状态稳定。

2. GSM 的不足

1）编码质量不高

GSM 的编码速度为 13 kb/s，即使是实现了半速率 6.5 kb/s，这种质量也很难达到有线电话的质量水平。

2）终端接入速率有限

GSM 的业务综合能力较强，能进行数据和话音的综合，但终端接入速率有限（最高仅为 9.6 kb/s）。

3）切换功能较差

GSM 的软切换功能较差，因而容易掉话，影响服务质量。

6.1.2 GSM 的结构

GSM 的结构如图 6－1 所示，主要由移动台（MS）、基站子系统（BSS）和网络子系统（NSS）组成。

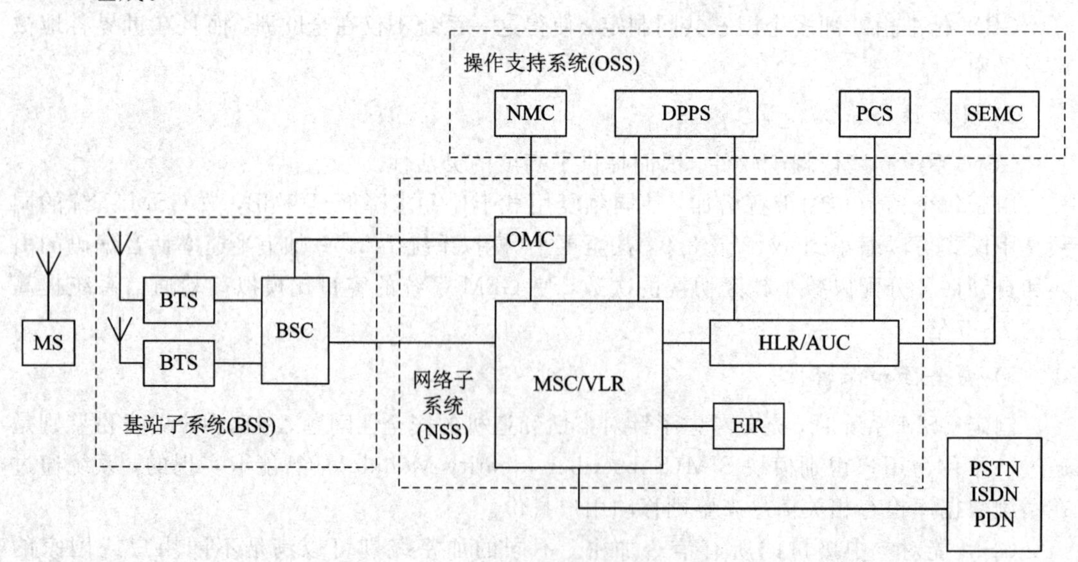

图 6－1　GSM 系统的网络结构

1. 网络各部分的主要功能

MS（移动台）包括 ME（移动设备）和 SIM 卡（用户识别模块）。移动台主要作用是通过无线接口接入网络系统，也提供人机接口。SIM 卡是识别卡，用来识别与用户有关的无线接口的信息，包括鉴权和加密等信息。除了紧急呼叫，移动台需要插入 SIM 卡才能获得通信相关服务。

BSS(基站子系统)主要的功能是负责无线发射和管理有线资源。BSS 由 BTS(基站收发台)和 BSC(基站控制台)组成。BSS 中的 BTS 是用户终端接口设备，BSS 可以控制一个或多个 BTS，可以控制信道分布，通过 BTS 对信号强度的检测来控制移动台和 BTS 的发射功率，也可做出执行切换的决定。

NSS(网络子系统)由 MSC(移动交换中心)、OMC(移动切换中心)、HLR(归属位置寄存器)、VLR(访问位置寄存器)、AUC(鉴权中心)和 EIR(设备标志寄存器)等组成。NSS 主要负责完成 GSM 系统内移动台的交换功能和移动性管理、安全性管理等。MSC 是 GSM 网络的核心部分，也是 GSM 系统与其他公司共用通信之间的接口，主要是对于它所在管辖区域的移动台进行控制、交换。OMC 主要对 GSM 网络系统进行管理和监控。HLR 是一个静态数据库，每个移动用户都能够在其 HLR 登记注册。HLR 主要用来存储有关用户的参数和有关用户目前所在的信息。VLR 是一个动态数据库，用于存储进入其控制区用户的数据信息，如用户的号码、所处位置区的识别、向用户提供的服务参数等，一旦用户离开了该 VLR 的控制区，用户的有关数据将被删除。AUC 专用于 GSM 的安全性管理，进行用户鉴权及对无线接口上的语音、数据、信令信号进行加密，防止无权用户的接入并保证移动用户的通信安全。EIR 是用来存储有关移动设备参数的数据库，对移动设备进行识别、监视和闭锁等。

SMSC(短消息业务中心)与 NSS 连接可实现点对点短消息业务，与 BSS 连接完成小区广播短消息业务。

在实际的 GSM 网络中，可根据不同的运行环境和网络需求进行网络配置，具体的网络单元可用多个物理实体来承担，也可以将几个网络单元合并为一个物理实体，如将 MSC 和 VLR 合并在一起，也可以把 HLR、EIR 和 AUC 合并为一个物理实体。

2. GSM 网络接口功能

Um 接口：无线接口，即 MS 与 BTS 之间的接口，用于 MS 与 GSM 固定部分的互通，传递无线资源管理、移动性管理和接续管理等方面的信息。

Abis 接口：BTS 与 BSC 之间的接口。该接口用于 BTS 与 BSC 的远端互联，支持所有向用户提供的服务，并支持对 BTS 无线设备的控制和无线频率的分配。

A 接口：MSC 和 BSC 之间的接口。该接口传送有关移动呼叫处理、基站管理、移动台管理、信道管理等信息。

B 接口：MSC 和 VLR 之间的接口。MSC 通过该接口向 VLR 传送漫游用户位置信息，并在建立呼叫时，向 VLR 查询漫游用户的有关用户数据。

C 接口：MSC 和 HLR 之间的接口。MSC 通过该接口向 HLR 查询被叫移动台的选路信息，以确定接续路由，并在呼叫结束时，向 HLR 发送计费信息。

D 接口：VLR 和 HLR 之间的接口。该接口用于两个登记器之间传送有关移动用户数据，以及更新移动台的位置信息和选路信息。

E 接口：MSC 与 MSC 之间的接口。该接口主要用于越局频道转接，使用户在通话过程中，从一个 MSC 的业务区进入到另一个 MSC 业务区时，通信不中断。另外该接口还传送局间信令。

F 接口：MSC 和 EIR 之间的接口。MSC 通过该接口向 EIR 查核发出呼叫移动台设备的合法性。

G 接口：VLR 与 VLR 之间的接口。当移动台从一 VLR 管辖区进入另一 VLR 管辖区时，新老 VLR 通过该接口交换必要的信息，该接口仅用于数字移动通信系统。

H 接口：HLR 与 AUC 之间的接口。HLR 通过该接口连接到 AUC，完成用户身份认证和鉴权。

6.1.3 GSM 的空中接口

GSM 的无线接口——Um 接口，即通常所称的空中接口，是系统最重要的接口。

Um 接口(空中接口)定义为移动台与基站收发信台(BTS)之间的通信接口，用于移动台与 GSM 系统的固定部分之间的互通。空中接口利用无线电波传递信息，连接广大用户，随着终端用户的多样性和环境的复杂性，空中接口也呈现出广泛性和多样性。

1. 技术参数

GSM 采用 FDMA 和 TDMA 混合接入方式。FDMA 是指在一定的频段上分配的载波频率，TDMA 是指一个载波上分为 8 个时段。GSM 系统主要有 GSM 900、GSM 1800 和 GSM 1900 三类，都采用 FDD 工作方式。我国使用的两大 GSM 系统为 GSM 900 和 GSM 1800，主要技术参数见表 6-1。

表 6-1 我国 GSM 的主要技术参数

		GSM 900 MHz		DCS 1800 MHz
		P-GSM	E-GSM	
频率范围 MHz	上行 MS	890～915	880～890	1710～1785
	下行 BS	935～960	925～935	1805～1880
功率等级		Class4(33+/-2 dBm)		Class1(30+/-2 dBm)
上、下行间隔/MHz		45	45	95
收发延迟时隙		3	3	3
频带/MHz		2×25	2×10	2×75
信道个数		124	50	374
单元半径		<35 km		<4 km
终端功率		<2 W		<1 W
移动性		<250 km/h		<125 km/h
信道号		1～124	975～1023，0	512～885
信道间隔		200 kHz		
调制方式		GMSK		

从表 6-1 中我们可以看出，GSM 系统在上下行频段分配上，上行频段频率低于下行频段。这样做主要是考虑到上下不对称的传输功能，频率越高，覆盖同样的范围需要更大的发射功率，而基站能比移动台提供更大的发射功率，所以采取上述频段分配方式。

2. 物理结构

GSM 空中接口可分为物理信道和逻辑信道两种。物理信道是指传输信息的媒介，在陆地接口中就是指电缆。逻辑信道由物理信道上传输的信息组成。

1）物理信道

单个 GSM RF 载频可以支持 8 个移动用户同时通话。每个通话的信道占用一个时隙，时隙按顺序排列，并编号为 0～7。每这样的 8 个时隙序列称为一个“TDMA 帧”。

每个移动电话通话都会占用一个时隙，直到通话结束或发生切换。一个时隙里所传的信息也称为一个突发脉冲序列(Burst)。

每个数据突发脉冲序列在 TDMA 帧中对应一个分配给它的时隙，能提供一个 GSM 物理信道，而一个物理信道可以用于传送 MS 和 BTS 之间的多种逻辑信道。

2）逻辑信道

GSM 空中接口有两种逻辑信道：业务信道(Traffic Channel)和控制信道(Control Channel)。

业务信道用于传送话音和数据信息。业务信道有全速率业务信道和半速率业务信道之分。半速率业务信道所使用的时隙是全速率业务信道所用时隙的一半。

· **全速率(Full rate)**

TCH/FS：话音（ 业务信息 13 kb/s ，全部信息 22.8 kb/s)；

TCH/EFR：话音（ 业务信息 12.2 kb/s，全部信息 22.8 kb/s)。

TCH/F9.6：9.6 kb/s 数据速率；

TCH/F4.8：4.8 kb/s 数据速率；

TCH/F2.4：≤2.4 kb/s 数据速率。

其中，9.6 kb/s、4.8 kb/s、2.4 kb/s 为用户数据的原始速率，按 GSM 规范进行前向纠错编码后，以 22.8 kb/s 的速率发送。

· **半速率(Half rate)**

TCH/HS：话音(业务信息 6.5 kb/s，全部信息 11.4 kb/s)。

TCH/H4.8：4.8 kb/s 数据速率；

TCH/H2.4：≤2.4 kb/s 数据速率。

话音信道有两种不同的编码方法：全速率 FR(Full Rate)和增强型全速率 EFR(Enhanced Full Rate)。在相同空中接口带宽的条件下，增强型全速率编码与全速率话音编码相比，能提供更好的话音质量。

此外，在业务信道中还可以安排慢速辅助控制信道(SACCH)和快速辅助控制信道(FACCH)。

GSM 控制信道包括下述多种逻辑信道：

(1) BCCH 广播控制信道，用来发送网络相关的信息。该信道是连续发射的，供周围小区中的移动台测量其信号强度。

BTS 在所有时间都发送广播控制信道，用来载送 BCCH 的无线载频称为 BCCH 载频，当移动台开机但没有通话时，会周期性地监视(至少每 30 秒)BCCH 中的信息。

BCCH 总是在所有的时刻以恒定功率发射，使所有可能会用到它的移动台能测量它的信号强度。当 BCCH 没有信息发送时就发送填充比特，或称为虚拟突发脉冲序列。

广播控制信道 BCCH 中传送的信息有：

① 位置区识别号 LAI(LAI 用于移动用户的位置更新)。

② 移动台应监视的相邻小区列表。

③ 本小区使用的频率列表。

④ 小区识别号。

⑤ 功率控制指示。

⑥ 是否允许不间断发射 DTX(话音激活检测)。

⑦ 接入控制(如紧急呼叫、呼叫阻断)。

⑧ 小区广播信道描述。

(2) FCCH(Frequency Control Channel，频率控制信道，或频率校正信道)用来发射载波同步信息。该信道在 BCH 时隙频繁发送，使移动台能同步到基站的频率。FCCH 只会在 BCCH 载频的时隙 0 发射，相当于时隙 0 的标志，使移动台能识别到时隙 0。

(3) SCH(Synchronizing Channel，同步信道)用来发送帧同步信息。SCH 传送的信息使移动台能同步到 TDMA 帧结构，以及使移动台能知道时隙的定时。

(4) RACH(Random Access Channel，随机接入信道)是上行信道，用于移动台接入系统。移动台在发起呼叫或响应寻呼时须接入到系统，请求分配一个独立专用控制信道(SDCCH)，这时将使用到 RACH 信道。

(5) PCH(Paging Channel，寻呼信道)和 AGCH(Access Granted Channel，接入允许信道)都是下行的，AGCH 用于给 MS 分配资源，PCH 用于系统寻呼移动台。PCH 和 AGCH 从不同时使用。

(6) CBCH(Cell Broadcast Channel，小区广播信道)用于向小区内所有的移动台广播信息，如话务信息等。该信道用来传送需要广播到小区中所有移动台的信息。CBCH 用专用控制信道来发送信息，但被看做是通用信道，因为小区中所有的移动台都能收到它发送的消息。

(7) AGCH(Access Grant Control Channel，接入允许信道)，BTS 在 RACH 上收到 MS 的接入消息后，通过 AGCH 给 MS 分配专用控制信道，MS 再转到专用信道上继续呼叫处理。MS 的呼叫处理可能是呼叫建立、寻呼响应、位置更新或短消息业务。

(8) SDCCH(Standalone Dedicated Control Channel，独立专用控制信道)用于移动台在呼叫建立或做用户身份验证时，向移动台发送或接收数据，如登记、鉴权等。

(9) SACCH(Slow Associated Control Channel，慢速随路控制信道)用于无线链路功率测量及传送功率控制消息。

(10) FACCH(Fast Associated Control Channel，快速随路控制信道)用于传送“事件”型消息。

将以上各种逻辑信道组合在一起，称为信道组。共有 4 种最常见的信道组：

全速率业务信道组——TCH8/FACCH＋SACCH；

广播信道组——BCH＋CCCH；

专用信道组——SDCCH8＋SACCH8；

组合信道组——BCH＋CCCH＋SDCCH4＋SACCH4。

3. 帧结构与时隙

在 GSM 系统中，每个载频，在时间上被定义为一个 TDMA 帧(简称为帧)，每个 TDMA帧包括 8 个时隙(TS0～TS7)，所有 TDMA 帧中同号时隙使用同一个物理信道。空中的传输速度为 270.833 kb/s，每个时隙占用 576.9 μs，相当于承载 156.25 bit 的数据，每帧的时间为 4.615 ms。

多个 TDMA 帧构成复帧(Multiframe)，其结构有两种，分别含连贯的 26 个或 51 个 TDMA 帧(见图 6-2)。当不同的逻辑信道复用到一个物理信道时，需要使用这些复帧。

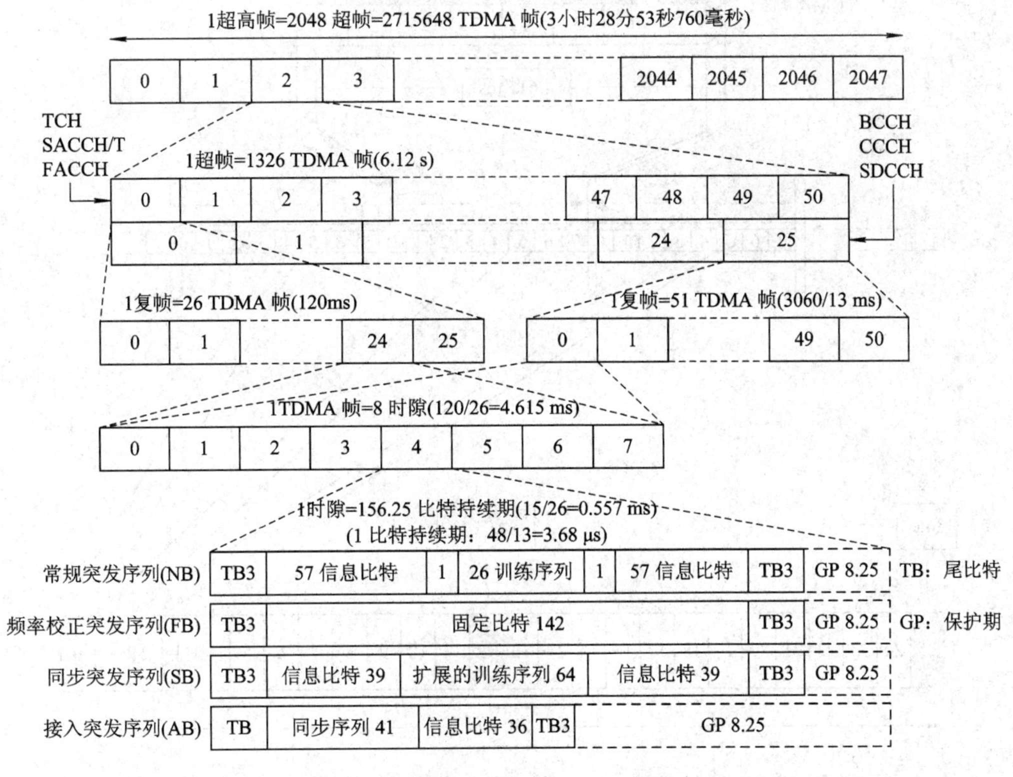

图 6-2 GSM 系统各种帧与时隙以及 4 种突发脉冲的格式

含 26 帧的复合帧其周期为 120 ms，用于业务信道及其随路控制信道。其中 24 个突发序列用于业务，2 个突发序列用于信令。

含 51 帧的复合帧其周期为 3060/13≈235.385 ms，专用于控制信道。

多个复帧又构成超帧(Super Frame)，它是一个连贯的 51×26 TDMA 帧，即一个超帧可以是包括 51 个 26TDMA 复帧，也可以是包括 26 个 51 TDMA 复帧。超帧的周期均为 1326 个 TDMA 帧，即 6.12 s。

多个超帧构成超高帧(Hyper Frame)。它包括 2048 个超帧，周期为 12 533.76 秒，即 3

小时 28 分 53 秒 760 毫秒。用于加密的话音和数据，超高帧每一周期包含 2 715 648 个 TDMA 帧，这些 TDMA 帧按序编号，依次为 0～2 715 647。

1) 26 帧业务信道复帧

图 6-3 表示了时隙、TDMA 帧及 26 帧复帧与时间之间的关系。某些时间是近似值，因为 GSM 规范中是用分数来确切规定时间值的，如一个时隙的确切时长是 15/26 ms)。

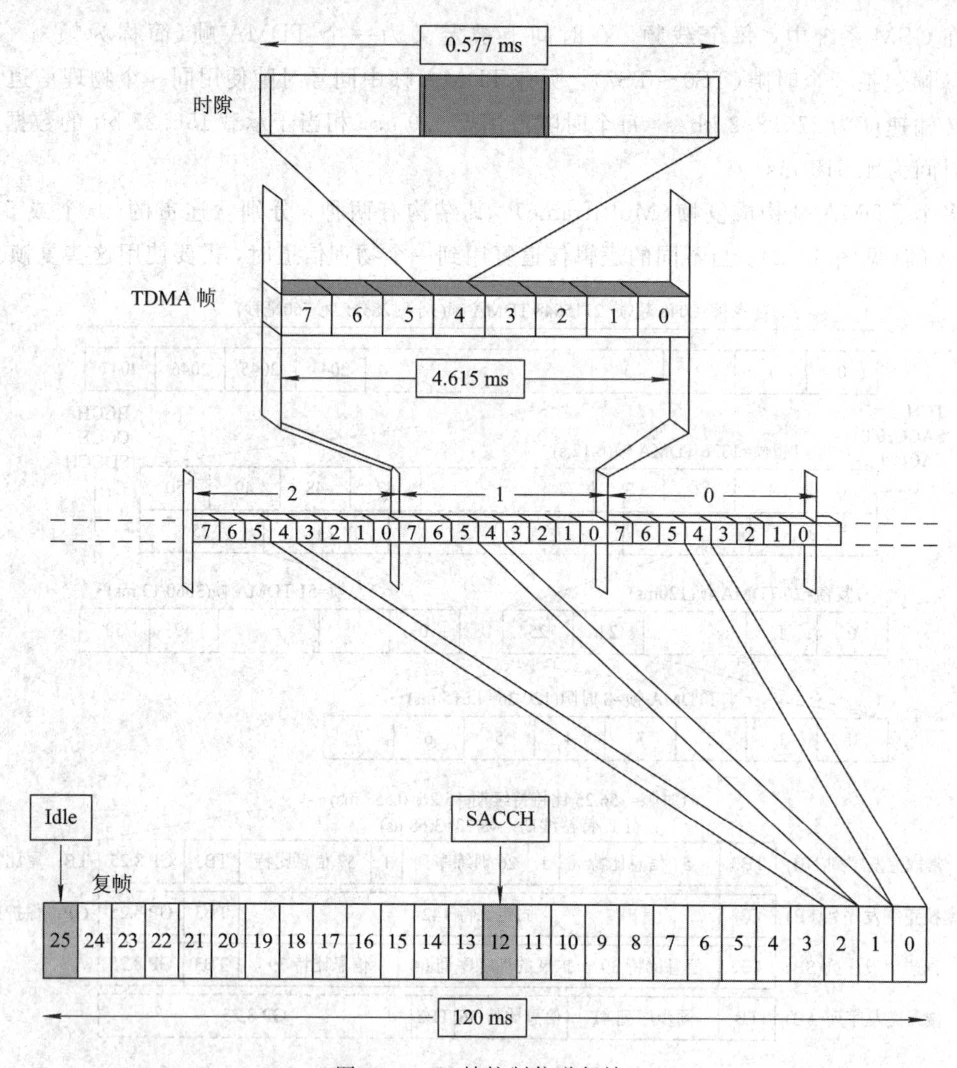

图 6-3　26 帧控制信道复帧

在 26 帧业务信道复帧中，帧 12(第 13 帧)被用做慢速随路控制信道 SACCH，用来在 MS 和 BTS 之间传送链路控制信息。小区给每个业务信道分配的时隙都是这种格式，也就是说最开始是 12 个突发脉冲序列(Burst)的业务信息，接下来是 1 个 Burst 的 SACCH，然后是 12 个 Burst 的业务信息和 1 个空闲的 Burst。

一个 26 帧业务信道复帧持续的时长是 120 ms(共有 25 个 TDMA 帧)。

当采用半速率时，26 帧业务复帧中每个用来传送业务的帧可以传送两路 MS 用户通话(空中接口中 MS 的数据速率是原来的一半)。尽管业务数据速率减半了，但 SACCH 信息没有少，所以要把原来空闲的帧 25 也用做 SACCH。

2) 51 帧控制信道复帧

图 6-4 表示了时隙、TDMA 帧及 51 帧复帧与时间之间的关系。用于控制信道的 51 帧复帧结构比用于业务信道的 26 帧复帧要复杂得多。51 帧的复帧包括 51 个 TDMA 帧，持续时长为 235.365 ms，用于传输控制信息。

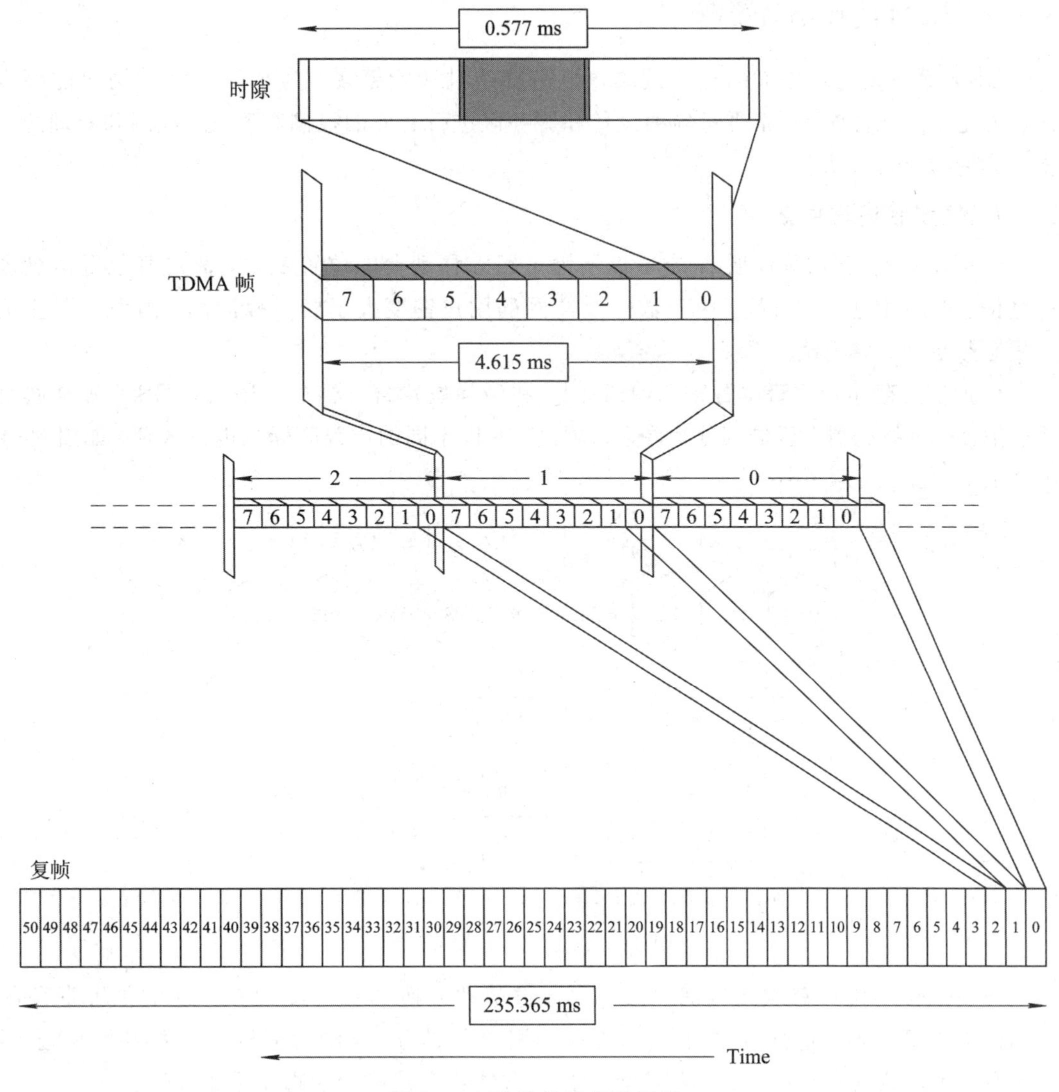

图 6-4　51 帧控制信道复帧

通常，上行 TDMA 帧比下行 TDMA 帧固定落后 3 个时隙，这样方便移动台利用这段时间进行帧调整以及收、发信号进行调谐和转换。

每一个 TDMA 帧含 8 个时隙，共占 120/26≈4.615 ms。每个时隙含 156.25 个码元，占 15/26≈0.577 ms。

4. 突发脉冲序列

GSM 系统空中接口的时隙上有 4 种不同功能的突发脉冲：常规突发脉冲、频率校正突发脉冲、同发突发脉冲和接入突发脉冲，其格式如图 6-2 所示。

常规突发脉冲：携带业务信息和控制信息。

频率校正突发脉冲：携带频率校正信息。

同步突发脉冲：携带系统的同步信息。

接入突发脉冲：携带随机接入信息。

6.1.4 GSM的控制与管理

GSM系统是一个庞大的通信网络，结构复杂且功能繁多，为了保证移动用户能够方便、快捷、安全地通信，需要对各种设备和服务区进行有效的控制和管理。控制和管理的主要内容有以下几个方面。

1. 位置登记与更新

所谓位置登记(或称注册)，是通信网为了跟踪移动台的位置变化，而对其位置信息进行登记、删除和更新的过程。由于数字蜂窝网的用户密度大于模拟蜂窝网，因而位置登记过程必须更快、更精确。

位置信息存储在原籍位置寄存器(HLR)和访问位置寄存器(VLR)中。GSM蜂窝通信系统把整个网络的覆盖区域划分为许多位置区，并以不同的位置区标志进行区别，如图6-5中的LA_1、LA_2、LA_3……

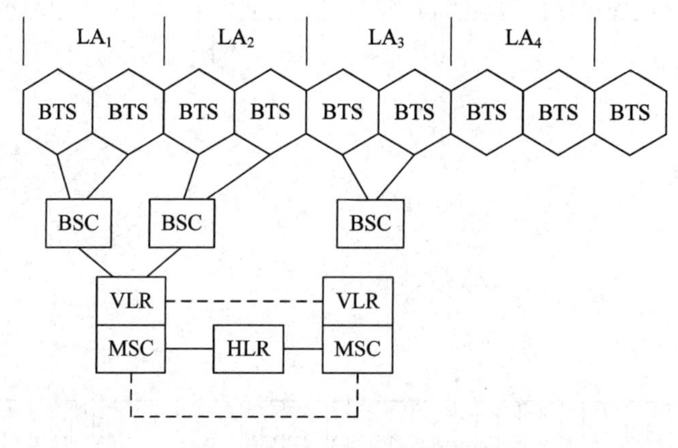

图6-5 位置区划分的示意

当一个移动用户首次入网时，它必须通过移动交换中心(MSC)在相应的位置寄存器(HLR)中登记注册，把其有关的参数(如移动用户识别码、移动台编号及业务类型等)全部存放在这个位置寄存器中，于是网络就把这个位置寄存器称为原籍位置寄存器。

移动台的不断运动将导致其位置的不断变化。这种变动的位置信息由另一种位置寄存器，即访问位置寄存器(VLR)进行登记。

位置区的标志在广播控制信道(BCCH)中播送，移动台开机后，就可以搜索此BCCH，从中提取所在位置区的标志。

移动台可能在不同情况下申请位置更新。比如，在任一个地区中进行初始位置登记，在同一个VLR服务区中进行过区位置登记，或者在不同的VLR服务区中进行过区位置登记等。不同情况下进行位置登记的具体过程会有所不同，但基本方法都是一样的。图6-6给出的是涉及两个VLR的位置更新过程，其他情况可依此类推。

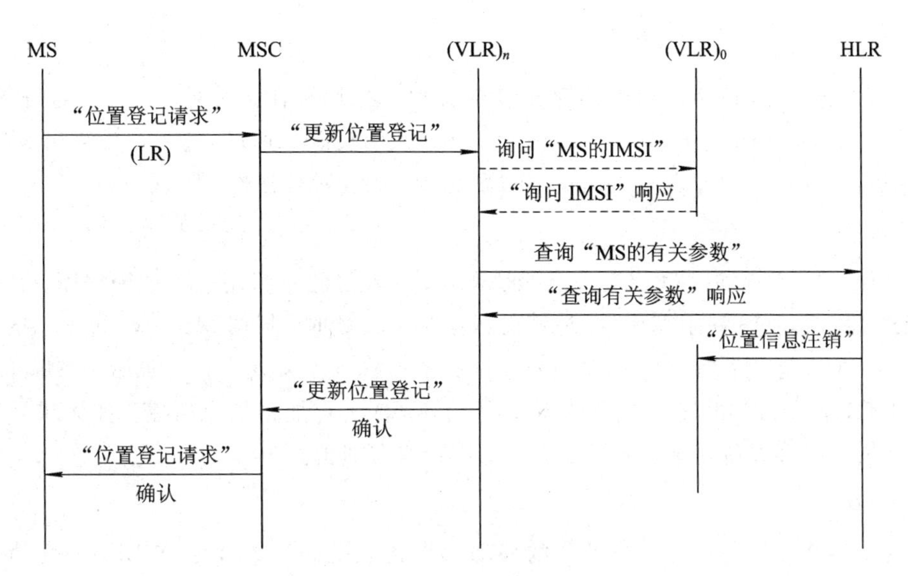

图 6－6　位置登记过程举例

2. 鉴权与加密

由于空中接口极易受到侵犯，GSM 系统为了保证通信安全，采取了特别的鉴权与加密措施。鉴权是为了确认移动台的合法性，而加密是为了防止第三者窃听。

鉴权中心(AUC)为鉴权与加密提供了三参数组(RAND、SRES 和 K_c)，在用户入网签约时，用户鉴权密钥 K_i 连同 IMSI 一起分配给用户，这样每一个用户均有唯一的 K_i 和 IMSI，它们存储于 AUC 数据库和 SIM(用户识别)卡中。根据 HLR 的请求，AUC 按下列步骤产生一个三参数组，如图 6－7 所示。

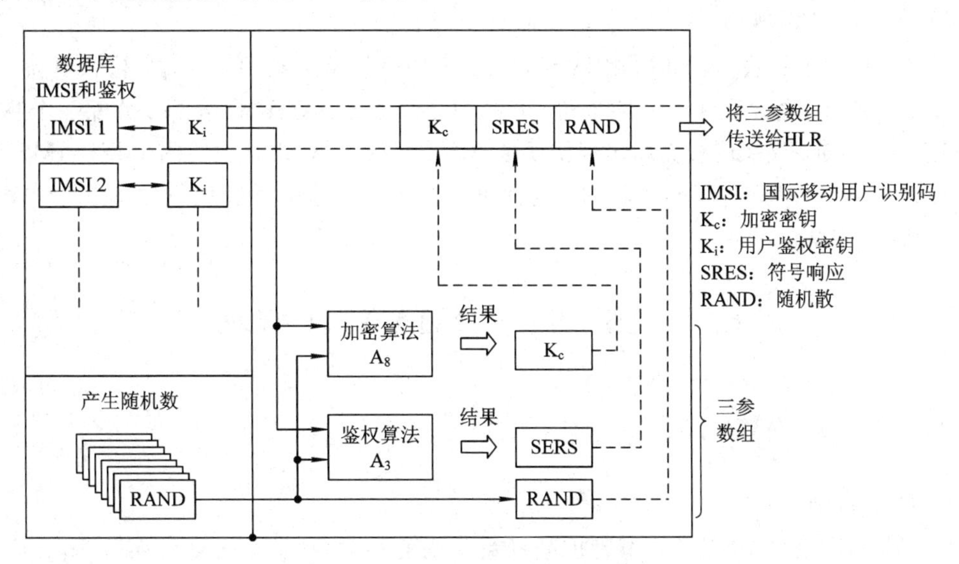

图 6－7　三参数组的产生步骤

首先，产生一个随机数(RAND)；通过加密算法(A_8)和鉴权算法(A_3)，用 RAND 和 K_i 分别计算出加密密钥(K_c)和符号响应(SRES)；RAND、SRES 和 K_c 作为一个三参数组一起送给 HLR。

1）鉴权

移动台的主叫和被叫过程中都存在鉴权流程。当 MS 请求入网时，首先需进行鉴权，VLR 通过 BSS 向 MS 发送 RAND，MS 使用该 RAND 和 K_i 通过算法 A_3 计算出 SRES，然后把 SRES 回送到 VLR，与网络端的 SRES 比较，验证其合法性。

2）加密

为确保 BTS 和 MS 之间交换信息的私密性，在此过程中采用一个加密程序。在鉴权计算 SRES 的同时，MS 利用算法 A_8 计算出 K_c，加密开始时，根据 MSC/VLR 发出的加密模式命令，在 MS 侧，将 K_c、TDMA 帧号通过加密算法 A_5，对用户信息加密，并将加密信息回送到 BTS 中，BTS 再根据帧号和 K_c，利用 A_5 算法将加密信息解密，如无错误则告知 MSC/VLR。GSM 系统对上、下行传输信息进行双向加密。

3）设备识别

每一个移动台设备均有一个唯一的移动台设备识别码（IMEI）。在 EIR 中存储了所有移动台的设备识别码，每一个移动台只存储本身的 IMEI。设备识别的目的是确保系统中使用的设备不是盗用的或非法的设备。为此，EIR 中使用三种设备清单：

白名单：合法的移动设备识别号；

黑名单：禁止使用的移动设备识别号；

灰名单：是否允许使用由运营者决定，如有故障的或未经型号认证的移动设备识别号。

当 MS 发出呼叫请求时，MSC/VLR 要求其发送 IMEI，获得 MS 的 IMEI 后，将 IMEI 发送给 EIR，进行名单核对，EIR 将鉴定的结果传送给 MSC/VLR，由其决定是否允许 MS 建立呼叫。

4）国际用户识别码（IMSI）保密

为了防止他人非法监听和盗用 IMSI，当 MS 向系统请求某种服务，如位置更新、呼叫建立或业务激活，需要在无线链路上传输 IMST 时，MSC/VLR 将给 MS 分配一个临时的 TMSI 代替 IMSI，仅在位置更新出现错误或 MS 得不到 TMSI 时才使用 IMSI。IMSI 是唯一且不变的，而 TMSI 是不断更新的，这种更新在每一次移动性管理过程都发生，因此确保了 IMSI 的安全性。

6.2 IS-95 CDMA 系统概述

6.2.1 IS-95 CDMA 简介

1. 概念基础

IS-95 标准全称是“双模式宽带扩频蜂窝系统的移动台-基站兼容标准”。IS-95 标准提出了“双模系统”，该系统可以兼容模拟和数字操作，从而易于模拟蜂窝系统和数字系统之间的转换。

IS-95 CDMA 是一种支持蜂窝组网的多用户扩频通信码分多址（CDMA）技术。可以在系统中使用多种先进的信号处理技术，为系统带来了许多优点。

2. 系统优点

CDMA 系统采用码分多址技术及扩频通信原理，可以在系统中使用多种先进的信号处理技术，其优点主要体现在以下几个方面：

(1) 大容量。CDMA 系统的信道容量是模拟系统的 10～20 倍，是 TDMA 系统的 4 倍。之所以 CDMA 系统有高容量，很大一部分因素是它的频率复用系数远远超过其他制式的蜂窝系统，另外一个主要因素是它使用了语音激活和扇区化等技术。

(2) 软容量。在 FDMA、TDMA 系统中，当小区服务的用户数量达到最大信道数时，已满载的系统绝对无法再增添一个信号，此时若有新的用户呼叫，该用户只能听到忙音。而在 CDMA 系统中，用户数目和服务质量之间可以互相折中，灵活确定。例如系统经营者可以在话务量最高峰期将误帧率稍微提高，从而增加可用信道数。同时，当相邻小区的负荷较轻时，本小区收到的干扰减少，容量就可以适当增加。体现软容量的另一种形式是小区呼吸功能。所谓小区呼吸功能，就是各个小区的覆盖大小是动态的，当相邻两个小区负荷一轻一重时，负荷重的小区通过减小导频发射功率，使本小区的边缘用户由于强度不够，切换到相邻小区，使负荷分担，即相当于增加了容量。这项功能对切换也特别有用，可避免因信道紧缺而导致呼叫中断。在模拟系统和数字 TDMA 系统中，如果一条信道不可用，呼叫必须重新被分配到另一条信道，或者在切换时中断。但是在 CDMA 系统中，在一个呼叫结束前，可以接纳另一个呼叫。

(3) 软切换。所谓软切换，是指当移动台需要切换时，先与新的基站连通，再与原基站切断联系，而不是先切断与原基站的联系再与新的基站联通。软切换只能在同一频率的信道间进行，因此，模拟系统、TDMA 系统不具有这种功能。软切换可以有效地提高切换的可靠性，大大减少切换造成的深化。同时，软切换可以提供分集，从而保证通信质量。但是软切换也相应带来了一些缺点：导致硬件设备增加；降低了前向容量等。

(4) 高语音质量和低发射率。由于 CDMA 系统中采用有效的功率控制、强纠措能力的信道编码以及多种形式的分集技术，可以使基站和移动台以非常节约的功率发射信号，延长手机电池使用时间，同时获得优良的语音质量。

(5) 语音激活。典型的双工双向通话中，每次通话的占空比小于 35%，在 FDMA 和 TDMA 系统里，由于通话停等时重新分配信道存在一定时延，语音激活比较困难。CDMA 系统因为使用了可变速率声码器，在不讲话时传输速率降低，减轻了对其他用户的干扰，这就是 CDMA 系统的语音激活技术。

(6) 保密。CDMA 系统是基于扩频技术的一种通信系统，由于信号频谱的扩展，增加了系统的保密性。而且在用户通话时，CDMA 系统会为用户的每一通话，单独提供一个伪随机码，这种通话的码址共有 4.4 亿万种可能的排列，因此，在防止串话、盗用等方面具有其他系统不可比拟的优点。CDMA 的数字语音信道还可将数据加密标准或其他标准的加密技术直接引入。

3. 与 GSM 网络的区别

IS-95 CDMA 系统由 3 个独立的子系统组成：移动台(MS)、基站子系统(BSS)和网络交换子系统(NSS)。总体来看，其网络结构和 GSM 是相近的，但系统性能方面却优于 GSM 网络，主要体现在以下几个方面：

(1) CDMA 手机采用了先进的切换技术，即软切换技术，使得 CDMA 手机的通话可以与固定电话媲美。CDMA 的固有特点提供了优越的空中传播性能。由于 GSM 采用 TDMA 系统，因此带宽受限。尤其是 GSM 在前向纠错编码能力上比 CDMA 差。

(2) 因采用以扩频通信为基础的一种调制和多址通信方式，其容量比模拟技术高 10 倍，超过 GSM 网络约 4 倍。

(3) 基于宽带技术的 CDMA 使得移动通信中视频应用成为可能，从而使手机从只能打电话和发送短信息等狭窄的服务中走向宽带多媒体应用。

(4) GSM 系统要求到达基站的手机信号的载干比通常为 9 dB 左右，CDMA 系统通常要求解扩后信号的值为 7 dB 左右。

(5) 使用 CDMA 网络，覆盖区域更广。运营商的设备投资相对减少，这就为 CDMA 手机资费的下调预留了空间。

6.2.2 IS-95 CDMA 的空中接口

在 CDMA 系统的无线链路中，各种逻辑信道都是由不同的码序列来区分的。因为任何一个通信网络除主要传输业务信息外，还必须传输有关的控制信息。对于大容量系统一般采用集中控制方式，以便加快建立链路的过程。为此，CDMA 蜂窝系统在基站到移动台的传递方向(前向)上设置了导频信道、同步信道、寻呼信道和正向业务信道；在移动台至基站的传输方向(反向)上设置了接入信道和反向业务信道。

CDMA 蜂窝系统采用码分多址方式，收、发使用不同载频(收、发频差 45 MHz)，即通信方式是频分双工。一个载频包含 64 个逻辑信道，占有带宽约 1.25 MHz。由于前向传输和反向传输的要求和条件不同，因此逻辑信道的构成及产生方式也不同。

1. IS-95 空中参数

运营频段	824～849 MHz(反向)；869～894 MHz (前向)
双工方式	FDD
载波间隔	1.25 MHz
信道速率	1.2288 Mb/s
接入方式	FDMA/CDMA
调制方式	π/4QPSK，OQPSK
分集	RAKE 接收，天线分集
信道编码	卷积码，$K=9$，$R=1/3$(反向)；$K=9$，$R=1/2$(前向)
话音编码	QCELP 可变速率编码器
数据速率	9.6 kb/s、4.8 kb/s、2.4 kb/s、1.2 kb/s
正交扩频	六十四进制 Walsh 码
PN 序列周期	$2^{42}-1$ chips 和 2^{15} chips

2. IS-95 CDMA 的正向信道

IS-95 定义的正向传输逻辑信道如图 6-8 所示，包含 1 个导频信道、1 个同步信道、7 个寻呼信道和 55 个业务信道。

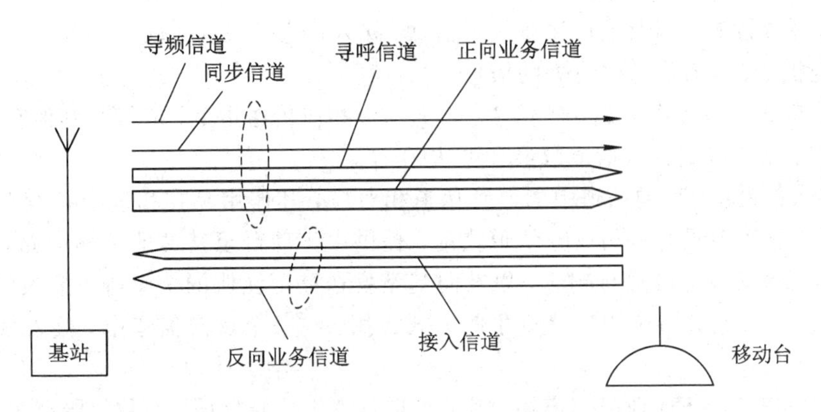

图 6-8　IS-95 CDMA 蜂窝系统的信道示意图

1）导频信道

导频信道用来传送导频信息，由基站连续不断地发送一种直接序列扩频信号，供移动台从中获得信道的信息并提取相干载波以进行相干解调。可对导频信号电平进行检测，以比较相邻基站的信号强度和决定是否需要越区切换。为了保证各移动台载波检测和提取检测波的可靠性，导频信道的功率高于业务信道和寻呼信道的平均功率。例如导频信道可占总功率的 20%，同步信道占 3%，每个寻呼信道占 6%，剩下的分给业务信道。

2）同步信道

同步信道用来传输同步信息，在基站覆盖范围内，各移动台可利用这些信息进行同步捕获。同步信道上载有系统时间和基站引导 PN 码的偏置系数，以实现移动台接收解调。同步信道在捕获阶段使用，一旦捕获成功，一般就不再使用。同步信道的数据速率是固定的，为 1200 b/s。

3）寻呼信道

寻呼信道供基站在呼叫建立阶段传输控制信息。在每个基站有一个或几个(最多 7 个)寻呼信道，当有市话用户呼叫移动用户时，经移动交换中心(MSC)或移动电话交换局(MTSO)送至基站，寻呼信道上就播送该移动用户识别码。通常，移动台在建立同步后，就在首选的寻呼信道(或在基站指定的寻呼信道上)监听由基站发来的信令，当收到基站分配业务信道的指令后，就转入指配的业务信道中进行信息传输。当小区内业务信道不够用时，某几个寻呼信道可临时作为业务信道。在极端情况下，7 个寻呼信道和一个同步信道都可改做业务信道。这时，总数为 64 的逻辑信道中，除去一个导频信道外，其余 63 个均用于业务信道。寻呼信道上的数据速率是 4800 b/s 或 9600 b/s，由经营者自行确定。

4）55 个正向业务信道

正向业务信道共有 4 种传输速率(9600 b/s、4800 b/s、2400 b/s、1200 b/s)。业务速率可以逐帧(20 ms)改变，以动态地适应通信者的语音特征。例如，发音时传输速率提高，停顿时传输速率降低。这样做，有利于减少 CDMA 系统的多址干扰，以提高系统容量。在业务信道中，还要插入其他的控制信息，如链路功率控制和过区切换指令等。

3. IS-95 CDMA 的反向信道

当移动台没有使用业务信道时，接入信道提供移动台到基站的传输通路，在其中发送呼叫、对寻呼进行响应以及登记注册等短信息。接入信道和正向传输中的寻呼信道相对应，以相互传送指令、应答和其他有关的信息。

接入信道和正向传输中的寻呼信道相对应，以相应传送指令、应答和其他有关的信息。每个寻呼信道所支撑的接入信道数最多可达32个。

n个接入信道：与前向信道中的寻呼信道相对应，其作用是在移动台接续开始阶段提供通路，即在移动台没有占用业务信道之前，提供由移动台至基站的传输通路，供移动台发起呼叫或对基站的寻呼进行响应，以及向基站发送登记注册的信息等。接入信道使用一种随机接入协议，允许多个用户以竞争的方式占用。在一个反向信道中，接入信道数n最多可达32个。

反向业务信道与正向业务信道相对应。反向信道中信号特征、参数等既有相同点(和正向信道比)，也有其自身的特点。在极端情况下，业务信道数m最多可达64个。每个业务信道用不同的用户长码序列加以识别。在反向传输方向上没有导频信道。所以基站在接收反向链路信号时，不能采用同步相干解调方式。

1）数据速率

接入信道用4800 b/s的固定速率。反向业务信道用9600 b/s、4800 b/s、2400 b/s和1200 b/s的可变速率。两种信道的数据中均加入编码器尾比特，用于把卷积编码器复位到规定的状态。

2）卷积编码

接入信道和反向业务信道所传输的数据都要进行卷积编码，卷积编码率为1/3，约束长度为9。

3）码元重复

反向业务信道的码元重复方法和正向业务信道一样。数据率为9600 b/s时，码元不重复；数据率为4800 b/s、2400 b/s和1200 b/s时，码元分别重复1次、3次和7次(每一码元连续出现2次、4次和8次)。这样就使各种速率的数据都变换成28800 s/s。

4）分组交织

所有码分布区重复之前都要进行分组交织。分组交织的跨度为20 ms。交织器组成的阵列是32行×18列(即576个单元)。

5）可变数据速率传输

为了减少移动台的功耗和减少它对CDMA信道产生的干扰，对交织器输出的码元用一时间滤波器进行选通，只允许所需码元输出，而删除其他重复的码元。

6）正交多进制调制

在反向CDMA信道中，把交织器输出的码元每6个作为1组，用$2^6=64$进制的Walsh函数之一进行传输。调制码元的传输速率为28800/6＝4800 s/s。调制码元的时间宽度为1/4800 s＝208.333 μs。每1调制码元含6个子码，因此Walsh函数的子码速率为64×4800＝307.2 kc/s，相应的子码宽度为3.255 μs。

7）直接序列扩展

在反向业务信道和接入信道传输的信号都用长码进行扩展。前者是数据猝发随机化产生器输出的码流与长码模 2 加；后者是六十四进制正交调制器输出的码流和长码模 2 加。

8）四相扩展

反向 CDMA 信道四相扩展所用的序列就是正向 CDMA 信道所用的 I 与 Q 引导 PN 序列。经过 PN 序列扩展之后，Q 支路的信号要经过一个延迟电路，把时间延迟 1/2 个子码宽度，再送入基带滤波器。

6.2.3　IS - 95 CDMA 的控制与管理

1. 功率控制

CDMA 系统中所有的移动台在相同的频段工作，所以系统内部的干扰在决定系统容量和通信方面起到关键作用。为了获得大容量、高质量的通信，CDMA 移动通信系统必须具有功率控制功能。

如果不采用功率控制，所有用户就会以相同的功率发射信号，这样离基站较近的移动台就会对较远的移动台造成相当大的干扰，这种现象称为远近效应。因此设计一种良好的功率控制方案对于 CDMA 系统的正常运行是非常重要的。研究表明，不采用功率控制技术的 CDMA 系统容量很小，甚至会小于 FDMA 系统的容量。在 CDMA 系统中采用功率控制的另一个原因，是尽可能利用最小的发射功率获得所需的传输质量，以延长用户终端中电池的寿命。这一点在功率控制中需要移动台(MS)和基站(BS)共同协调进行动态的功率控制才能够实现。

功率控制技术可按多种方式进行分类。

从通信的上、下行链路考虑，功率控制可以分为正向功率控制和反向功率控制，正向和反向功率控制是独立进行的。所谓的反向功率控制，就是对手机的发射功率进行控制；而正向功率控制，就是对基站的发射功率进行控制。

从环路类型来划分，功率控制还可分为开环功率控制、闭环功率控制和外环功率控制。开环功率控制仅是一种对移动台平均发射功率进行调节的方法；闭环功率控制是 MS 根据 BS 发送的功率控制指令来调节 MS 发射功率的方法；外环功率控制是为了适应无线信道的衰耗变化，达到系统所要求的误帧率而动态调整反向闭环功控中的信噪比门限的方法。

1）正向功率控制

正向功率控制的目的在于减小为那些静止状态、离基站较近、几乎不受多径衰落和阴影效应影响，或受其他小区干扰很小的用户所消耗的功率，以便将节省下来的功率给那些信道条件较差、离基站较远，或误码率很高的用户。

基站通过移动台对正向链路误帧率的报告和临界值进行比较来决定是增加发射功率还是减小发射功率。移动台的报告分为定期报告和门限报告。定期报告就是隔一段时间汇报一次，门限报告就是当 FER(误帧率)达到一定门限时才报告。这个门限是由运营者根据对话音质量的不同要求设置的。这两种报告可以同时存在，也可以只用一种，或者两种都不用，根据运营者的具体要求来设定。

在 TDD 模式下，在前向链路中，由小区内信号的同步性和移动台相干解调带来的增益会使前向链路的质量远好于反向链路，故在正向链路只需加入一个慢速的功控即可。

2）反向链路功率控制

(1) 反向开环功控。当移动台发起呼叫或响应基站的呼叫时，开环功控是首先工作的，目的是使所有移动台发出的信号在到达基站时有相同的功率值。

若移动台接收到的信号功率小，则表明在前向链路上此刻的衰耗大，并由此认为反向链路上的衰耗也将较大，于是为补偿这种预测的信道衰落，移动台将增大发射功率，反之减小。由于开环功控是为了补偿信道中的平均路径损耗、阴影效应以及地形地势所引起的信号的慢变化，所以有一个很大的动态范围：FDD模式为85 dB，TDD模式为－32 dB～32 dB，这就限制了它的功控效果。

(2) 反向闭环功控。反向闭环功控是反向功率控制的核心。由基站协助移动台，对移动台做出的开环功率估测迅速进行纠正，使移动台始终保持最理想的发射功率。移动台根据在前向业务信道上收到的功率控制指令快速(每1.25 ms)校正自己的发射功率，其中的功率控制指令(升或降)是由基站根据它所接收的移动台信号的质量来决定的：基站每隔1.25 ms检测一次解调的反向业务信道信号的信噪比SNR，然后将其与一设定的门限值作比较，以产生相应的功率控制命令并将其插入前向业务信道发送给移动台。功率控制比特("0"或"1")是连续发送的，其速率为每比特1.25 ms(即800 b/s)。"0"比特指示移动台增加平均输出功率，"1"比特指示移动台减少平均输出功率。每个功率控制比特使移动台增加或减少功率的大小为1 dB。

(3) 反向外环功控。反向外环功控即为了适应无线信道的衰耗变化，达到系统所要求的反向业务信道的误帧率而动态调整反向闭环功控中的信噪比门限，以保证在信道环境不断变化的情况下，维持通信质量不变。通常系统都有一定的服务质量目标值，该目标值设置不能太低或太高，过低将使通信链路质量不能满足业务需求，过高会造成大量资源浪费，降低整体系统容量。

3）几种功率控制方法的对比

开环功率控制完全是建立在对接收信号能量的评估和比较的基础之上的，算法相对简单。它对移动台发射功率的调整使用的是"一步到位"的方法，信道衰落多少就补偿多少。因而，在这个意义上，开环功率控制具有很高的功控"梯度"。这在快变的信道里将会带来误调，造成系统性能的恶化。一般地，这种功控的不准确性要通过更精确的闭环功控来补偿。

闭环功率控制是基于检测接收机端的接收信噪比来进行发射功率调整的。不同的功控速度、步长和信噪比门限都会影响功控的效果。其中，信噪比门限的确定对功控的影响尤为重要。这就要求，调整该门限的外环功控要及时反映信道特性的变化，即可认为该门限是特定用户所处信道环境衰落速度和衰落特性的函数。许多研究已证明，小区内所有用户的功控信噪比门限的均值直接决定了系统容量。

WCDMA、TD-SCDMA的上、下行链路都采用了快速功率控制，所以上、下行链路都需外环功控。WCDMA的上、下行都支持1.5 kHz频率的快速功率控制，GSM中只有慢速功率控制(2 Hz)，IS-95只在上行支持800 Hz的功率控制，TD-SCDMA功控频率为200 Hz。

4）功率控制的主要参数

(1) 功率控制(功控)的速率设置。

功控时间间隔过长，会导致无线信号的电平跟不上无线环境的变化，突然的衰落和干扰会导致掉话；

功控时间越短，越有利于无线信号应对无线环境的变化，但会增加对系统计算能力和复杂性的要求。

理想的功率控制是刚好跟上信道的变化速率，但跟上的程度与干扰的程度有关。干扰程度越高越希望能跟上信道的变化速率，因此对 3G 主流标准的功率控制频率满足以下关系：

WCDMA＞CDMA 2000＞TD - SCDMA

(2) 功率控制的步长设置。

如果每次功控调整的步长过小，就跟不上无线环境的变化。

如果每次调整步长过大，如功率增加过大，会导致功率供给大于功率需求，造成资源浪费，引起干扰；功率降低过大，会导致信号电平降低过快，引起通话质量下降甚至掉话。

功控的步长一般采用“快升慢降”原则，例如，如果需要增大功率，功率每次增加 0.5 dB；而如果需要降低功率，则每次只降低 0.2 dB。若无线环境突然变坏，为了保证通话质量，避免掉话，应迅速把功率升上去；当不需要这么大功率时，再慢慢降下来。

2. 同步与定时

同步与定时有两个含义：一个是系统定时，又叫全局定时，可采用 GPS 或移动交换中心时间标准定时。在全局定时的诸多作用中，保证成功进行软切换是其重要作用之一，要求定时精度不低于 20 ns；另一个是移动台与基站(或系统)的定时同步，这个定时同步采用扩频相关处理、帧同步和扩频信号相位传送相结合的办法实现。

在 CDMA 系统中，各基站配有 GPS 接收机，保证系统中各基站有统一的时间基准，即 CDMA 蜂窝系统的公共时间基准。小区内所有移动台均以基站的时间基准作为各移动台的时间基准，从而保证全网的同步。

CDMA 系统的初始同步包括 PN 码同步、符号同步、帧同步和扰码同步等。IS - 95 系统通过导频信道的捕获建立 PN 码同步和符号同步，通过同步信道的接收建立帧同步和扰码同步。扩频序列的同步是扩频系统接收机所要完成的首要步骤，没有扩频序列的同步，接收机的解调将无从谈起。扩频序列的同步可以通过捕获和跟踪两个阶段来完成。在捕获阶段，获取的是扩频序列的粗同步，使本地产生的扩频序列与接收到的扩频序列之间的相位差小于某个门限，在实际系统中通常以半个码片时间为间隔，进行粗同步。捕获一旦完成，将启动跟踪环路，进一步精确地调整本地扩频序列的相位，使本地序列与接收信号中的扩频序列相位误差更小，并且在外来因素干扰下能自动地保持这种高精度的相位对齐关系。

1) 扩频序列的捕获

扩频序列的捕获是指接收机在开始接收扩频信号时调整和选择本地扩频序列的相位，使收发信机扩频序列的相位一致，所以捕获又叫扩频序列的初始同步或粗同步过程。由于捕获过程通常在载波同步之前进行，载波的相位是未知的，所以大多数的捕获方法都采用非相干检测。从理论上讲，匹配滤波器方法是获得伪随机序列初始同步的最佳方案，但实现起来需要多个并行的支路，故适用于短周期 PN 序列的捕获。PN 序列的捕获也可以采用基于滑动相关的串行捕获方案，其本质是假设检验，相关器对所有可能的相位假设进行串行搜索，即先对当前不正确的假设进行测试并将其排除，再进行下一个假设的测试。显然，这种串行搜索的方法需要较多的时间去排除错误的相位，故相位搜索速度较慢。

2）定时跟踪技术

完成扩频序列的捕获以后，本地序列相位同接收信号的相位基本一致，通常误差在1/2个码片时间之内。由于收发时钟的不稳定性、收发信机之间的相对运动以及传播路径时延变化等因素，已同步的本地序列相位会出现某种抖动偏差。因此扩频通信系统为了保证准确、可靠地工作，除了要实现扩频序列的捕获，还要进行扩频序列的跟踪。跟踪过程又叫细同步过程，跟踪环路不断校正本地序列发生的时钟相位，使本地序列的相位变化与接收信号相位变化保持一致，实现对接收信号的相位锁定。跟踪的本质在于正确估计出本地序列与接收信号的相位差，并根据相位差产生能缩小该相位差的控制信号，保证本地序列相位变化与接收信号一致。伪随机序列的定时跟踪通常可以采用基于延迟门定时误差检测器的延迟锁定环。

3. 软切换

软切换是建立在CDMA系统宏分集接收基础上的一种技术，它已成功地应用于IS-95 CDMA系统，并被第三代移动通信系统所采纳。软切换是IS-95系统引入的一个新概念，除了技术实现上的改善之外，还给通信话音质量和系统容量等方面带来了增益。

在CDMA蜂窝系统中，像模拟蜂窝系统和数字蜂窝系统一样，存在着移动用户越区切换及漫游的信道切换。不同的是，FDMA、TDMA系统均采用硬切换，而在CDMA蜂窝系统中的信道切换可分为两大类：硬切换和软切换。

硬切换是指在载波频率指配不同的基站覆盖小区之间切换。这种硬切换将包括载波频率和引导信道PN序列偏移的转换。在切换过程中，移动用户与基站的通信链路有一个很短的中断时间。

软切换是指在引导信道的载波频率相同时小区之间的信道切换。这种软切换只是引导信道PN序列偏移的转换，而载波频率不发生变化。在切换过程中，移动用户与原基站和新基站都保持着通信链路的连接，可同时与两个(或多个)基站通信，然后才断开与原基站的链路，保持与新基站的通信链路的连接。因此，软切换没有通信中断的现象，提高了通信质量。

习题 6

1. 简述GSM网络的基本结构。
2. 什么是逻辑信道？什么是物理信道？
3. 简述GSM网络接口功能。
4. 简述IS-95 CDMA系统的前向和反向信道的传输结构。

第 7 章　3G 移动通信系统

7.1　3G 概　述

7.1.1　3G 发展背景

第三代移动通信系统的英文全称为 The 3rd Generation Mobile Communication System(3G)。

第三代移动通信系统可以定义为：一种能提供多种类型、高质量、高速率的多媒体业务；能实现全球无缝覆盖，具有全球漫游能力；与其他移动通信系统、固定网络系统、数据网络系统相兼容；主要以小型便携式终端，在任何时间、任何地点，进行任何种类通信的移动通信系统。

第三代移动通信系统最初的研究工作开始于 1985 年，当时国际上第一代的模拟移动通信系统正在大规模发展，第二代移动通信系统刚刚出现。国际电信联盟(ITU)成立了工作组，突出了未来公共陆地移动通信系统(FPLMTS)，其目的是形成全球统一的频率与统一的标准，实现全球无缝漫游，并提供多种业务。1996 年，FPLMTS 正式更名为国际移动通信 2000(IMT－2000)。欧洲电线标准协会(ETSI)从 1987 年开始研究，将该系统称为通用移动通信系统(UMTS)。经过多年的磨合，ITU 最终通过了 4 种主流的 IMT－2000 无线接口规范。

ITU 将 3G 命名为：IMT－2000，它的寓意是：

- 在 2000 MHz(2 GHz)频段运行。
- 可承载 2000 kb/s 峰值数据传输业务。
- 在公元 2000 年左右商用部署。
- 为全球标准设计，即为 IMT (International Mobile Telecommunications)。

3G 的产生背景是在 20 世纪 90 年代，当时数字蜂窝移动通信系统(2G)取得了极大成功，但是对于数据业务和多媒体移动还有更多的通信需求，但是 2G 系统的技术局限性和业务承载能力有限，比如 2G 只解决地区间漫游，无法达到全球统一标准，有的国家由于没采用国际标准，技术产品无法向世界推广，急于重新开始；同时因特网技术迅猛发展，给电信系统的发展以鼓励；产业环境以及技术进步使 3G 系统建设成为可能，因此按 ITU 计划，10 年一代的基本规律，时间节点到达(1998)。

7.1.2 3G的典型特征

ITU最初的想法是，IMT-2000不但要满足多速率、多环境、多业务的要求，还应能通过一个统一的系统来实现。因此，它有以下几项基本要求：

(1) 全球性标准。

(2) 全球使用公共频带。

(3) 能够提供具有全球性使用的小型终端。

(4) 具有全球漫游能力。

(5) 在多种环境下支持高速的分组数据传输速率。

ITU规定，第三代移动通信系统的无线传输技术必须满足以下3种传输速率要求：在快速移动环境下(车载用户)，最高传输速率达到144 kb/s；在步行环境下，最高传输速率达到384 kb/s；在固定位置环境下，最高传输速率达到2 Mb/s。

7.1.3 3G的基本特点

下面是从各个维度总结的3G网络的基本特点，便于大家对3G网络有更深刻的认识：

(1) 多址方式：无一例外地选用CDMA技术。

(2) 业务能力：增强了对中高速数据业务的支持(多媒体，互联网业务)。

(3) 网络结构：针对数据业务进行了优化，无论是传输技术，还是控制协议都支持分组业务。

(4) 关键技术：使用一些新技术，如快速寻呼、发射分集、前向闭环功率控制、Turbo码及新型语音处理器。

(5) 系统性能：容量大、质量高及支持复杂业务。

(6) 安全体制：总体而言，3G的安全体制是建立在2G的体制基础之上。一方面，保留了2G的优良安全策略；另一方面，改进了其中的很多不足。对3G中出现的新业务也提供安全保护。

(7) 安全目标：防范伪基站攻击、用户身份截取、伪用户攻击、搭线窃听、弱密钥攻击、截取来话攻击、欺骗网络或用户的拒绝式服务攻击等。对于军用网络，很多防攻击方式更需要加强。

与2G相比，3G改进的地方如下：

(1) 防范伪基站攻击，所有2G系统不具备。

(2) 在射频接口加密上，更长的密钥长度和更稳健的加密算法。

(3) 提供各服务网之间的安全保护机制。

(4) 从交换机到基站之间的链路也受到保护。

(5) 提供数据完整性保护。

7.1.4 3G的标准化组织

第三代移动通信标准主要由3个国际性标准组织：3GPP、3GPP2和OMA制定。在国内，中国无线通信标准研究组(CWTS，后成为中国通信标准化协会下属的无线通信技术工作委员会 TC5）在不断参与国际标准研讨和定义的同时，也在加强我国的无线标准制定工作。

1. 第三代合作伙伴计划（3GPP）

3GPP 是一个积极倡导 UMTS 的标准化组织，于 1998 年年底成立，成员主要包括 ARIB（日本）、ETSI（欧洲）、TTA（韩国）、TTC（日本）和 T1P1（美国）。1999 年后半年，原中国无线通信标准组（CWTS，现在更名为中国通信标准化协会，CCSA）也加入到 3GPP 中来并贡献了 TD－SCDMA 技术。

3GPP 旨在研究制定并推广基于演进的 GSM 核心网络的 3G 标准，即 WCDMA、TD－SCDMA和 EDGE。3GPP 的目标是实现由 2G 网络到 3G 网络的平滑过渡，保证未来技术的后向兼容性，支持轻松建网及系统间的漫游和兼容性。为了满足新的市场需求，3GPP 规范不断增添新特性来增强自身能力。为了向开发商提供稳定的实施平台并添加新特性，3GPP 使用并行版本体制，主要版本有：

（1）99：最早出现的各种第三代规范被汇编成最初的 99 版本，于 2000 年 3 月完成，后续版本不再以年份命名。

（2）Release 4：全套 3GPP 规范被命名为 Release 4（R4）。R4 规范在 2001 年 3 月“冻结”，意为自即日起对 R4，只允许进行必要的修正而推出修订版，不再添加新特性。

（3）Release 5：（如果规范在冻结期后发现需要添加新特性，则要制定一个新版本规范）。目前，新特性正在添加到 Release 5（R5）中。第一个 R5 的版本已在 2002 年 3 月冻结，未能及时添加到 R5 中的新特性将包含在后续版本 R6 中。

目前除了以上版本，3GPP 陆续推出了 Release 6、Release 7、Release 8、Release 9、Release 10 等版本。

2. 第三代合作伙伴计划 2（3GPP2）

3GPP2 主要制定以 ANSI－41 核心网为基础，CDMA 2000 为无线接口的第三代技术规范。3GPP2 内有四个小组具体制定技术规范。TSG－A 主要负责制定无线接入网的技术标准，TSG－C 主要负责制定 CDMA 2000 的技术标准，TSG－S 负责系统和业务方面，TSG－X 负责核心网的技术标准。到目前为止，3GPP2 发布的 CDMA 2000 标准共有 4 个版本。

（1）CDMA 2000 Release 0：这是 CDMA 2000 标准的第一个版本，由 TLA 于 1999 年 6 月制定完成。Release 0 版本使用 IS－95B 的开销信道，并添加了新的业务信道和补充信道。3GPP2 在此基础上发布了以后几个版本的标准。

（2）CDMA 2000 Release A：Release A 于 2000 年 3 月由 3GPP2 制定完成，该版本中添加了新的开销信道及相应的信令。

（3）CDMA 2000 Release B：Release B 改动很少，于 2002 年 4 月由 3GPP2 制定完成。在该版本中，新添加了补救信道，该信道的作用是：在切换等状态下信道分配失效时，使移动台仍有一个最基本的信道可用，以提供保持连接的能力。

（4）CDMA 2000 Release C：Release C 于 2002 年 5 月由 3GPP2 制定完成。在该版本中，前向链路增加了对 EV－DV 的支持，以提高数据吞吐量。

在目前正在制定的 CDMA 2000 Release D 版本中，将在反向链路支持 EV－DV，以提升反向链路的数据性能。

3. 开放移动联盟(OMA)

OMA 创始于 2002 年 6 月，最初是由 WAP 论坛和开放式移动体系结构两个标准化组织通过合并成立的。随后，区域互用性论坛 LIF、互用性研究组 MMS 和无线协会这些致力于推进移动业务规范工作的组织又相继加入 OMA。截至 2002 年 11 月份，OMA 已发展成员公司约 300 家，其成员公司包括了世界主要的移动运营商、设备和网络供应商、信息技术公司以及应用开发商和内容提供商。

OMA 的主要任务是收集市场需求并制定规范，清除互操作性发展的障碍，加速各种全新的增强型移动信息、通信和娱乐服务及应用的开发和应用。OMA 代表了无线通信业的革新趋势，它鼓励价值链上所有的成员通过更大程度地参与行业标准的制定，建立更加完整的、端到端的解决方案。

OMA 拥有众多来自全球的成员单位，主要包括移动运营商、无线设备提供商、信息技术(IT)公司和内容提供商四大类成员单位。目前 OMA 的会员在全球分布相对平衡，1/3 来自亚洲，1/3 来自北美，1/3 来自欧洲。OMA 在中国的会员包括：中国移动、中国联通、中国电信等运营商，华为、中兴等制造商，这些成员构成了完整的移动业务价值链。

OMA 的远景目标是为整个无线价值链的共同协作提供一个论坛，以确保为全球商业用户和消费者提供无缝的移动业务。

4. WIMAX

WIMAX 于 2001 年成立，是一个由众多无线通信设备和器件供应商发起的非营利性组织，其目标是促进 IEEE 802.16 标准规定的宽带无线网络的应用推广，保证采用相同标准的不同厂家宽带无线接入设备之间的互通性或互操作性。

5. 国际电信联盟(ITU)

ITU 是世界各国政府的电信主管部门之间协调电信事务的一个国际组织，现有 189 个成员，总部设在日内瓦，是联合国的 15 个专门机构之一，但在法律上不是联合国附属机构，其决议和活动不需要联合国批准。

7.2 CDMA 2000

1998 年，ITU-R 面向全世界征集 IMT-2000 候选无线传输技术，同年 6 月 30 日，中国电信科学技术研究院(后改制为大唐电信集团)代表中国向国际电信联盟提交了第三代移动通信标准提案 TD-SCDMA(时分同步码分多址)；次年 10 月，3GPP 接受了 TD-SDMA 作为 3GPP TDD 模式的低码片速率选项，并提出了集成的概念，将 TD-SCDMA 技术集成到具体的技术规范当中；1999 年 11 月 3 日，TD-SDMA 标准提案被 ITU 写入第三代移动通信空中接口技术规范的建议中；2000 年 5 月 5 日，在土耳其召开的国际电信联盟全会上，TD-SCDMA 被批准为国际电联的正式标准。

自 2001 年 3 月开始，TD-SCDMA 正式写入 3GPP 的 Release 4 版本，目前 TD-SCDMA

有 Release 4～Release 8 等版本；2002 年 10 月 23 日，我国原信息产业部公布 TD－SCDMA 频谱规划，为 TD－SCDMA 标准划分了共计 155 MHz 的非对称频段；2006 年 1 月 20 日，原信息产业部正式颁布了 TD－SCDMA 系列的行业标准，为其商业运营打下了良好基础。

7.2.1 CDMA 2000 系统的组成与网络结构

CDMA 2000 网络主要由 BTS、BSC 和 PCF、PDSN 等节点组成，网络接口协议模型图如图 7－1 所示，网元与网元之间采用不同的协议及接口。

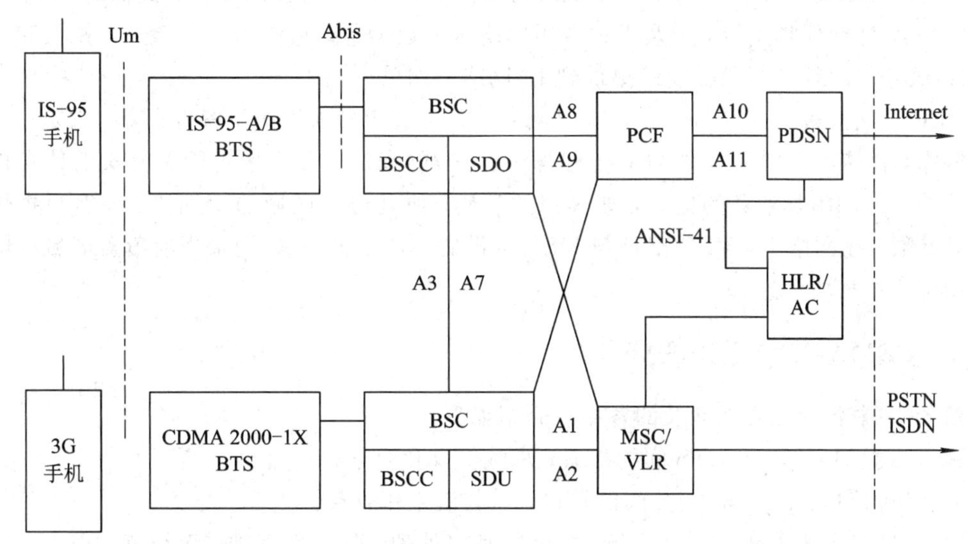

图 7－1 网络接口协议模型图

基站收发信机(BTS)受控于基站控制器(BSC)，属于基站子系统(BSS)的无线部分，服务于某小区的无线收发信设备，实现 BTS 与移动台(MS)空中接口的功能。BTS 主要分为基带单元、载频单元和控制单元三部分。基带单元主要用于话音和数据速率适配以及信道编码等；载频单元主要用于调制/解调与发射机/接收机间的耦合；控制单元则用于 BTS 的操作与维护。BTS 中存储编码算法和密钥，用于解密接收到的密文形式的用户数据和信令数据(包括解密)。

基站控制器(BSC)是基站收发信机(BTS)和移动交换中心之间的连接点，也为 BTS 和 MSC(移动交换中心)之间交换信息提供接口。一个 BSC 通常控制几个 BTS，其主要功能是进行无线信道管理、实时呼叫和建立或拆除通信链路，并对本控制区内移动台的过区切换进行控制等。BSC 的逻辑组成单元包括操作维护单元(OMU)、接入单元(AU)、处理单元(PU)、交换单元(SU)和外围设备监控单元(PMU)。

PCF 设备是无线域和分组域接口的设备，由于 A8/A9 不要求开放，PCF 设备可能是集成在 BSC/MSC 中的某些板卡，也可能是单独的设备。用户连接时，MSC 根据服务选项来判断用户是申请语音业务还是数据业务，如果是数据业务，则触发 PCF 设备和 PDSN 建立连接。PCF 设备和 PDSN 之间的连接称为 RP 接口，也称为 A10/A11 接口。A10 为数据接口，A11 为信令接口，信令接口负责 RP 通道的建立、维持和拆除，数据接口负责用户数据的传输。

PDSN 是在 CDMA－1X 系统分组域中负责建立和终止点到点协议(PPP)连接、为简单 IP 用户终端分配动态地址等工作的节点，作用是为 MS 始呼或终呼的分组数据业务提供路由。PDSN 负责建立、维护和终止至移动台的链路层话路，提供互联网、内联网和应用服务器，并利用无线接入网络(RAN)对手机进行访问。PDSN 作为接入网关，提供简单 IP 和移动 IP 接入，外地代理支持，以及虚拟专用网络传输数据包。它作为身份验证，授权和计费(AAA)服务器的客户端和移动站提供到 IP 网络的网关。

VLR 英文全称为 Visitor Location Register，中文含义为拜访位置寄存器，它是一个动态数据库，存储所管辖区域中 MS(统称拜访客户)的来话、去话呼叫所需检索的信息以及用户签约业务和附加业务的信息，如客户的号码、所处位置区域的识别码、向客户提供的服务等参数。在网络中，VLR 都是与 MSC 合设的，以协助 MSC 记录当前覆盖区域内的所有移动用户的相关信息。

7.2.2 CDMA 2000 系统的接口

图 7－1 中各网元之间涉及的各接口介绍如下：

· Um 接口：MS 与 BTS 间的接口，承载信令和业务。

· Abis 接口：BSC 与 BTS 间的接口，承载信令和业务。

· A1 接口主要承载 BSS 和 MSC 之间与呼叫处理、移动性管理、无线资源管理、鉴权和加密有关的信令消息。

· A2 接口主要承载基站侧 SDU 与 MSC 侧交换网络之间的 64/56K PCM 数据码流。

· A3 接口用于支持移动台处于业务信道状态时所发生的 BSS 之间的软切换，包括信令接口和业务接口。

· A7 接口用于支持移动台处于非业务信道状态时所发生的 BSS 之间的切换，并支持移动台在进行 BSS 之间软切换，需要建立新业务时的控制流程。

· A8 接口：承载 BSC 与 PCF 间的业务。

· A9 接口：承载 BSC 与 PCF 间的信令。

· A10 接口：承载 PCF 与 PDSN 间的业务。

· A11 接口：承载 PCF 与 PDSN 间的信令

7.2.3 CDMA 2000 系统的关键技术

CDMA 2000 系统的关键技术主要包括功率控制、软切换、RAKE 接收机和呼吸效应等。下面将分别介绍各项关键技术在 CDMA 2000 系统中的应用情况。

1. 功率控制

1) 功率控制的目的

CDMA 的功率控制包括前向功率控制和反向功率控制。

如果小区中的所有用户均以相同功率发射，则靠近基站的移动台到达基站的信号强，远离基站的移动台到达基站的信号弱，导致强信号掩盖弱信号，这就是移动通信中的“远近效应”问题。

因为 CDMA 是一个自干扰系统，所有用户共同使用同一频率，所以“远近效应”问题更加突出。CDMA 系统中某个用户信号的功率(包括前向和反向) 较强，对该用户被正确接收是有利的，但却会增加对共享的频带内其他用户的干扰，甚至淹没其他用户的信号，结果使其他用户通信质量劣化，导致系统容量下降。为了克服远近效应，必须根据通信距离的不同，实时地调整发射机的功率，这就是“功率控制”。“远近效应”如图 7 - 2 所示。

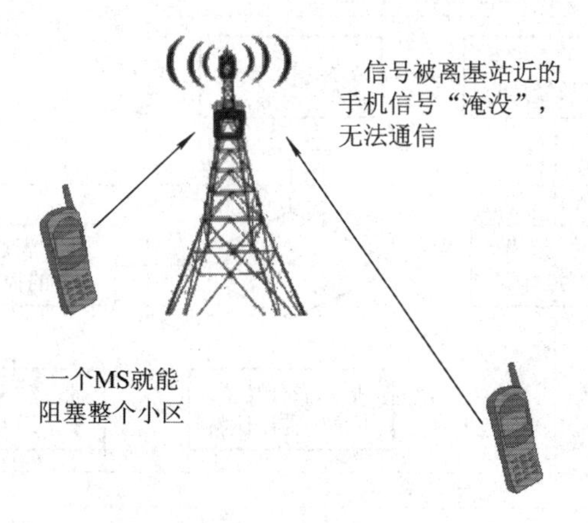

图 7 - 2　CDMA 的远近效应

功率控制的原则如下：

(1) 控制基站、移动台的发射功率，要首先保证信号经过复杂多变的无线空间传输后到达对方接收机时，能满足正确解调所需的解调门限。

(2) 在满足上一条的原则下，尽可能降低基站、移动台的发射功率，以降低用户之间的干扰，使网络性能达到最优。

(3) 距离基站近的移动台比距离基站远的或者处于衰落区的移动台的发射功率要小。

2) 前向功率控制

CDMA 的前向信道功率要分配给前向导频信道、同步信道、寻呼信道和各个业务信道。基站需要调整分配给每一个信道的功率，使处于不同传播环境下的各个移动台都得到足够的信号能量。前向功率控制的目的就是实现合理分配前向业务信道功率，在保证通信质量的前提下，使其对相邻基站/扇区产生的干扰最小，也就是使前向信道的发射功率在满足移动台解调最小需求信噪比的情况下尽可能的小。

移动台通过 Power Measurement Report Message(功率测量报告消息)上报当前信道的质量状况：上报周期内的坏帧数、总帧数。BSC 据此计算出当前的 FER，与目标 FER 相比，以此来控制基站进行前向功率调整。

3) 前向快速功率控制

CDMA 系统的实际应用表明，系统的容量并不仅仅取决于反向容量，往往还受限于前向链路的容量。这就对前向链路的功率控制提出了更高的要求。

通过调整，既能维持基站与位于小区边缘的移动台之间的通信，又能在较好的通信传输特性时最大限度地降低前向发射功率，减少对相邻小区的干扰，增加前向链路的相对容量。

前向快速功率控制分为前向外环功率控制和前向闭环功率控制。在外环使能的情况下，两种功率控制机制共同起作用，达到前向快速功率控制的目标。前向快速功率控制虽然发生作用的点在基站侧，但是进行功率控制的外环参数和功率控制比特都是基于移动台检测前向链路的信号质量并计算后得出的结果，最后的结果通过反向导频信道上的功率控制子信道传给基站。原理图如图 7-3 所示。

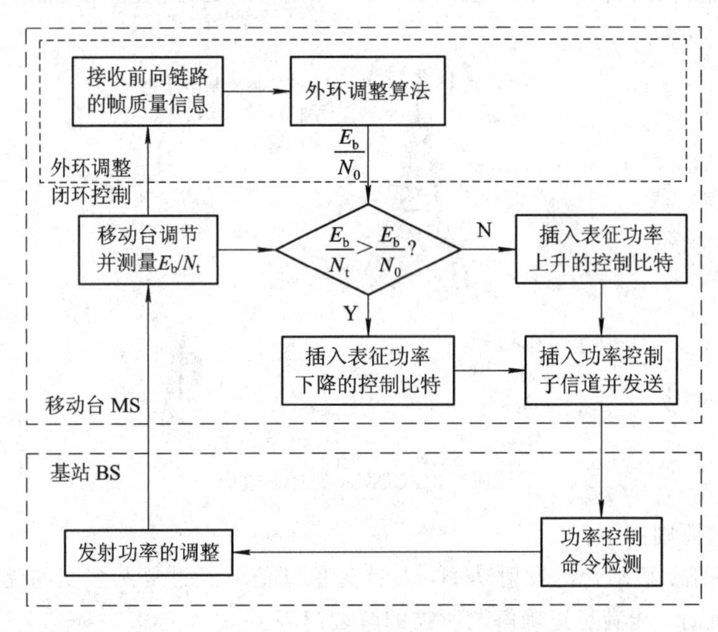

图 7-3　前向快速功率控制原理图

4) 反向功率控制

在 CDMA 系统的反向链路中也引入了功率控制，通过调整用户发射机功率，使各用户不论在基站覆盖区的什么位置和经过何种传播环境，都能保证各个用户信号到达基站接收机时具有相同的功率。在实际系统中，由于用户的移动性，使用户信号的传播环境随时变化，致使每时每刻到达基站时所经历的传播路径、信号强度、时延、相移都随机变化，接受信号的功率在期望值附近起伏变化。

反向功率控制包括三种：开环功率控制、闭环功率控制和外环功率控制。

在实际系统中，反向功率控制是由上述三种功率控制共同完成的，即首先对移动台发射功率做开环估计，然后由闭环功率控制和外环功率控制对开环估计做进一步修正，力图做到精确的功率控制。

(1) 反向开环功率控制。CDMA 系统的每一个移动台都一直在计算从基站到移动台的路径损耗，当移动台接收到的从基站来的信号很强时，表明要么离基站很近，要么有一个特别好的传播路径，这时移动台可降低它的发送功率，而基站依然可以正常接收；相反，当移动台接收到的信号很弱时，它就增加发送功率，以抵消衰耗，这就是开环功率控制。开环功率控制简单、直接，不需在移动台和基站之间交换控制信息，同时控制速度快并节省开销。反向开环功率控制的原理如图7-4所示。

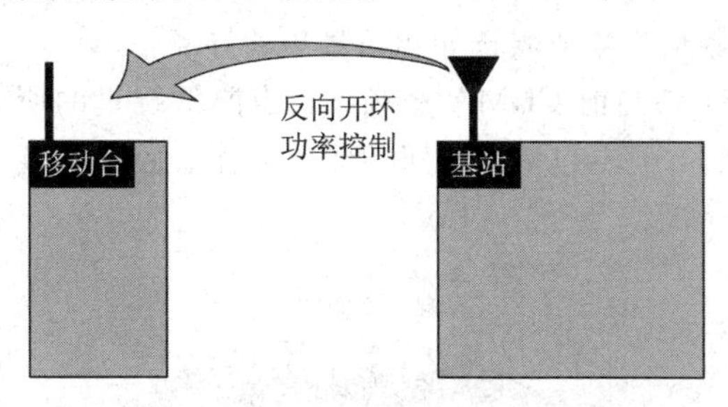

图7-4 反向开环功率控制的原理图

(2) 反向闭环功率控制。反向闭环功率控制又分为反向内环功率控制和反向外环功率控制两部分。内环在基站接收移动台的信号后，将其强度与一门限(下面称为“闭环门限”)相比，如果高于该门限，就向移动台发送“降低发射功率”的功率控制指令；否则发送“增加发射功率”的指令。外环的作用是对内环门限进行调整，这种调整是根据基站所接收到的反向业务信道的指令指标(误帧率)的变化来进行的。通常FER都有一定的目标值，当实际接收的FER高于目标值时，基站就需要提高内环门限，以增加移动台的反向发射功率；反之，当实际接收的FER低于目标值时，基站就适当降低内环门限，以降低移动台的反向发射功率。最后，在基站和移动台的共同作用下，使基站能够在保证一定接收质量的前提下，让移动台以尽可能低的功率发射信号，以减小对其他用户的干扰，提高容量。反向闭环功率控制原理如图7-5所示。

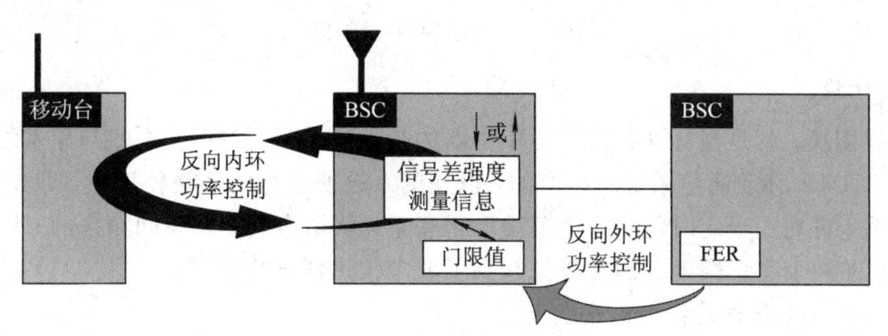

图7-5 反向闭环功率控制原理图

2. 软切换

1) 软切换的导频集

“导频信号”可用一个导频信号序列偏置和一个载频标明，一个导频信号集的所有导频信号具有相同的CDMA载频。移动台搜索导频信号以探测现有的CDMA信道，并测量它们的强度，当移动台探测到一个导频信号具有足够的强度，但并不与任何分配给它的前向业务信道相联系时，它就发送一条导频信号强度测量消息至基站，基站分配一条前向业务信道给移动台，并指示移动台开始切换。业务状态下，相对于移动台来说，在某一载频下，所有不同偏置的导频信号被分类为如下集合(见图7-6)：

· 有效导频信号集：所有与移动台的前向业务信道相联系的导频信号。

· 候选导频信号集：当前不在有效导频信号集内，但是已经具有足够的强度，能被成功解调的导频信号。

· 相邻导频信号集：由于强度不够，当前不在有效导频信号集或候选导频信号集内，但是可能会进入有效导频信号集或候选导频信号集的导频信号。

· 剩余导频信号集：在当前 CDMA 载频上，当前系统里的所有可能的导频信号集合(PILOT_INCs 的整数倍)，但不包括在相邻导频信号集、候选导频信号集和有效导频信号集里的导频信号。

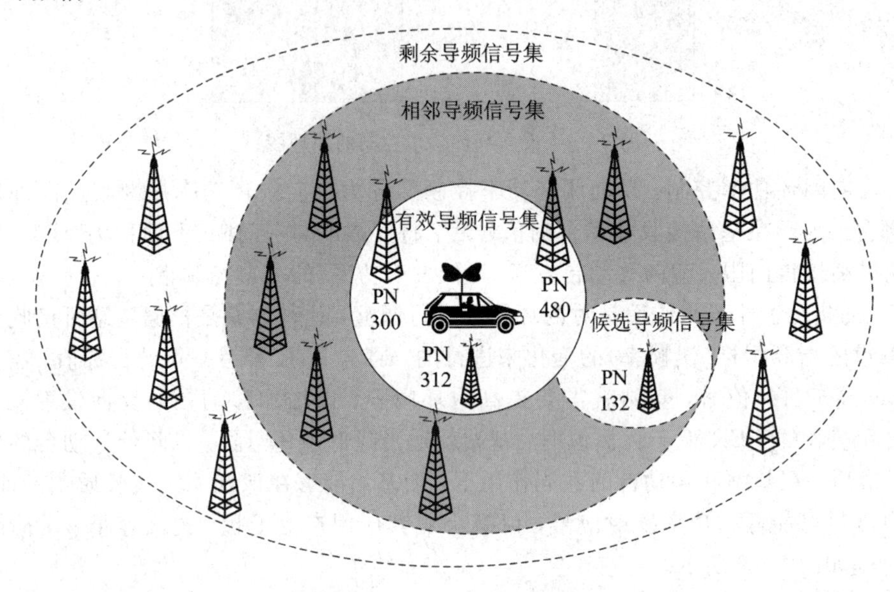

图 7-6　软切换的导频集

2) 软切换

所谓软切换，就是当移动台需要与一个新的基站通信时，并不先中断与原基站的联系。软切换是 CDMA 移动通信系统所特有的，以往的系统所进行的都是硬切换，即先中断与原基站的联系，再在一指定时间内与新基站取得联系。软切换只能在相同频率的 CDMA 信道间进行，它在两个基站覆盖区的交界处起到了业务信道的分集作用。

软切换有以下几种式：

(1) 同一 BTS 内相同载频不同扇区之间的切换，也就是通常说的更软切换。

(2) 同一 BSC 内不同 BTS 之间相同载频的切换。

(3) 同一 MSC 内，不同 BSC 之间相同载频的切换。

FDMA、TDMA 系统中广泛采用硬切换技术，当硬切换发生时，因为原基站与新基的载波频率不同，移动台必须在接收新基站的信号之前，中断与原基站的通信，往往由于在与原基站链路切断后，移动台不能立即得到与新基站之间的链路，会中断通信。另外，当硬切换区域面积狭窄时，会出现新基站与原基站之间来回切换的“乒乓效应”，影响业务信道的传输。在 CDMA 系统中提出的软切换技术，与硬切换技术相比，具有以下优点：

(1) 软切换发生时，移动台只有在取得了与新基站的链接之后，才会中断与原基站的联系，通信中断的概率大大降低。

(2) 软切换进行过程中，移动台和基站均采用了分集接收的技术，有抵抗衰落的能力，不用过多增加移动台的发射功率；同时，基站宏分集接收保证在参与软切换的基站中，只需要有一个基站能正确接收移动台的信号就可以进行正常的通信，由于通过反向功率控制，可以使移动台的发射功率降至最小，这进一步降低了移动台对其他用户的干扰，增加了系统反向容量。

(3) 进入软切换区域的移动台即使不能立即得到与新基站通信的链路，也可以进入切换等待的排队队列，从而减少了系统的阻塞率。

软切换示意图如图 7－7 所示。

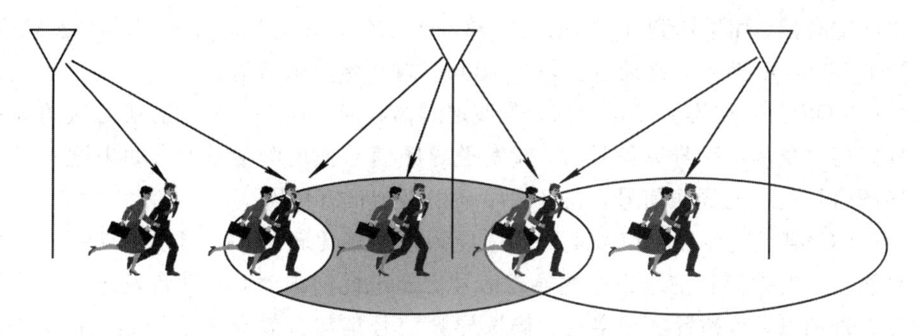

图 7－7　软切换示意图

更软切换是指发生在同一基站下不同扇区之间的切换，见图 7－8。在基站收发机(BTS)侧，不同扇区天线的接收信号对基站来说就相当于不同的多径分量，由 RAKE 接收机进行合并后送至 BSC，作为此基站的语音帧。而软切换是由 BSC 完成的，将来自不同基站的信号都送至选择器，由选择器选择最好的一路，再进行话音编解码。

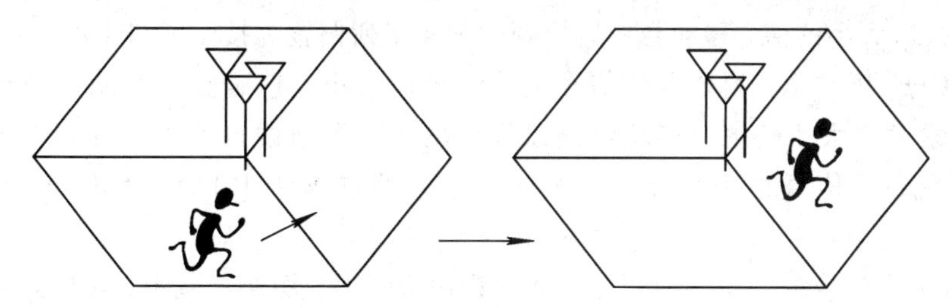

图 7－8　更软切换示意图

软切换和更软切换的区别如图 7－9 所示。

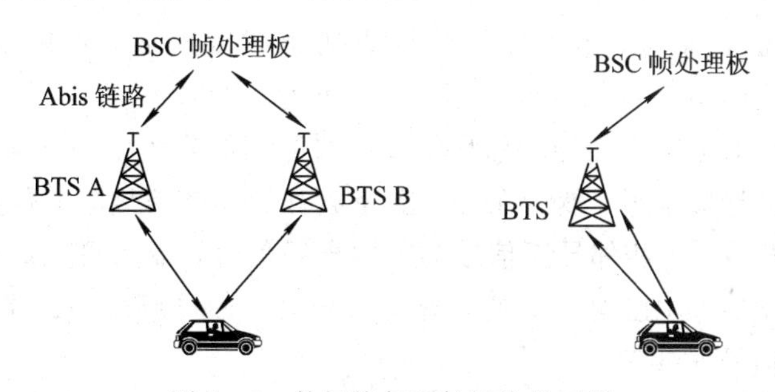

图 7－9　软切换与更软切换的区别

由图 7－9 可以看出，软切换由 BSC 帧处理板进行选择合并，更软切换不同分支信号在 BTS 分集合并。

3) 软切换的相关参数

(1) T_ADD：导频信号加入门限。如果移动台检查到相邻导频信号集或剩余导频信号集中的某一个导频信号的强度达到 T_ADD，移动台将把这一导频信号加到候选导频信号集中，并向基站发送导频强度测量报告消息(PSMM)。

(2) T_DROP：导频信号去掉门限。移动台需要对在有效导频信号集和候选导频信号集里的每一个导频信号保留一个切换去掉定时器，每当与之相对应的导频信号强度小于 T_DROP时，移动台需要打开定时器。如果与之相对应的导频信号强度超过 T_DROP，移动台复位该定时器；如果达到 T_TDROP，移动台复位该定时器，并向基站发送 PSMM 消息；如果 T_TDROP 改变，移动台必须在 100ms 内开始使用新值。

(3) T_TDROP：切换去掉定时器。若该定时器超时，则当该定时器所对应的导频信号是有效导频信号集的一个导频信号时，就发送导频信号强度测量消息。如果这一导频信号是候选导频信号集中的导频信号，它将被移至相邻导频信号集。

(4) T_COMP：有效导频信号集与候选导频信号集比较门限。当候选导频信号集里的导频信号强度与有效导频信号集中的导频信号比超过此门限时，移动台发送一个导频信号强度测量报告消息。基站置这一字段为候选导频信号集与有效导频信号集比值的门限，单位为 0.5 dB。

(5) SRCH_WIN_A：有效导频信号集和候选导频信号集搜索窗口大小。它对应于移动台使用的有效导频信号集和候选导频信号集搜索窗口的大小。移动台的搜索窗口以有效导引信号集中最早到来的可用导频信号多径成分为中心。

(6) SRCH_WIN_N：相邻导频信号集搜索窗口大小，它对应于移动台使用的相邻导引信号集搜索窗口大小的值。移动台应以导频的 PN 序列偏置为搜索窗口中心。

(7) SRCH_WIN_R：剩余导频信号集搜索窗口大小。它对应于移动台使用的相邻导频信号集搜索窗口大小的值。移动台应以导频的 PN 序列偏置为搜索窗口中心，移动台应仅搜索剩余导频信号集中其导频信号 PN 序列偏置等于 PILOT_INCs 整数倍的导频信号。

1X 系统关于切换的参数还有以下三个：软切换斜率、切换加截距、切换去截距。

4) 搜索过程

对各种不同导频集，手机采用不同的搜索策略。对于有效导频信号集与候选导频信号集，采用的搜索频度很高，相邻导频信号集搜索频度次之，对剩余导频信号集搜索最慢。

首先在完成一次对全部有效导频信号集或候选导频信号集中的导频搜索后，搜索一个相邻导频信号集中的导频信号，然后在再一次完成有效导频信号集与候选导频信号集中所有导频搜索后，搜索另一个相邻导频信号集中的导频信号，最后在完成对相邻导频信号集中所有导频信号搜索后，才搜索一个剩余导频信号集中的导频信号。周而复始，完成对所有导频信号集中的信号的搜索。

手机搜索能力有限，搜索窗尺寸越大、导频信号集中的导频信号数越多，遍历导频信号集中所有导频信号的时间就越长。

5) 软切换的过程

如图 7-10 所示，IS 2000-1X 的软切换流程采用动态门限，而非 IS-95 中采用的绝对门限。

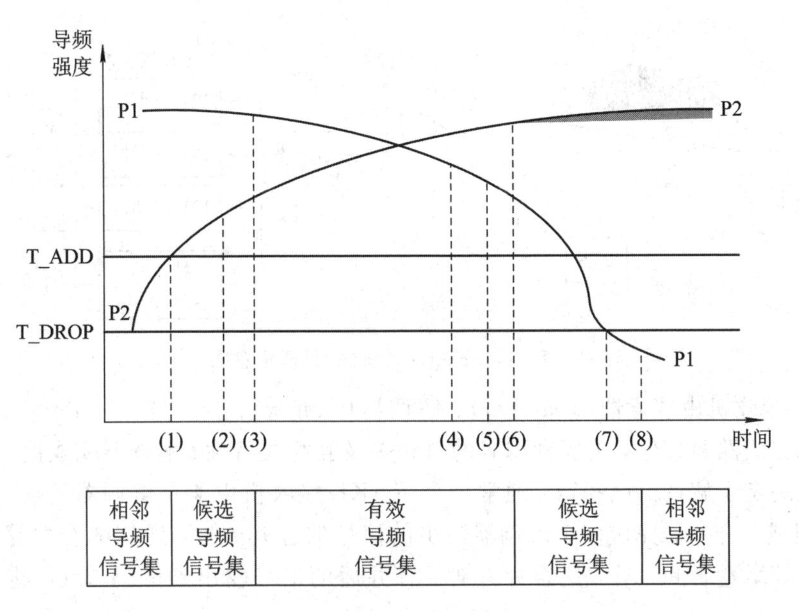

图 7-10　IS 2000 动态软切换过程

IS 2000 软切换算法说明如下：

(1)：导频信号 P2 强度超过 T_ADD，移动台把导频移入候选导频信号集。

(2)：导频信号 P2 强度超过(SOFT_SLOPE/8)×10×lg(PS1)+ADD_INTERCEPT/2，移动台发送 PSMM。

(3)：移动台收到 EHDM、GHDM 或 UHDM，把导频信号 P2 加入到有效导频信号集，并发送 HCM。

(4)：导频信号 P1 强度降低到低于(SOFT_SLOPE/8)×10×lg(PS2)+DROP_INTERCEPT/2，移动台启动切换去掉定时器。

(5)：切换去掉定时器超时，移动台发送 PSMM。

(6)：移动台收到 EHDM、GHDM 或 UHDM，把导频信号 P1 送入候选导频信号集，并发送 HCM。

(7)：导频信号 P1 强度降低到低于 T_DROP，移动台启动切换去掉定时器。

(8)：切换去掉定时器超时，移动台把导频信号 P1 从候选导频信号集移入相邻导频信号集。

在(2)、(4)的计算式中，SOFT_SLOPE 表示软切换斜率、ADD_INTERCEPT 表示切换加截距、DROP_INTERCEPT 表示切换去截距。

3. RAKE 接收机

RAKE 接收机利用了空间分集技术，其原理图如图 7-11 所示。发射机发出的扩频信号，在传输过程中受到不同建筑物、山冈等各种障碍物的反射和折射，到达接收机时每个波束具有不同的延迟，形成多径信号。如果不同路径信号的延迟超过一个伪码的码片的时延，则在接收端可将不同的波束区别开来。将这些不同波束分别经过不同的延迟线，对齐以及合并在一起，则可达到变害为利，把原来是干扰的信号变成有用信号，并与有用信号组合在一起。

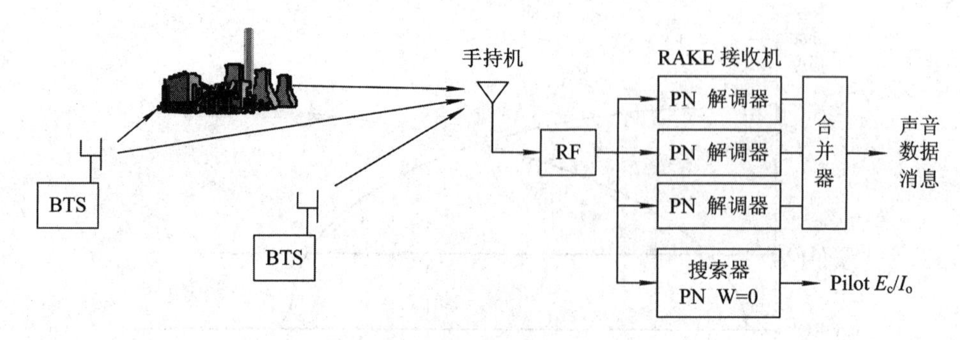

图 7-11 RAKE 接收机原理示意图

RAKE 接收机由搜索器(Searcher)、解调器(Finger)、合并器(Combiner)3 个模块组成。搜索器完成路径搜索，主要利用码的自相关及互相关特性。解调器完成信号的解扩、解调；其个数决定了解调的路径数，通常一个 RAKE 接收机由 4 个解调器组成，移动台由 3 个解调器组成。合并器完成多个解调器输出的信号的合并处理，通用的合并算法有选择式相加合并、等增益合并、最大比合并 3 种。合并后的信号输出到译码单元，进行信道译码处理。

4. 呼吸效应

1) 呼吸效应的概念

在 CDMA 系统中，所有的频率和时间是每个用户都在同时共享的公共资源，而非给某个用户单独所有。无线信道是基于不同的扩频码字来区分的，理论上来说系统容量自然也就取决于码字资源，即扩频码的数量，但实际的系统容量(实际可以分配的扩频码数量)却是受限于系统的自干扰，即不同用户间由于扩频码并非理想正交而产生的多址干扰，同时包括本小区用户干扰及其他小区干扰。所以说，CDMA 系统是一个干扰受限的系统，具有“软”容量的特性。

在 CDMA 系统中，小区的容量和覆盖是通过系统干扰紧密相连的。当小区内用户数增多，也就是小区容量增大时，小区基站端接收到的干扰将增大，这就意味着在小区边缘地区的用户即使以最大发射功率发射信号，也无法使得自身与基站间的传输 QoS 能够得到保证，于是这些用户将会切换到邻近小区，也就意味着本小区的半径，即覆盖范围相对减小了。反之，当小区用户数目减少，也就是小区容量减小时，系统业务强度的降低使得基站接收的干扰功率水平降低，各用户将可以发射更小的功率来维持与基站的连接，结果导致在小区内可以容忍的最大路径损耗增大，等效于小区半径增加、覆盖范围增大。

以上所描述的小区面积随着小区内业务量的变化而动态变化的效应称为“呼吸效应”。我们也可以利用 CDMA 系统中常提及的“鸡尾酒会”的例子更加形象地来说明。在一个鸡尾酒会上，来了很多客人，同时讲话的人数越多，就越难听清对方的声音。如果开始你还可以与在房间另一头的客人交谈，但是当房间里的噪声达到一定程度后，你就根本听不清对方的话了，这就意味着谈话区的半径缩小了。图 7-12 给出了呼吸效应与覆盖距离之间的关系。

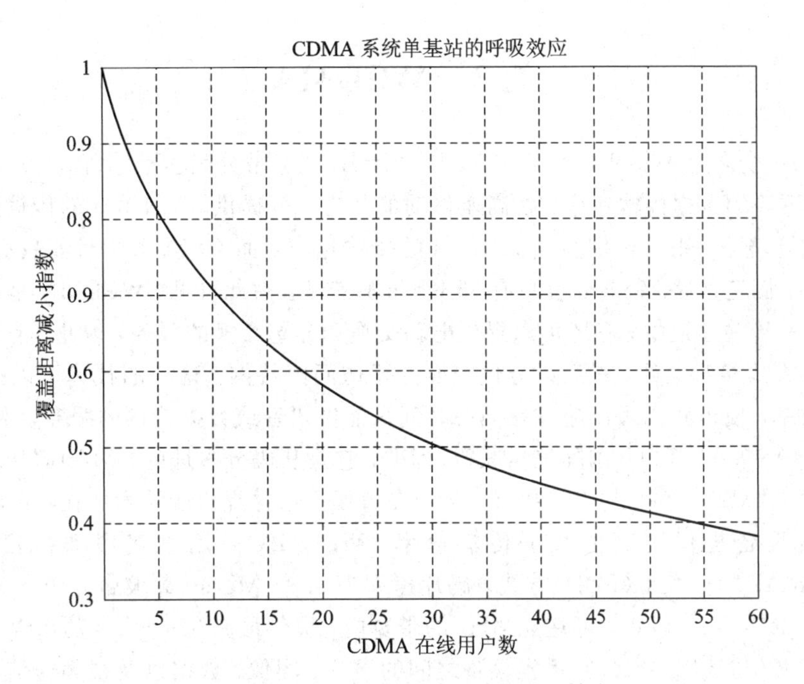

图 7-12　CDMA 系统单基站的呼吸效应

2）吸效应的危害

以上我们解释了"呼吸效应"的含义，并详细分析了造成"呼吸效应"的原因，即 CDMA 系统的"软"容量特性，接下来我们将分析"呼吸效应"带来的危害。

如图 7-13 所示，我们可以看出，"呼吸效应"最大的危害是可能由于小区的收缩而形成"覆盖漏洞"，即覆盖盲区，这在网络规划时是必须要注意到的问题。在进行网络规划时，运营商一般会采用"先覆盖，后容量"的策略，即在建网初期先进行薄容量的覆盖，在后期再逐渐进行扩容。而 CDMA 系统的"呼吸效应"使得这种策略很难得以实施，如果在 CDMA网络建网初期也像 GSM 一样基于覆盖建一层薄薄的网（低负荷），随着容量的增加，基站间就会普遍地出现覆盖漏洞。这时就不得不通过建一些新基站来弥补这些漏洞。但由于 CDMA 是一个干扰受限的系统，新基站增加的同时会对周围基站带来干扰，因此周围基站的容量也就相应降低。因此，CDMA 网络中由于容量需求而增加新基站，并不能使网络容量像 GSM 网络一样线性增长，尤其是在城市密集区，基站间距本身就很小，这种现象也就更加严重。由此可以看出，"呼吸效应"增大了网络规划的复杂性。

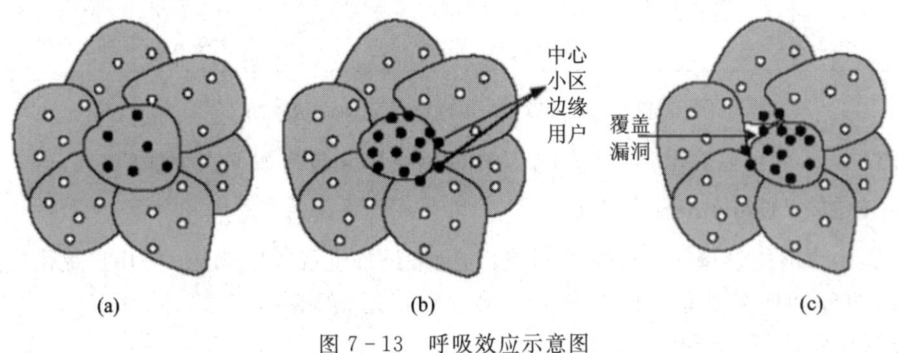

图 7-13　呼吸效应示意图

7.3 WCDMA

WCDMA 全名是 Wideband CDMA，中文译名为“宽带分码多址”，它可支持 384 Kb/s 到 2 Mb/s 不等的数据传输速率，在高速移动的状态，可提供 384 Kb/s 的传输速率，在低速或是室内环境下，则可提供高达 2 Mb/s 的传输速率。而 GSM 系统目前只有 9.6 Kb/s 的传输速率，固定线路 Modem 也只有 56 Kb/s 的速率。由此可见，WCDMA 是无线的宽带通信。在同一传输通道中，它还可以提供电路交换和分包交换的服务，因此，消费者可以同时利用交换方式接听电话，然后以分包交换方式访问因特网，这样的技术可以提高移动电话的使用效率，使得我们可以超越在同一时间只能做语音或数据传输的服务限制。

WCDMA 是一个 ITU(国际电信联盟)标准，它是从码分多址(CDMA)演变来的，从官方看被认为是 IMT-2000 的直接扩展，与现在市场上通常提供的技术相比，它能够为移动和手提无线设备提供更高的数据传输速率。WCDMA 采用直接序列扩频码分多址(DS-CDMA)、频分双工(FDD)方式，码片速率为 3.84 Mc/s，载波带宽为 5 MHz。基于 Release 99/ Release 4 版本，可在 5 MHz 的带宽内，提供最高 384 Kb/s 的用户数据传输速率。W-CDMA 能够支持移动/手提设备之间的语音、图像、数据以及视频通信，速率可达 2 Mb/s(对于局域网而言)或者 384 Kb/s(对于宽带网而言)。输入信号先被数字化，然后在一个较宽的频谱范围内以编码的扩频模式进行传输。窄带 CDMA 使用的是 200 kHz 宽度的载频，而 W-CDMA 使用的则是一个 5 MHz 宽度的载频。

7.3.1 WCDMA 系统的组成与网络结构

WCDMA 网络单元的构成如图 7-14 所示。

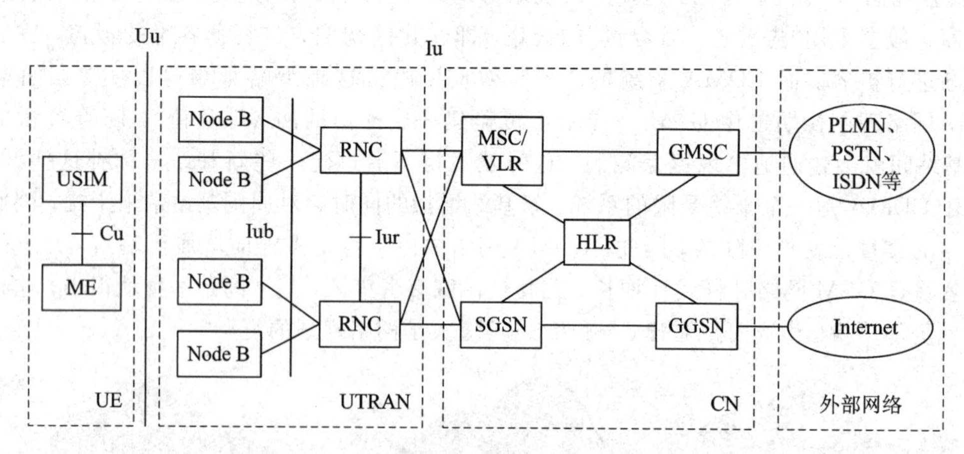

图 7-14 WCDMA 网络单元构成示意图

从图 7-14 中可以看出，WCDMA 系统的网络单元包括如下三个部分。

1. UE(User Equipment)

UE 是用户终端设备，它通过 Uu 接口与网络设备进行数据交互，为用户提供电路域和分组域内的各种业务功能，包括普通话音、数据通信、移动多媒体、Internet 应用(如 E-mail、WWW 浏览、FTP 等)。

UE 包括两部分：ME 和 USIM。ME 用户设备提供应用和服务；USIM 用户设备提供用户身份识别。

2. UTRAN(UMTS Terrestrial Radio Access Network，UMTS)

UTRAN 即陆地无线接入网，分为基站(Node B)和无线网络控制器(RNC)两部分。

Node B 是 WCDMA 系统的基站(即无线收发信机)，通过标准的 Iub 接口和 RNC 互连，主要完成 Uu 接口物理层协议的处理。它的主要功能是扩频、调制、信道编码及解扩、解调、信道解码，还包括基带信号和射频信号的相互转换等。

RNC(Radio Network Controller)是无线网络控制器，主要完成连接建立和断开、切换、宏分集合并、无线资源管理控制等。具体如下：

(1) 执行系统信息广播与系统接入控制功能；

(2) 切换和 RNC 迁移等移动性管理功能；

(3) 宏分集合并、功率控制、无线承载分配等无线资源管理和控制功能。

3. CN(Core Network)

CN 即核心网络，负责与其他网络的连接和对 UE 的通信和管理。在 WCMDA 系统中，不同协议版本的核心网设备有所区别。从总体上来说，R99 版本的核心网分为电路域和分组域两大块，R4 版本的核心网也一样，只是把 R99 电路域中的 MSC 的功能改由两个独立的实体：MSC Server 和 MGW 来实现。R5 版本的核心网相对 R4 来说增加了一个 IP 多媒体域，其他的与 R4 基本一样。

R99 版本核心网的主要功能实体如下。

1) MSC/VLR

MSC/VLR 是 WCDMA 核心网 CS 域功能节点，它通过 Iu-CS 接口与 UTRAN 相连，通过 PSTN/ISDN 接口与外部网络(PSTN、ISDN 等)相连，通过 C/D 接口与 HLR/AUC 相连，通过 E 接口与其他 MSC/VLR、GMSC 或 SMC 相连，通过 CAP 接口与 SCP 相连，通过 Gs 接口与 SGSN 相连。MSC/VLR 的主要功能是提供 CS 域的呼叫控制、移动性管理、鉴权和加密等。

2) GMSC

GMSC 是 WCDMA 移动网 CS 域与外部网络之间的网关节点，是可选功能节点。它通过 PSTN/ISDN 接口与外部网络(PSTN、ISDN、其他 PLMN)相连，通过 C 接口与 HLR 相连，通过 CAP 接口与 SCP 相连。它的主要功能是完成 VMSC 功能中的呼入呼叫的路由功能及与固定网等外部网络的网间结算。

3) SGSN

SGSN(服务 GPRS 支持节点)是 WCDMA 核心网 PS 域功能节点，它通过 Iu-PS 接口与 UTRAN 相连，通过 Gn/Gp 接口与 GGSN 相连，通过 Gr 接口与 HLR/AUC 相连，通过 Gs 接口与 MSC/VLR，通过 CAP 接口与 SCP 相连，通过 Gd 接口与 SMC 相连，通过 Ga 接口与 CG 相连，通过 Gn/Gp 接口与 SGSN 相连。SGSN 的主要功能是提供 PS 域的路由转发、移动性管理、会话管理、鉴权和加密等。

4) GGSN

GGSN(网关 GPRS 支持节点)是 WCDMA 核心网 PS 域功能节点，通过 Gn /Gp 接口与 SGSN 相连，通过 Gi 接口与外部数据网络(Internet /Intranet)相连。GGSN 提供数据包在 WCDMA 移动网和外部数据网之间的路由和封装。GGSN 主要功能是提供同外部 IP 分组网络的接口，GGSN 需要提供 UE 接入外部分组网络的关口功能，从外部网的观点来看，GGSN 就好像是可寻址 WCDMA 移动网络中所有用户 IP 的路由器，需要同外部网络交换路由信息。

5) HLR

HLR(归属位置寄存器)是 WCDMA 核心网 CS 域和 PS 域共有的功能节点，它通过 C 接口与 MSC/VLR 或 GMSC 相连，通过 Gr 接口与 SGSN 相连，通过 Gc 接口与 GGSN 相连。HLR 的主要功能是提供用户的签约信息存放、新业务支持、增强的鉴权等。

7.3.2 WCDMA 系统的接口

参照图 7-14，WCDMA 系统主要包含如下接口。

1. Cu 接口

Cu 接口是 USIM 卡和 ME 之间的电气接口，Cu 接口采用标准接口。

2. Uu 接口

Uu 接口是 WCDMA 的无线接口。UE 通过 Uu 接口接入到 UMTS 系统的固定网络部分，可以说 Uu 接口是 UMTS 系统中最重要的开放接口。

3. Iur 接口

Iur 接口是连接 RNC 之间的接口，Iur 接口是 UMTS 系统特有的接口，用于对 RAN 中移动台的移动管理。比如在不同的 RNC 之间进行软切换时，移动台所有数据都是通过 Iur 接口从正在工作的 RNC 传到候选 RNC 的。Iur 是开放的标准接口。

4. Iub 接口

Iub 接口是连接 Node B 与 RNC 的接口，Iub 接口也是一个开放的标准接口。这也使通过 Iub 接口相连接的 RNC 与 Node B 可以分别由不同的设备制造商提供。

5. Iu 接口

Iu 接口是连接 UTRAN 和 CN 的接口。类似于 GSM 系统的 A 接口和 Gb 接口。Iu 接口是一个开放的标准接口。这也使通过 Iu 接口相连接的 UTRAN 与 CN 可以分别由不同的设备制造商提供。Iu 接口可以分为电路域的 Iu-CS 接口和分组域的 Iu-PS 接口。

7.3.3 WCDMA 系统的关键技术

本节主要从原理的角度介绍 WCDMA 收发信机的各个组成部分，包括 RAKE 接收机的原理、信道编解码技术和多用户检测技术。

1. RAKE 接收机

在 WCDMA 扩频系统中，信道带宽远远大于信道的平坦衰落带宽。不同于传统的调制技术需要用均衡算法来消除相邻符号间的码间干扰，WCDMA 扩频码在选择时就要求它有很好的自相关特性。这样，在无线信道中出现的时延扩展，就可以被看做只是被传信号的再次传送。如果这些多径信号相互间的延时超过了一个码片的长度，那么它们将被

WCDMA接收机看做是非相关的噪声，而不再需要均衡了。

由于在多径信号中含有可以利用的信息，所以 WCDMA 接收机可以通过合并多径信号来改善接收信号的信噪比。其实 RAKE 接收机所做的就是：通过多个相关检测器接收多径信号中的各路信号，并把它们合并在一起。对于多个接收天线分集接收而言，多个接收天线接收的多径可以用上面的方法同样处理，RAKE 接收机既可以接收来自同一天线的多径，也可以接收来自不同天线的多径，从 RAKE 接收的角度来看，两种分集并没有本质的不同。但是，在实现上由于多个天线的数据要进行分路的控制处理，增加了基带处理的复杂度。

2. 分集接收原理

无线信道是随机时变信道，其中的衰落特性会降低通信系统的性能。为了对抗衰落，可以采用多种措施，比如信道编解码技术，抗衰落接收技术或者扩频技术。分集接收技术被认为是明显有效而且经济的抗衰落技术。

我们知道，无线信道中接收的信号是到达接收机的多径分量的合成。如果在接收端同时获得几个不同路径的信号，将这些信号适当合并成总的接收信号，就能够大大减少衰落的影响。这就是分集的基本思路。分集的字面含义就是分散得到几个合成信号并集中(合并)这些信号。只要几个信号之间是统计独立的，那么经适当合并后就能使系统性能大为改善。

互相独立或者基本独立的一些接收信号，一般可以利用不同路径或者不同频率、不同角度、不同极化等接收手段来获取。

分集信号的合并可以采用不同的方法：

(1) 选择合并：从几个分散信号中选取信噪比最好的一个作为接收信号。

(2) 等增益合并：将几个分散信号以相同的支路增益进行直接相加，相加后的信号作为接收信号。

(3) 最大比值合并：控制各合并支路增益，使它们分别与本支路的信噪比成正比，然后再相加获得接收信号。

上面方法对合并后的信噪比的改善(分集增益)各不相同，但总的说来，分集接收方法对无线信道接收效果的改善是非常明显的。

图 7－15 中给出了不同合并方法的接收效果改善情况，可以看出当分集数 k 较大时，选择合并的改善效果比较差，而等增益合并和最大比值合并的效果相差不大，仅仅 1 dB 左右。

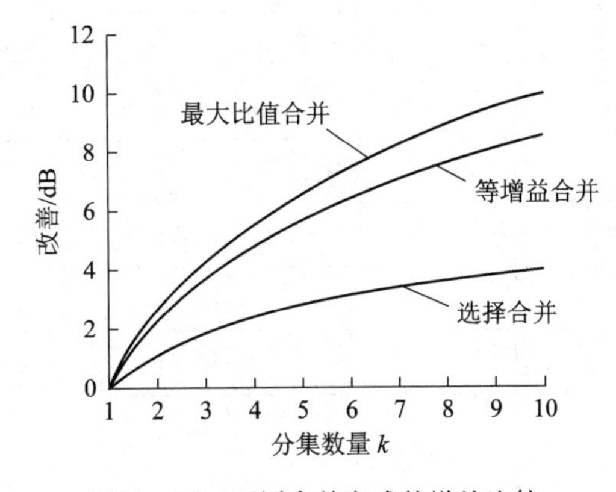

图 7－15　不同合并方式的增益比较

3. 信道编码

信道编码按一定的规则给数字序列M增加一些多余的码元，使不具有规律性的信息序列M变换为具有某种规律性的数字序列Y(码序列)。也就是说，码序列中信息序列的诸码元与多余码元之间是相关的。在接收端，信道译码器利用这种预知的编码规则来译码，或者说检验接收到的数字序列R是否符合既定的规则从而发现R中是否有错，进而纠正其中的差错。根据相关性来检测(发现)和纠正传输过程中产生的差错就是信道编码的基本思想。

通常数字序列M总是以k个码元为一组来进行传输的。我们称这k个码元的码组为信息码组，信道编码器按一定的规则对每个信息码组附加一些多余的码元，构成了n个码元的码组。这n个码元之间是相关的。即附加的$n-k$个码元称为该码组的监督码元。从信息传输的角度来说，监督码元不载有任何信息，所以是多余的。这种多余度使码字具有一定的纠错和检错能力，提高了传输的可靠性，降低了误码率。另一方面，如果我们要求信息传输的速率不变，在附加了监督码元后，就必须减少码组中每个码元符号的持续时间，对二进制码也就是要减少脉冲宽度，若编码前每个码脉冲的归一化宽度为1，则编码后的归一化宽度为k/n，因此信道带宽必须展宽n/k倍。在这种情况下，我们是以带宽的多余度换取了信道传输的可靠性。如果信息传输速率允许降低，则编码后每个码元的持续时间可以不变。此时我们以信息传输速度的多余度或称时间的多余度换取了传输的可靠性。

表7-1给出了不同的编码方法所能够得到的编码增益，和理想的编码增益(达到Shannon限)之间有很大的差别。由此可以看出，对于相同的调制方式，不同的编码方案得到的编码增益是不同的。我们通常采用的编码方式有卷积码、Reed-Solomon码、BCH码、Turbo码等。WCDMA选用的码字是语音和低速信令采用卷积码，数据采用Turbo码。

表7-1 BPSK或QPSK编码增益

采用编码	编码增益(dB@BER=10^{-3})	编码增益(dB@BER=10^{-5})	数据速率
理想编码	11.2	13.6	
级联码(RS与卷积码Viterbi译码)	6.5～7.5	8.5～9.5	适中
卷积码序列译码(软判决)	6.0～7.0	8.0～9.0	适中
级联码(RS与分组码)	4.5～5.5	6.5～7.5	很高
卷积码Viterbi译码	4.0～5.5	5.0～6.5	高
卷积码序列译码(硬判决)	4.0～5.0	6.0～7.0	高
分组码(硬判决)	3.0～4.0	4.5～5.5	高
卷积码门限译码	1.5～3.0	2.5～4.0	很高

4. 多用户检测技术

多用户检测技术(MUD)即通过去除小区内干扰来改进系统性能，增加系统容量的技术。多用户检测技术还能有效缓解直扩 WCDMA 系统中的远近效应。

由于信道的非正交性和不同用户的扩频码字的非正交性，导致用户间存在相互干扰，多用户检测的作用就是去除多用户之间的相互干扰。一般而言，对于上行的多用户检测，只能去除小区内各用户之间的干扰，而小区间的干扰由于缺乏必要的信息(比如相邻小区的用户情况)是难以消除的。对于下行的多用户检测，只能去除公共信道(比如导频、广播信道等)的干扰。

多用户检测的系统模型可以用图 7-16 来表示，每个用户发射数据比特通过扩频码字进行频率扩展，在空中经过非正交的衰落信道，并加入噪声 $n(t)$，接收端接收的用户信号与同步的扩频码字相关，相关器由乘法器和积分清洗器组成，解扩后的结果通过多用户检测的算法去除用户之间的干扰，得到用户的信号估计。

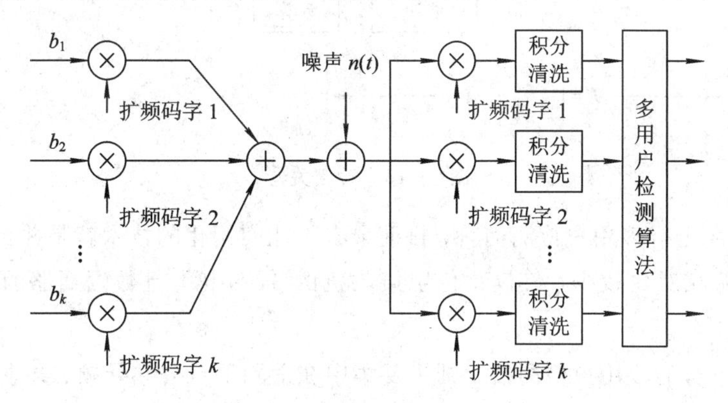

图 7-16 多用户检测的系统模型

从图 7-16 可以看到，多用户检测的性能取决于相关器的同步扩频码字跟踪、各个用户信号的检测性能、相对能量的大小、信道估计的准确性等传统接收机的性能。

从上行多用户检测来看，由于只能去除小区内干扰，假定小区间干扰的能量占据了小区内干扰能量的 f 倍，那么去除小区内用户干扰，容量的增加是 $(1+f)/f$。按照传播功率随距离 4 次幂线性衰减，小区间的干扰是小区内干扰的 55%。因此在理想情况下，多用户检测可以通过减少干扰增加小区容量(2.8 倍)。但是在实际情况下，多用户检测的有效性还不到 100%，多用户检测的有效性取决于检测方法和一些传统接收机的估计精度，同时还受到小区内用户业务模型的影响。例如，在小区内如果有一些高速数据用户，那么采用干扰消除的多用户检测方法去掉这些高速数据用户对其他用户的较大的干扰功率，显然能够比较有效地提高系统的容量。

这种方法的缺点是会扩大噪声的影响，并且导致解调信号有很大的延迟。解相关器如图 7-17 所示。

干扰消除的想法是估计不同用户和多径引入的干扰，然后从接收信号中减去干扰的估计。串行干扰消除(SIC)是逐步减去最大用户的干扰；并行干扰消除(PIC)是同时减去除自身外所有其他用户的干扰。

并行干扰消除是在每级干扰消除中，对每个用户减去其他用户的信号能量，并进行解调。重复进行这样的干扰消除 3～5 次，就基本可以去除其他用户的干扰。值得注意的是，在每一级干扰消除中，并不是完全消除其他用户的所有信号能量，而是乘以一个相对小的系数，这样做的原因是为了避免传统接收检测中的误差被不断放大。PIC 的好处在于比较简单地实现了多用户的干扰消除，而又优于 SIC 的延迟。

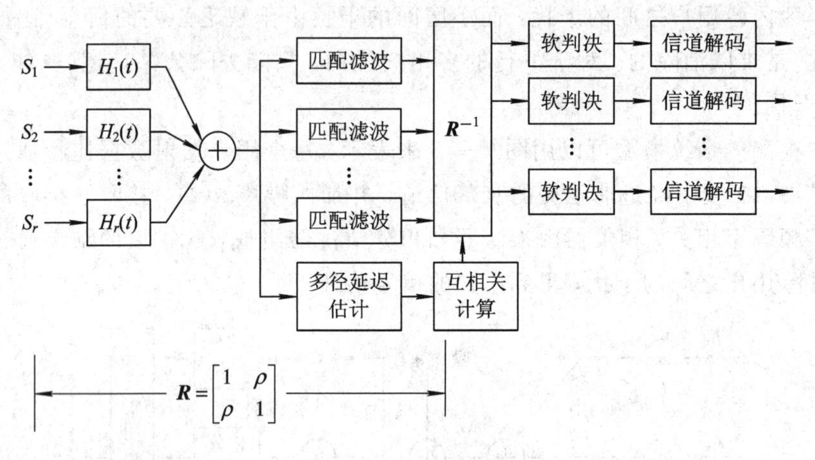

图 7-17　解相关器

就 WCDMA 上行多用户检测而言，目前最有可能实用化的技术就是并行干扰消除，因为它需要的资源相对比较少，仅仅是传统接收机的 3～5 倍，且数据通路的延迟也相对比较小。

WCDMA 下行的多用户检测技术则主要集中在消除下行公共导频、共享信道和广播信道的干扰，以及消除同频相邻基站的公共信道的干扰方面。

7.4　TD-SCDMA

TD-SCDMA 是英文 Time Division-Synchronous Code Division Multiple Access(时分同步码分多址）的简称，是中国提出的第三代移动通信标准(简称 3G)，也是 ITU 批准的三个 3G 标准中的一个，是以我国知识产权为主的、被国际上广泛接受和认可的无线通信国际标准，是我国电信史上重要的里程碑。

TD-SCDMA 标准公开后在国际上引起了强烈的反响，它具有以下明显的技术特色：

(1) 采用 TDD 双工方式，便于频谱划分并能更好地满足未来移动多媒体业务非对称特性的发展趋势和需求。

(2) 利用 DS-CDMA 技术，采用 TDMA 和 CDMA 混合多址方式，有利于无线资源的合理分配和高效利用。

(3) 1.28 Mc/s 的低码片速率传输，使设备复杂度和成本较低。

(4) 采用联合检测、智能天线、上行同步、接力切换等先进技术，抗干扰能力强，掉话率低。

(5) 适合软件无线电的应用。

以上的技术特色使 TD-SCDMA 标准与其他 3G 标准相比具有较为明显的优势，主要体现在：

（1）频谱分配更为灵活。

（2）高频谱利用率。

（3）更适合未来非对称业务的特点。

7.4.1　TD－SCDMA 系统的组成与网络结构

TD－SCDMA 的网络结构和 WCDMA 的网络结构是非常类似的，其基本网络结构如图 7－18 所示。

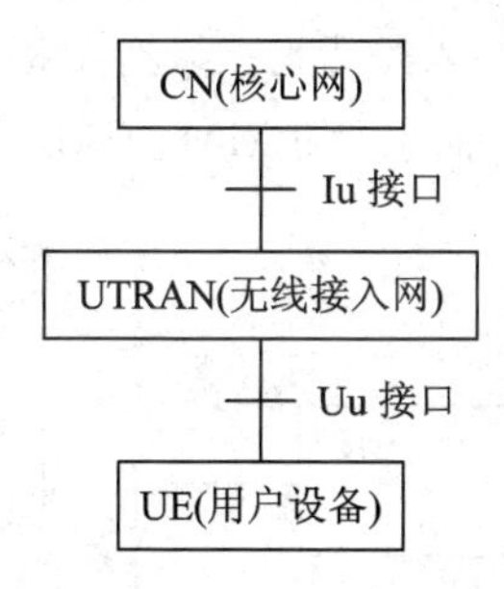

图 7－18　TD－SCDMA 网络结构图

TD－SCDMA 网络的主要网元以及常规接口也同 WCDMA 网络类似，在此不重复介绍，请参见 7.3.1 节。

7.4.2　TD－SCDMA 系统的空中接口

1. 概述

TD－SCDMA 系统的空中接口是用户设备（UE）和 UMTS 陆地无线接入网（UTRAN）之间的 Uu 接口，通常也称为无线接口。该接口的主要用来建立、重配置和释放各种 3G 无线承载业务的。不同的空中接口协议使用不同的无线传输技术，因此第三代移动通信三种主流标准的区别主要体现在空中接口上。

空中接口是一个完全开放的接口，主要由物理层，数据链路层和网络层组成，具体结构如图 7－19 所示。

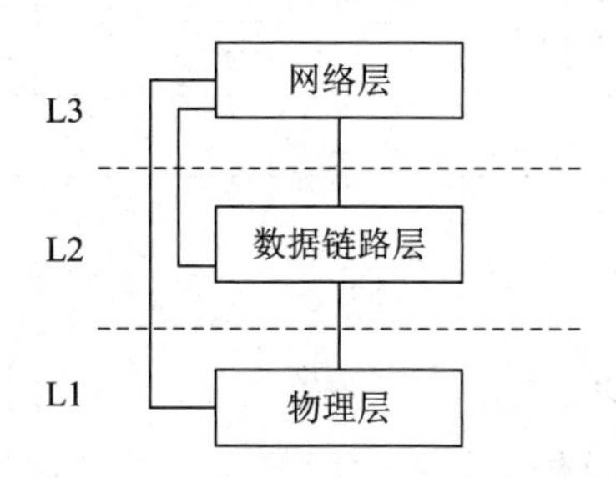

图 7－19　TD－SCDMA 空中接口的三层结构

2. 空中接口结构

空中接口的整体结构如图 7－20 所示。物理层（L1）支持数据信息在物理介质上的传输，向高层提供数据传输业务。数据链路层(L2)由媒体接入控制(MAC)子层、无线链路控制(RLC)子层、分组数据协议汇聚(PDCP)子层和广播/多播控制(BMC)子层组成。该层可以在不太可靠的物理链路上实现可靠的数据传输，并向网络层提供良好的服务接口。网络层(L3)由无线资源控制(RRC)、移动性管理(MM)和连接管理(CM)三个子层组成，完成无线接入网络和终端之间交互的所有信令处理以及和更高层之间的关系。L2 和 L3 的功能又可以分为两个平面：用户平面(U 平面)和控制平面(C 平面)。用户平面包括数据流和相应的承载，用户所发的所有信息，都经过这个平面传输。控制平面负责对无线承载以及 UE 和网络之间的连接控制。L2 中的数据协议汇聚(PDCP)子层和广播/多播控制(BMC)子层仅在用户平面。此外，按其信令与接入是否有关，空中接口也分为接入层和非接入层。L1、L2 和 L3 的 RRC 子层属于接入层，而 L3 的 MM、CM 子层属于非接入层。

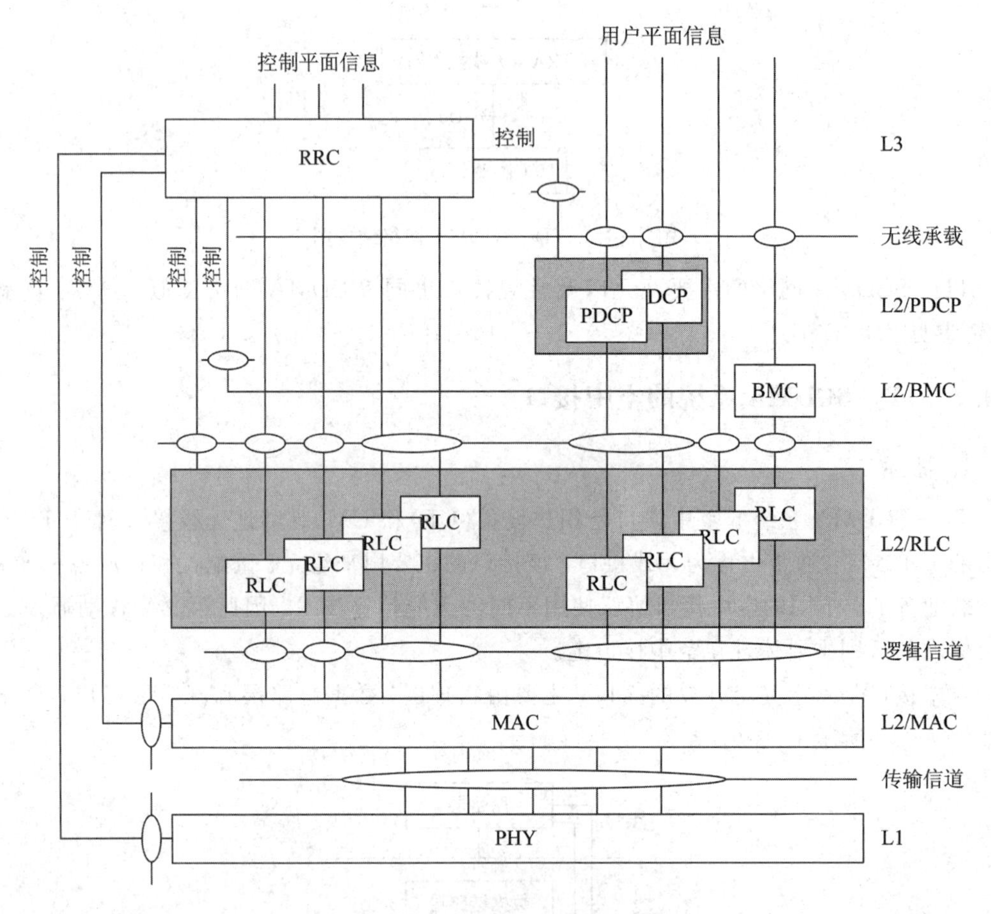

图 7-20　TD-SCDMA 空中接口整体结构

3. 信道的定义和映射关系

在空中接口中，物理层通过传输信道向媒体接入控制(MAC)子层提供数据传输服务。MAC 子层通过逻辑信道向无线链路控制(RLC)子层提供数据传输业务。下面介绍逻辑信道、传输信道和物理信道(见图 7-21)。

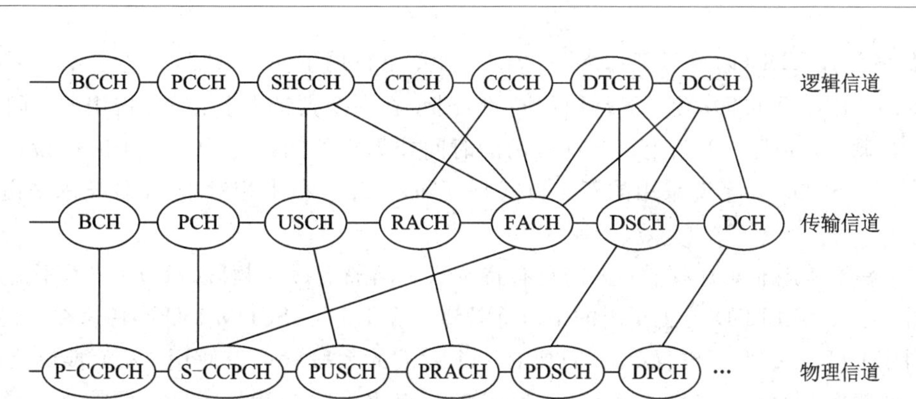

图7-21 TD-SCDMA空中接口信道分类

1）逻辑信道

逻辑信道可以分为两类：用来传输控制平面信息的控制信道，和用来传输用户平面信息的业务信道。控制信道分为广播控制信道（BCCH）、寻呼控制信道（PCCH）、公共控制信道（CCCH）、专用控制信道（DCCH）和共享控制信道（SHCCH）。业务信道分为公共业务信道（CTCH）和专用业务信道（DTCH）。

2）传输信道

传输信道分为公共传输信道和专用传输信道。公共传输信道有7类：广播信道（BCH）、寻呼信道（PCH）、前向接入信道（FACH）、随机接入信道（RACH）、上行共享信道（USCH）、下行共享信道（DSCH）以及高速分组下行链路接入信道（HSPDA）。专用传输信道仅有一类专用传输信道（DCH），可用于上、下行链路，以承载网络和特定UE之间的用户信息和控制信息。

3）物理信道

物理信道可以分为两大类：专用物理信道（DPCH）和公共物理信道（CPCH）。共有13种不同的物理信道，分别是主公共控制信道（P-CCPCH）、辅助公共控制信道（S-CCPCH）、快速物理接入信道（FPACH）、物理随机接入信道（PRACH）、同步信道（DwPCH，UpPCH）、物理上行共享信道（PUSCH）、物理下行共享信道（PDSCH）、寻呼指示信道（PICH）、HS-DSCH的共享控制信道（HS-SCCH）、高速物理共享信道（HS-PDSCH）、HS-DSCH的共享信息信道（HS-SICH）、广播/多播指示信道（MBMS）和物理层公共控制信道（PLCCH）。

所谓信道映射，是指一种承载关系。例如某传输信道映射到某物理信道，也就是指该传输信道的数据由该物理信道来承载。所有的传输信道都有至少一个物理信道与之相映射，而部分物理信道与传输信道没有映射关系（这部分物理信道在图中未画出），这些物理信道只传输物理层自身的信息。

7.4.3 TD-SCDMA系统的关键技术

1. TDD技术

对于数字移动通信而言，双向通信可以以频率或时间分开，前者称为FDD（频分双工)，后者称为TDD(时分双工)。对于FDD，上、下行用不同的频带，一般上、下行的带宽是一致的；而对于TDD；上、下行用相同的频带，在一个频带内上、下行占用的时间可根据需要进行调节，并且一般将上、下行占用的时间按固定的间隔分为若干个时间段，称之为时隙。TD-SCDMA系统采用的双工方式是TDD。TDD技术相对于FDD技术来说，有如下优点：

(1) 易于使用非对称频段，无需具有特定双工间隔的成对频段。TDD技术不需要成对的频谱，可以利用FDD无法利用的不对称频谱，结合TD-SCDMA低码片速率的特点，在频谱利用上可以做到“见缝插针”。只要有一个载波的频段就可以使用，从而能够灵活地利用现有的频率资源。目前移动通信系统面临的一个重大问题就是频谱资源的极度紧张，在这种条件下，要找到符合要求的对称频段非常困难，因此TDD模式在频率资源紧张的今天受到了特别的重视。

(2) 适应用户业务需求，灵活配置时隙，优化频谱效率。TDD技术调整上、下行切换点来自适应调整系统资源，从而增加系统下行容量，使系统更适于开展不对称业务。

(3) 上行和下行使用同个载频，故无线传播是对称的，有利于智能天线技术的实现。时分双工TDD技术是指上、下行在相同的频带内传输，也就是说具有上、下行信道的互易性，即上、下行信道的传播特性一致。因此可以利用通过上行信道估计的信道参数，使智能天线技术、联合检测技术更容易实现。通过将上行信道估计参数用于下行波束赋形，有利于智能天线技术的实现。通过信道估计得出系统矩阵，用于联合检测区分不同用户的干扰。

(4) 无需笨重的射频双工器，利用小巧的基站，可以降低成本。由于TDD技术上、下行的频带相同，无需进行收发隔离，可以使用单片IC实现收发信机，降低了系统成本。

2. 智能天线技术

1) 智能天线的发展

智能天线技术的核心是自适应天线波束赋形技术。自适应天线波束赋形技术在20世纪60年代就开始发展，其研究对象是雷达天线阵，目的是提高雷达的性能和电子对抗的能力。而其真正的发展是在90年代初，随着微计算器和数字信号处理技术的飞速发展，DSP芯片的处理能力日益提高，且价格也逐渐能够为科研和生产所接受，这样也就促进了自适应天线波束赋形技术的发展，但其发展也是从雷达开始的。另外，移动通信频谱资源日益紧张，如何消除多址干扰(MAI)、共信道干扰(CCI)以及多径衰落的影响成为提高移动通信系统性能时要考虑的主要因素。用现代数字信号处理技术中合适的自适应算法，可以动态形成空间定向波束，使天线阵列方向图主瓣对准用户信号到达方向，旁瓣或零陷对准干扰信号到达方向，从而达到充分利用移动用户信号并抵消或最大限度地抑制干扰信号的目的。因此，固定的天线阵列与数字信号处理器的结合，就构成了可以动态配置天线特性的智能天线，所以到90年代中期，美国和中国开始考虑将智能天线技术用于无线通信系统。在1997年，北京信威通信技术公司开发出使用智能天线技术的SCDMA无线用户环路系统，美国Redcom公司则在时分多址的PHS系统中实现了智能天线。以上是最先商用化的智能天线系统。国内外许多大学和研究机构也研究出了多种智能天线的波束形成算法和实现方案。

2）智能天线原理

智能天线也叫自适应天线，由多个天线单元组成，每一个天线后接一个复数加权器，最后用相加器进行合并输出。这种结构的智能天线只能完成空域处理，同时具有空域、时域处理能力的智能天线在结构上相对复杂些，每个天线后接的是一个延时抽头加权网络（结构上与时域 FIR 均衡器相同）。自适应或智能的主要含义是指这些加权系数可以根据一定的自适应算法进行自适应更新调整。

智能天线的基本思想是：天线以多个高增益窄波束动态地跟踪多个期望用户，接收模式下，来自窄波束之外的信号被抑制，发射模式下，能使期望用户接收的信号功率最大，同时使窄波束照射范围以外的非期望用户受到的干扰最小。智能天线是利用用户空间位置的不同来区分不同用户的。不同于传统的频分多址（FDMA）、时分多址（TDMA）或码分多址（CDMA），智能天线引入了第 4 种多址方式——空分多址（SDMA），即在相同时隙、相同频率或相同地址码的情况下，根据信号不同的中间传播路径来区分。SDMA是一种信道增容方式，与其他多址方式完全兼容，从而可实现组合的多址方式，如空分—码分多址（SD-CDMA）。智能天线与传统天线概念有本质的区别，其理论支撑是信号统计检测与估计理论、信号处理及最优控制理论，其技术基础是自适应天线和高分辨阵列信号处理。

智能天线阵可以参考图 7-22，以 M 元直线等距天线阵列为例，第 m 个阵元空域上的入射波距离相差为

$$\Delta d = m \cdot \Delta x \cdot \cos\theta$$

在时域上的入射波相位相差为 $(2\pi/\lambda) \cdot \Delta d$，可见，空间上距离的差别导致了各个阵元上接收信号相位的不同。经过加权后阵列输出端的信号为

$$z(t) = \sum_{m=0}^{M-1} w_m u_m(t) = A \cdot s(t) \cdot \sum_{m=0}^{M-1} w_m e^{-j\frac{2\pi}{\lambda} m \Delta x \cos\theta}$$

其中，A 为增益常数；$s(t)$ 是复包络信号；w_m 是阵列的权因子。

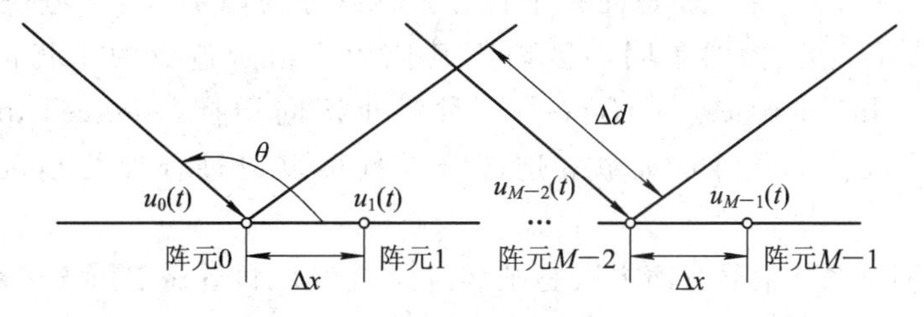

图 7-22　智能天线阵元波束接收

根据正弦波的叠加效果，假设第 m 个阵元的加权因子为

$$w_m = e^{j\frac{2\pi}{\lambda} m \Delta x \cos\varphi_0}$$

则

$$z(t) = A \cdot s(t) \cdot \sum_{m=0}^{M-1} e^{-j\frac{2\pi}{\lambda} m \Delta x (\cos\theta - \cos\varphi_0)}$$

结论：选择不同的 φ_0，将改变波束所对的角度，所以可以通过改变权值来选择合适的方向。针对不同的阵元赋予不同权值，最后将所有阵元的信号进行同向合并，即可达到使天线辐射方向图的主瓣自适应地指向用户来波方向的目的。

这里就涉及上行波束赋形的概念。

波束赋形的目标是根据系统性能指标，形成对基带信号的最佳组合与分配。也即波束赋形的主要任务就是补偿无线传播过程中由空间损耗和多径效应等引起的信号衰落与失真，同时降低用户间的共信道干扰。智能天线均采用数字方法实现波束形成，即数字波束形成(DBF)天线，从而可以使用软件设计完成自适应算法更新，在不改变系统硬件配置的前提下增加系统的灵活性。DBF对阵元接收信号进行加权求和处理形成天线波束，主波束对准期望用户方向，而将波束零点对准干扰方向。根据波束形成的不同过程，实现智能天线的方式又分为两种：阵元空间处理方式和波束空间处理方式。

(1) 阵元空间处理方式。这种方式直接对各阵元接收信号采样，进行加权求和处理后，形成阵列输出，使阵列方向图主瓣对准用户信号到达方向。由于各个阵元均参与自适应加权调整，这种方式属于全自适应阵列处理。

(2) 波束空间处理方式。这是当前自适应阵列处理技术的发展方向。它实际上是两级处理过程，第一级对各阵元信号进行固定加权求和，形成多个指向不同方向的波束；第二级对第一级的波束输出进行自适应加权调整后合成得到阵列输出。此方案不是对全部阵元都从整体最优计算加权系数做自适应处理，而是仅对其中的部分阵元做自适应处理，因此，属于部分自适应阵列处理。这种结构的特点是计算量小、收敛快，并且具有良好的波束赋形性能。

3. 联合检测技术

1) 联合检测简介

联合检测技术是多用户检测(Multi - user Detection)技术的一种。CDMA系统中多个用户的信号在时域和频域上是混叠的，接收时需要在数字域上用一定的信号分离方法把各个用户的信号分离开来。信号分离的方法大致可以分为单用户检测技术和多用户检测技术两种。

CDMA系统中的主要干扰是同频干扰，它可以分为两部分，一种是小区内部干扰(Intracell Interference)，指的是同小区内部其他用户信号造成的干扰，又称多址干扰(Multiple Access Interference, MAI)；另一种是小区间干扰(Intercell Interference)，指的是其他同频小区信号造成的干扰，这部分干扰可以通过合理的小区配置来减小其影响。

传统的CDMA系统信号分离方法是把多址干扰(MAI)看做热噪声一样的干扰，当用户数量上升时，其他用户的干扰也会随着加重，导致检测到的信号大于MAI，使信噪比恶化，系统容量也随之下降。这种将单个用户的信号分离看做是各自独立的过程的信号分离技术称为单用户检测(Single - user Detection)。

为了进一步提高CDMA系统容量，人们探索将其他用户的信息联合加以利用，也就是多个用户同时检测的技术，即多用户检测。多用户检测是利用MAI中包含的许多先验信息，如确知的用户信道码、各用户的信道估计等将所有用户信号统一分离的方法。

2) 联合检测的作用

联合检测的作用包括：

(1) 降低干扰(MAI&ISI)。

(2) 提高系统容量。

(3) 降低功控要求。

3) 联合检测的原理

一个 CDMA 系统的离散模型可以用下式来表示：

$$e = A \cdot d + n$$

其中，d 是发射的数据符号序列；e 是接收的数据序列；n 是噪声；A 是与扩频码 c 和信道冲激响应 h 有关的矩阵。只要接收端知道 A(扩频码 c 和信道冲激响应 h)，就可以估计出符号序列 $\hat{d}$。对于扩频码 c，系统是已知的。信道冲激响应 h 可以利用突发结构中的训练序列 midamble 求解出。这样就可以达到估计用户原始信号 d 的目的。

图 7 - 23 是联合检测原理示意图。

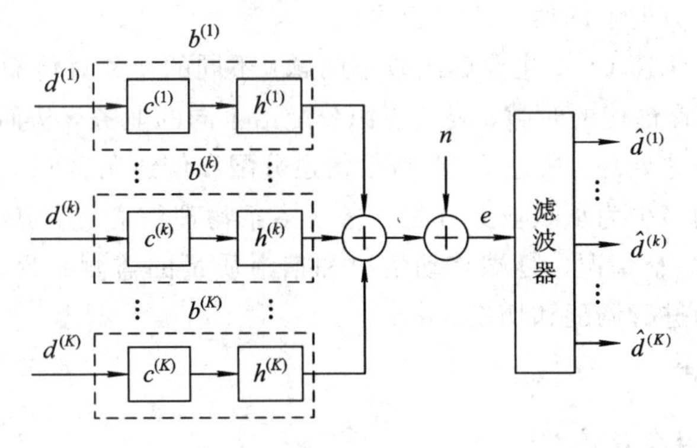

图 7 - 23　联合检测原理示意图

4. 动态检测技术

1) 动态信道分配方法

在无线通信系统中，为了将给定的无线频谱分割成一组彼此分开或者互不干扰的无线信道，使用诸如频分、时分、码分、空分等技术。对于无线通信系统来说，系统的资源包括频率、时隙、码道和空间方向四个方面，一条物理信道由频率、时隙、码道的组合来标志。无线信道数量有限，是极为珍贵的资源，要提高系统的容量，就要对信道资源进行合理的分配，由此产生了信道分配技术。如何有效地利用有限的信道资源，为尽可能多的用户提供满意的服务是信道分配技术的目的。信道分配技术通过寻找最优的信道资源配置，来提高资源利用率，从而提高系统容量。

TD - SCDMA 系统中动态信道分配 DCA 的方法有如下几种：

(1) 时域动态信道分配。因为 TD - SCDMA 系统采用了 TDMA 技术，在一个 D - SCDMA载频上，使用 7 个常规时隙，减少了每个时隙中同时处于激活状态的用户数量。每载频多时隙，可以将受干扰最小的时隙动态分配给处于激活状态的用户。

(2) 频域动态信道分配。频域 DCA 中每一小区使用多个无线信道(频道)。在给定频谱范围内，与 5 MHz 的带宽相比，TD - SCDMA 的 1.6 MHz 带宽使其具有 3 倍以上的无线信道数(频道数)。可以把激活用户分配在不同的载波上，从而减小小区内用户之间的干扰。

(3) 空域动态信道分配。因为 TD - SCDMA 系统采用智能天线技术，可以通过用户定位、波束赋形来减小小区内用户之间的干扰，增加系统容量。

(4) 码域动态信道分配。在同一个时隙中，通过改变分配的码道来避免偶然出现的码道质量恶化。

2) 动态信道分配分类

(1) 慢速 DCA。慢速 DCA 主要针对两个问题：一是由于每个小区的业务量情况不同，所以不同的小区对上、下行链路资源的需求不同；二是为了满足不对称数据业务的需求，不同的小区上、下行时隙的划分是不一样的，相邻小区间因上、下行时隙划分不一致会带来交叉时隙干扰。所以慢速 DCA 主要有两个方面：一是将资源分配到小区，根据每个小区的业务量情况，分配和调整上、下行链路的资源；二是测量网络端和用户端的干扰，并根据本地干扰情况为信道分配优先级，解决相邻小区间由于上、下行时隙划分不一致所带来的交叉时隙干扰。具体的方法是可以在小区边界根据用户实测上、下行干扰情况，决定该用户在该时隙进行哪个方向上的通信比较合适。

(2) 快速 DCA。快速 DCA 主要解决以下问题：不同的业务对传输质量和上、下行资源的要求不同，如何选择最优的时隙、码道资源分配给不同的业务，从而达到系统性能要求，并且尽可能地进行快速处理。快速 DCA 包括信道分配和信道调整两个过程。信道分配是根据其需要资源单元的多少为承载业务分配一条或多条物理信道。信道调整(信道重分配)可以通过 RNC 对小区负荷情况、终端移动情况和信道质量的监测结果，动态地对资源单元(主要是时隙和码道)进行调配和切换。

5. 接力切换技术

1) 接力切换的概念及流程

接力切换是一种应用于同步码分多址(SCDMA)通信系统中的切换方法。该方法不仅具有“软切换”功能，而且可以在使用不同载波频率的 SCDMA 基站之间，甚至在 SCDMA 系统与其他移动通信系统，如 GSM 或 IS-95 CDMA 系统的基站之间实现不丢失信息、不中断通信的理想的越区切换。接力切换适用于同步 CDMA 移动通信系统，是 TD-SCDMA 移动通信系统的核心技术之一。

设计思想：当用户终端从一个小区或扇区移动到另一个小区或扇区时，利用智能天线和上行同步等技术对 UE 的距离和方位进行定位，根据 UE 方位和距离信息作为切换的辅助信息，如果 UE 进入切换区，则 RNC 通知另一基站做好切换的准备，从而达到快速、可靠和高效切换的目的。这个过程就像是田径比赛中的接力赛跑传递接力棒一样，因而我们形象地称之为接力切换。优点：将软切换的高成功率和硬切换的高信道利用率综合到接力切换中，使用该方法可以在使用不同载频的 SCDMA 基站之间，甚至在 SCDMA 系统与其他移动通信系统，如 GSM、IS95 的基站之间实现不中断通信、不丢失信息的越区切换。

同步码分多址通信系统中的接力切换基本过程可描述如下(参见图 7-24～图 7-26)：

(1) MS 和 BS0 通信。

(2) BS0 通知邻近基站信息，并提供用户位置信息(基站类型、工作载频、定时偏差、忙闲等)。

(3) 切换准备(MS 搜索基站，建立同步)。

(4) BS 或 MS 发起切换请求。

(5) 系统决定切换执行。

(6) MS 同时接收来自两个基站的相同信号。

(7) 完成切换。

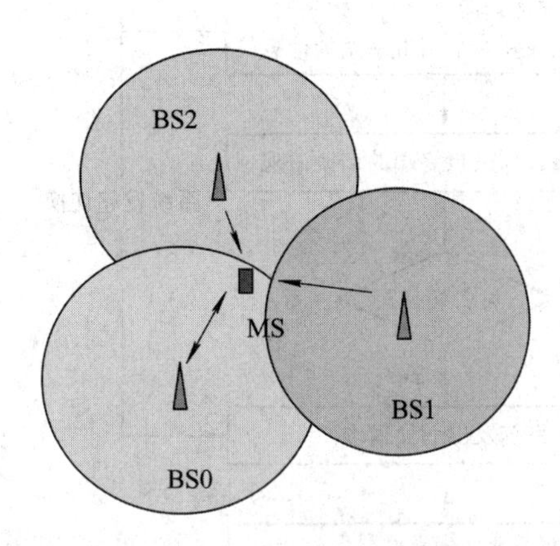

图 7-24 接力切换示意图

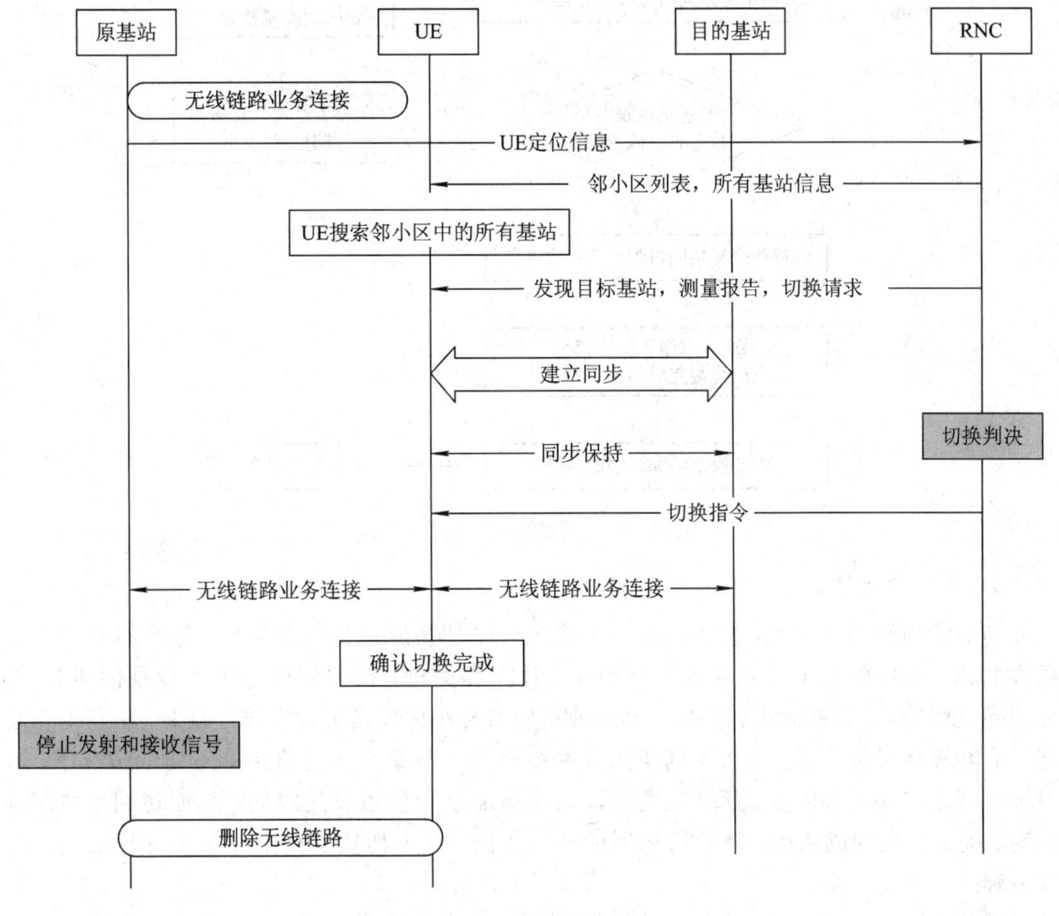

图 7-25 接力切换流程

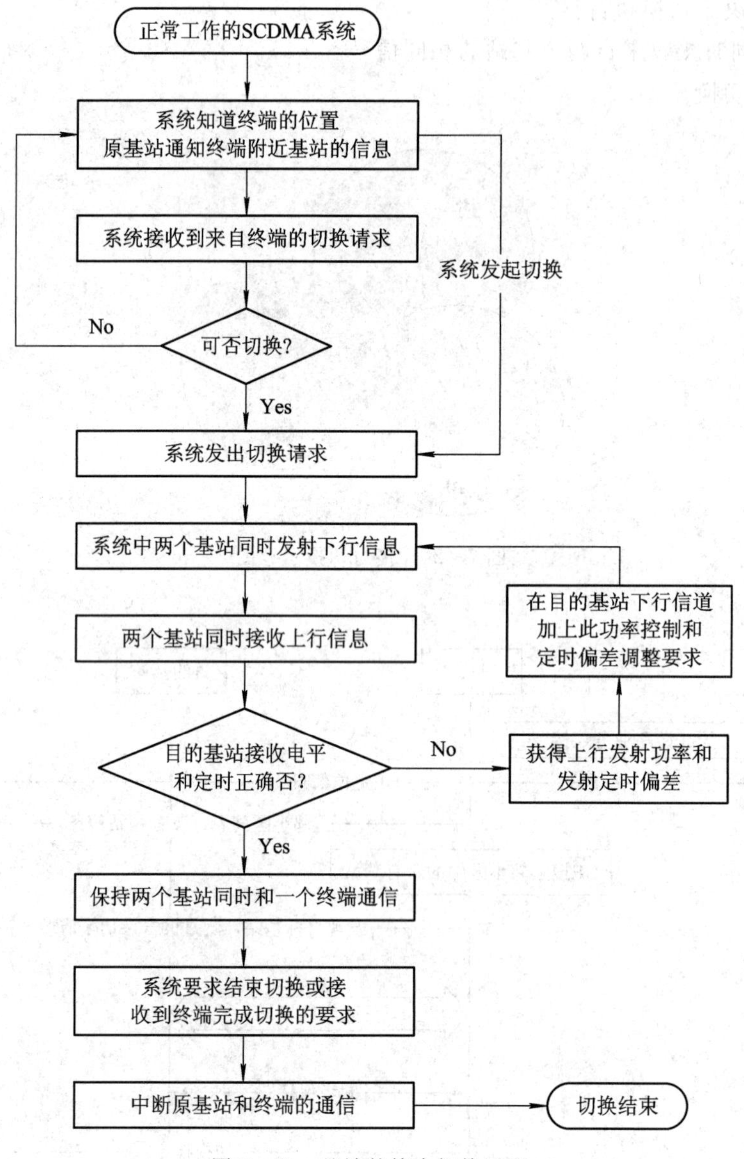

图 7-26　基站的接力切换过程

2) 接力切换的优点

与通常的硬切换相比，接力切换除了要进行硬切换所进行的测量外，还要对符合切换条件的相邻小区的同步时间参数进行测量、计算和保持。接力切换使用上行预同步技术，在切换过程中，UE 从源小区接收下行数据，向目标小区发送上行数据，即上、下行通信链路先后转移到目标小区。上行预同步的技术在移动台与原小区通信保持不变的情况下，与目标小区建立起开环同步关系，提前获取切换后的上行信道发送时间，从而达到减少切换时间、提高切换的成功率、降低切换掉话率的目的。接力切换是介于硬切换和软切换之间的一种新的切换方法。

与软切换相比，接力切换与硬切换都具有较高的切换成功率、较低的掉话率以及较小的上行干扰等优点。不同之处在于接力切换不需要同时有多个基站为一个移动台提供服务，因而克服了软切换需要占用的信道资源多、信令复杂、增加下行链路干扰等缺点。

与硬切换相比，接力切换与软切换具有较高的资源利用率、简单的算法以及较轻的信令负荷等优点。不同之处在于接力切换断开原基站和与目标基站建立通信链路几乎是同时进行的，因而克服了传统硬切换掉话率高、切换成功率低的缺点。

传统的软切换、硬切换都是在不知道 UE 的准确位置下进行的，因而需要对所有邻小区进行测量，而接力切换只对 UE 移动方向的少数小区测量。

习 题 7

1. 3G 网络有哪些基本特点？
2. 3G 标准化组织有哪些？目前三大主流 3G 系统都是由哪些标准化组织完成的？
3. 请画出 CDMA2000 系统的网络接口协议模型图。
4. CDMA2000 系统有哪些关键技术？它们是如何在系统中起作用的？
5. 软切换和硬切换的区别在哪里？如何区分更软切换和软切换？
6. 呼吸效应对网络有何影响？如何运用呼吸效应对网络进行规划和优化？
7. WCDMA 系统和 CDMA2000 系统相比有哪些异同之处？
8. WCDMA 系统的语音和低速信令采用何种编码？数据业务采用何种编码？
9. WCDMA 系统和 CDMA2000 系统(R0 版本)在上、下行速率上的差异是多少？
10. 什么是接力切换？
11. 和其他两大系统对比，TD-SCDMA 系统有哪些特殊的关键技术？

第8章　4G移动通信系统

8.1　4G概述

8.1.1　4G的概念与LTE

4G英文全称是The 4th Generation Mobile Communication Technology，意思是第四代移动电话通信标准，是相对于3G的下一代移动通信网络。

20世纪90年代早期，欧洲就开始了4G移动通信技术的研究。2010年5月25日，由爱立信和瑞典运营商TeliaSonera在斯德哥尔摩启动全球首个LTE商用试点。

我国的4G移动通信技术于2000年开始酝酿，随后于2001年启动了“Future计划”项目，用以研究4G基础技术。工信部于2013年年底发放了4G运营牌照。截止2017年上半年，我国4G用户已达到8.88亿户，占到整个移动用户的65%。

LTE (Long Term Evolution，长期演进) 项目是3G的演进，它改进并增强了3G的空中接入技术，采用OFDM和MIMO作为其无线网络演进的唯一标准。LTE系统能够快速传输数据以及高质量音频、视频和图像。LTE TDD理论峰值传输速率为下行100 Mb/s、上行50 Mb/s；LTE FDD理论峰值传输速率为下行150 Mb/s、上行40 Mb/s。

严格意义上来讲，LTE只是3.9G，尽管被宣传为4G无线标准，但它其实并未被3GPP认可为国际电信联盟所描述的下一代无线通信标准IMT Advanced，因此在严格意义上其还未达到4G的标准。只有升级版的LTE Advanced才满足国际电信联盟对4G的要求。

LTE Advanced满足ITU的IMT Advanced技术征集的需求，是3GPP形成欧洲IMT Advanced技术提案的一个重要来源。它是一种后向兼容的技术，完全兼容LTE，是演进而不是革命，相当于HSPA和WCDMA这样的关系。

8.1.2　LTE的特征与频谱

1. LTE的系统特征

LTE通信系统在业务上具有网络频谱更宽、频带使用效率更高、智能性能更高、通信速度更快、通信费用更加便宜、能提供各种增值服务、能实现更高质量的多媒体通信等特点。

1) 通信速率高

LTE 实现了峰值速率的显著提高。在 20 MHz 带宽内实现 100 Mb/s 的下行峰值速率和 50 Mb/s 的上行峰值速率。

2) 频谱效率高

LTE 的平均用户吞吐率和频谱效率下行达到 HSDPA 的 3～4 倍，上行达到 HSUPA 的 2～3 倍，系统平均频谱效率则可以达到 1.58/0.66 b/s/Hz/小区。

3) 延迟小

LTE 的子帧长度为 0.5 ms 和 0.675 ms，解决了向下兼容的问题，并降低了网络时延；以单一形式的节点结构 eNode B，有效改善了用户平面和控制平面时延，使控制面延迟小于 100 ms，用户面时延小于 5 ms。

4) 架构简单，服务质量高

LTE 通信系统采用了 OFDMA、MIMO 等技术，取消了 RNC，代以更扁平高效的网络层结构；以信道共用为基础，以分组域业务为主要目标，系统在整体架构上基于分组交换；通过系统设计和严格的 QoS 机制，保证了实时业务(如 VoIP)的服务质量。

5) 系统部署灵活

LTE 的系统部署灵活，能够支持 1.25～20 MHz 间的多种系统带宽，并支持成对和非成对的频谱分配，保证了将来在系统部署上的灵活性。

6) 兼容性好

LTE 支持增强型广播多播业务、增强的 IMS(IP 多媒体子系统)和核心网、自组网(Self-organising Network)操作、与现有 3GPP 和非 3GPP 系统的互操作，强调向下兼容。

7) 具有较好的移动性

LTE 的终端移动速度为 0～15 km/h 时拥有最佳性能；为 15～120 km/h 时有较好性能；为 120～350 km/h 时能保持连接，确保不掉线。

8) 覆盖范围广

LTE 的覆盖范围在 0～5 km 时满足上述吞吐量和移动性目标；在 5～30 km 时轻微降低；最大覆盖范围可达 100 km。

2. LTE 的频谱

LTE 网络通过无线电波进行信息的传输，而无线电波具有不同的频率，每一块频率范围可以划分成一个频段，也可以称之为一个频谱。一般来说，300 MHz～30 GHz 的频谱适用于无线通信和无线网络。

在 ITU-R WRC 2007 大会上，ITU 确定了 450～470 MHz、790～806 MHz、2300～2400 MHz，共 136 MHz 频率用于全球的 IMT，另外部分国家可以指定 698 MHz 以上的 UHF(Ultra High Frequency，特高频)频段、3400～3600 MHz 频段用于 IMT。

目前，3GPP LTE 频谱频段划分如表 8－1 所示，其中，频段 1～频段 25 为 LTE FDD 频段；频段 33～频段 43 为 LTE TDD 频段。

表 8－1 写入 3GPP 规范的 LTE 频段表

E－UTRA 频段	上行(UL)频段	下行(DL)频段	双工模式
	F_{UL_low}～F_{UL_high}/MHz	F_{DL_low}～F_{DL_high}/MHz	
1	1920～1980	2110～2170	FDD
2	1850～1910	1930～1990	FDD
3	1710～1785	1805～1880	FDD
4	1710～1755	2110～2155	FDD
5	824～849	869～894	FDD
6	830～840	875～885	FDD
7	2500～2570	2620～2690	FDD
8	880～915	925～960	FDD
9	1749.9～1784.9	1844.9～1879.9	FDD
10	1710～1770	2110～2170	FDD
11	1427.9～1447.9	1475.9～1495.9	FDD
12	699～716	729～746	FDD
13	777～787	746～756	FDD
14	788～798	758～768	FDD
15	保留	保留	FDD
16	保留	保留	FDD
17	704～716	734～746	FDD
18	815～830	860～875	FDD
19	830～845	875～890	FDD
20	832～862	791～821	FDD
21	1447.9～1462.9	1495.9～1510.9	FDD
22	3410～3490	3510～3590	FDD
23	2000～2020	2180～2200	FDD
24	1626.5～1660.5	1525～1559	FDD

续表

E-UTRA 频段	上行(UL)频段	下行(DL)频段	双工模式
	$F_{UL\_low} \sim F_{UL\_high}$/MHz	$F_{DL\_low} \sim F_{DL\_high}$/MHz	
25	1850～1915	1930～1995	FDD
…			
33	1900～1920	1900～1920	TDD
34	2010～2025	2010～2025	TDD
35	1850～1910	1850～1910	TDD
36	1930～1990	1930～1990	TDD
37	1910～1930	1910～1930	TDD
38	2570～2620	2570～2620	TDD
39	1880～1920	1880～1920	TDD
40	2300～2400	2300～2400	TDD
41	2496～2690	2496～2690	TDD
42	3400～3600	3400～3600	TDD
43	3600～3800	3600～3800	TDD

目前我国的 4G 频谱分配情况如表 8-2 所示。

表 8-2　我国的 4G 频谱分配

运营商	频谱资源	频　段
中国移动	130	1880～1900 MHz、2320～2370 MHz、2575～2635 MHz
中国联通	40 MHz	2300～2320 MHz、2555～2575 MHz
中国电信	40 MHz	2370～2390 MHz、2635～2655 MHz

8.2　LTE 系统的结构

8.2.1　总体架构

LTE 采用了基于 OFDM 技术的空中接口技术，取消了 3G 网络中的 RNC 部分，使得网络结构更加扁平化。原 RNC 部分的功能分别在 eNode B 和 MME 中予以实现。eNode B 提供 E-UTRAN 用户面的 PDCP、RLC、MAC、物理层协议的功能和 RRC 的功能。LTE 的系统结构如图 8-1 所示。

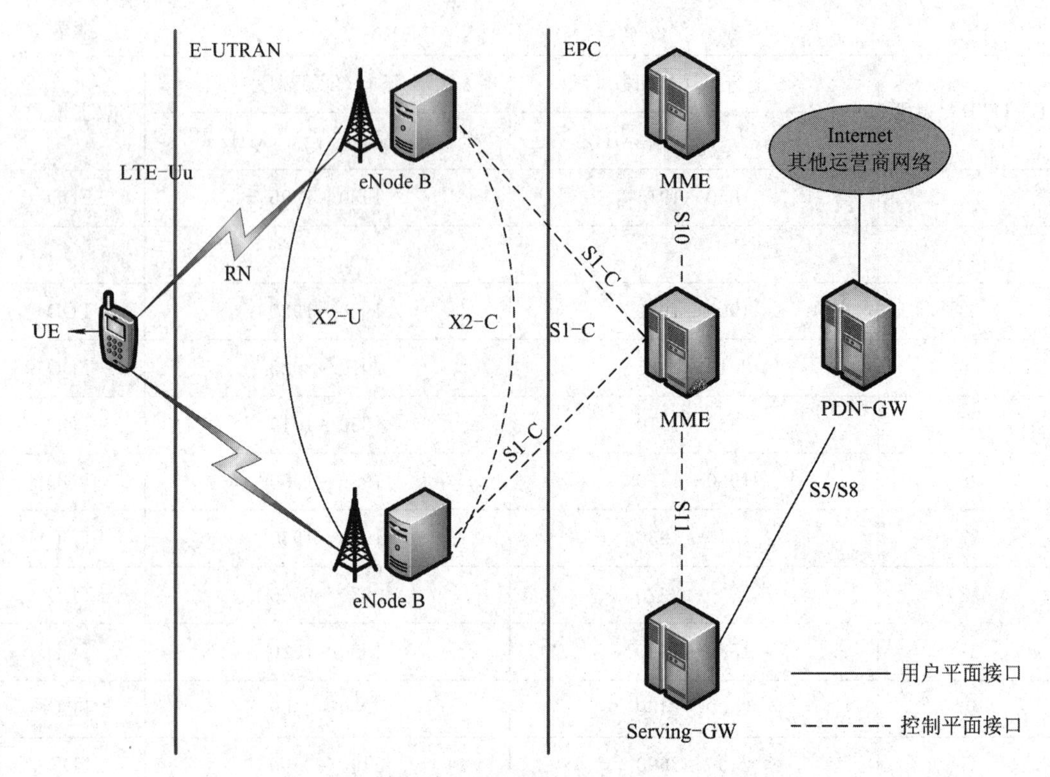

图 8-1　LTE 的系统结构

1. 逻辑节点

LTE 系统的主要逻辑节点如下：

(1) UE：User Equipment，用户终端，包含手机、智能终端、多媒体设备、流媒体设备等。

(2) eNode B：evolved Node B，即演进型 Node B，简称 eNode B，相比 3G 中的 Node B，集成了部分 RNC 的功能，减少了通信时协议的层次。

(3) MME：Mobility Management Entity，移动性管理实体。

(4) Serving-GW/S-GW：Serving Gateway，服务网关。

(5) PDN-GW/P-GW：PDN 网关。

2. 主要接口

LTE 系统的主要接口如下：

(1) X2 接口：是 eNode B 之间的接口，支持数据和信令的直接传输。eNode B 之间通过 X2 接口互相连接，形成了网状网络。

(2) S1 接口：LTE eNode B 与 EPC 之间的通信接口。

(3) S10 接口：MME 之间的通信接口。

(4) S11 接口：MME 和 S-GW 之间的通信接口。

(5) S5 接口：连接到本地 PDN-GW 时使用的接口。

(6) S8 接口：本地 S-GW 是外地 PDN-GW 连接使用的接口，一般情况下相同 PLMN 的 SGW 和 PGW 的接口是 S5，不同 PLMN 的 SGW 和 PGW 的接口是 S8。

8.2.2　E－UTRAN 系统结构

LTE 中的移动通信无线网络称为 E－UTRAN（Evolved UMTS Terrestrial Radio Access Network，演进的 UMTS 陆地无线接入网）。E－UTRAN 的系统结构如图 8－2 所示。

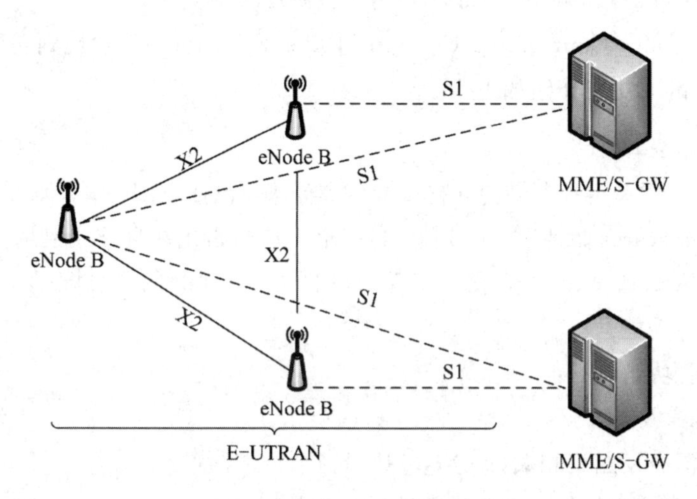

图 8－2　E－UTRAN 的系统结构

接入网 E－UTRAN 基本上只有一个节点，即与用户终端（UE）相连的 eNode B，主要接口为 X2 和 S1。

eNode B 的主要功能包括：RRM、IP 头压缩及用户数据流加密、UE 附着时的 MME 选择、寻呼信息的调度传输、广播信息的调度传输以及设置和 eNode B 的测量等。

8.2.3　EPC 系统结构

LTE 的核心网络称为 EPC（Evolved Packet Core，演进分组核心网络），不同于以往的蜂窝系统，它仅支持 PS 域分组交换业务，而不支持 CS 域电路交换业务。EPC 的系统结构如图 8－3 所示。

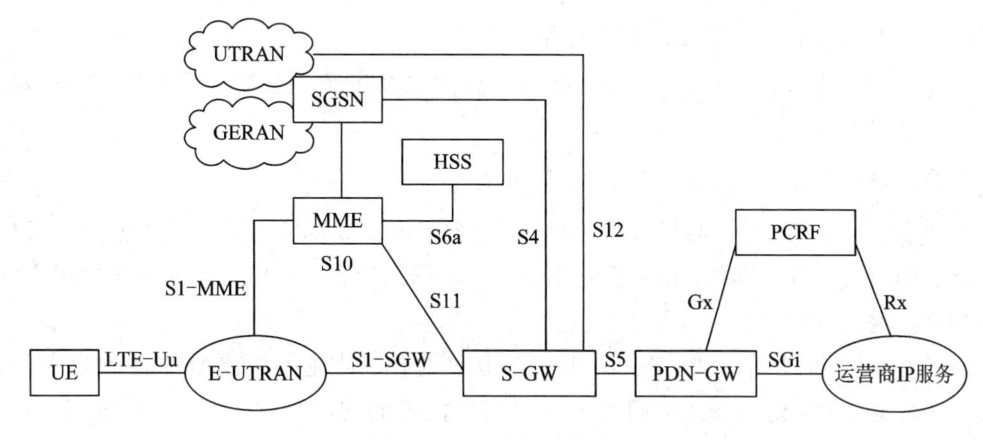

图 8－3　EPC 的系统结构

EPC 内的主要逻辑节点有：

(1) PDN－GW/P－GW：PDN 网关。

(2) Serving－GW/S－GW：Serving Gateway，服务网关

(3) MME：Mobility Management Entity，移动性管理实体。

(4) HSS：Home Subscriber Server，用户归属服务器。

(5) PCRF：Policy Control and Charging Rules Function，计费规则功能模块。

EPC 的主要网元功能介绍如下。

1. MME

MME 是 EPC 的关键控制节点，它负责信令处理，包括空闲模式 UE 的定位、传呼、中继等。MME 涉及 bearer 激活/关闭过程，当一个 UE 初始化并且连接到时为这个 UE 选择一个 S－GW。MME 通过和 HSS 交互实现用户的认证，并为用户分配一个临时 ID。MME 支持拦截、监听等功能。

MME 的主要功能包括：

(1) NAS 信令及其安全。

(2) 将寻呼消息发送到相关的 eNode B，可执行寻呼优化。

(3) 安全控制(鉴权认证、信令完整性保护和数据加密)。

(4) 跨 CN 的信令(支持不同 3GPP 接入网络之间的移动性)。

(5) 空闲状态 UE 可达(含寻呼重传消息的控制和执行)。

(6) 跟踪区(TA)列表管理(空闲态和激活态 UE)。

(7) PDN－GW(P－GW)和 S－GW 的选择。

(8) 切换中 MME 发生变化时的 MME 选择。

(9) 切换到 2G 或 3G 接入网时的 SGSN 选择。

(10) 漫游。

(11) 空闲状态的移动性控制。

(12) 承载管理功能，包括专用承载的建立。

(13) 非接入层信令的加密和完整性保护。

(14) 支持 PWS(Public Warning System，公共预警系统，包括 ETWS 和 CMAS)消息的发送。

2. S－GW

S－GW 是 EPC 中用户面接入服务网关，相当于传统 SGSN 的用户面功能。在 EPC 中对 SGSN 的功能进行了拆分，信令面功能由 MME 网元负责，而用户数据转发的用户面功能由 SGW 网元接管。

S－GW 的主要功能包括：当 eNode B 间切换时作为本地锚定点并协助完成 eNode B 的重排序功能；作为在 3GPP 不同接入系统间切换时的移动性锚点(终结在 S4 接口，在 2G/3G系统和 P－GW 间实现业务路由)；进行合法侦听以及数据包的路由和前转；进行 PDN 和 QCI 的上行链路和下行链路的相关计费等。

3. P-GW

P-GW是EPC网络的边界网关，主要功能有：分组数据包路由和转发；3GPP和非3GPP网络间的Anchor；UE IP地址分配，接入外部PDN的网关；基于用户的包过滤；合法侦听；计费和QoS策略执行；DIP；基于业务的计费；在上行链路中进行数据包传送级标记；上、下行服务等级计费以及服务水平门限的控制；基于业务的上、下行速率的控制等。

4. PCRF

PCRF是业务数据流和IP承载资源的策略与计费控制策略决策点，主要功能包括：用户的签约数据管理；用户、计费策略控制；事件触发条件定制；业务优先级化与冲突处理；QOS，网络安全性；IP-CAN承载与IP-CAN会话相关联策略信息的管理等。PCRF还可用于：对无限量包月的滥用者限制带宽；保证高端用户的流量带宽；保证高质量业务的服务质量；动态配置计费策略，完成内容计费。

5. HSS

HSS相当于3G中的HLR，是LTE的用户设备管理单元，实现LTE用户的认证鉴权等功能。HSS是所有永久用户的静态数据库，记录了访问网络的控制节点、存储了用户的主备份数据。HSS主要功能包括：存储用户相关的信息；签约数据管理和鉴权，如用户接入网络类型限制、用户APN信息管理、计费信息管理；支持多种卡类和多种方式的鉴权；与不同域和子系统中的呼叫控制和会话管理实体互通等。

8.3 LTE的关键技术

LTE的关键技术包括OFDM技术、MIMO技术、HARQ技术、动态资源分配技术与链路适配技术等。

8.3.1 OFDM技术

1. OFDM基本概念

在通信系统中，信道所能提供的带宽通常比传送一路信号所需的带宽要宽得多。一个信道只传送一路信号是非常浪费的，为了能够充分利用信道的带宽，可以采用频分复用的方法。在传统的并行数据传输系统中，整个信号频段被划分为N个相互不重叠的频率子信道，每个子信道传输独立的调制符号，然后再将N个子信道进行频率复用。这种方法避免了信道频谱重叠，看起来有利于消除信道间的干扰，但是却不能有效利用频谱资源。

OFDM(Orthogonal Frequency Division Multiplexing)是一种能够充分利用频谱资源的多载波传输方式，即正交频分复用多载波调制技术。OFDM的基本思想是：将频域划分为多个子信道，各相邻子信道相互重叠，但不同子信道相互正交；将高速的串行数据流分解成若干并行的子数据流同时传输；正交信号可以通过在接收端采用相关技术来分开，这样可以减少子信道之间的相互干扰。由于子载波的频谱相互重叠，这种方式可以得到较高的频谱效率，可以高效地解决宽带移动通信系统中的频率选择性衰落和符号间干扰的问题，其原理图如图 8－4 所示。

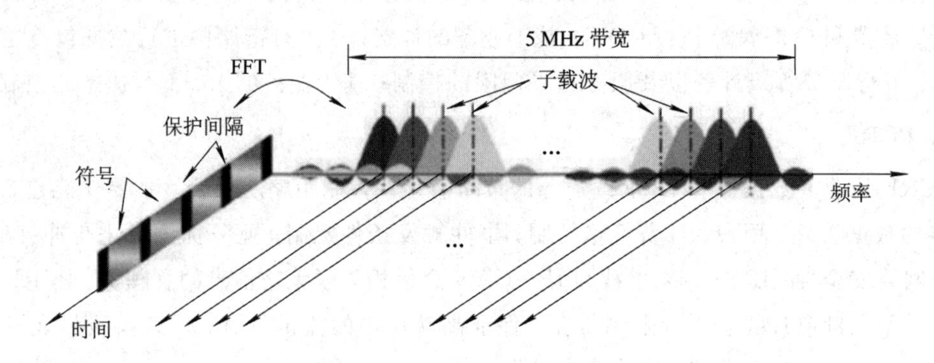

图 8－4 OFDM 原理图

常规频分复用与 OFDM 的信道分配情况如图 8－5 所示，可以看出，OFDM 能大大节约频谱资源。

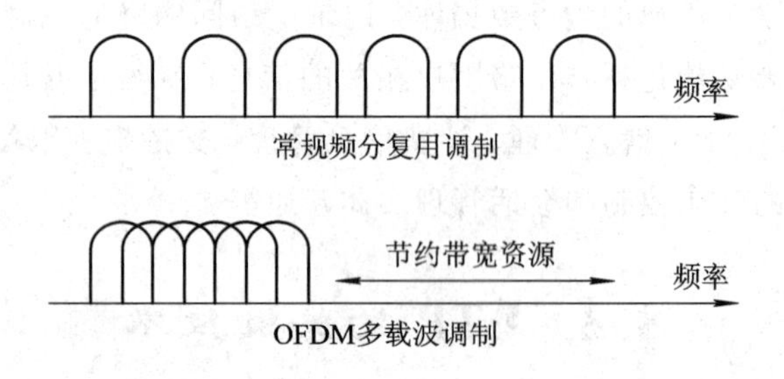

图 8－5 常规 FDM 与 OFDM 调制

2. OFDM 发射机

OFDM 系统通过采用快速傅里叶变换(FFT)和反向快速傅里叶变换(IFFT)来实现时域和频域表达式之间的转换。FFT 运算将信号表达式从时域变换到频域。反向快速傅里叶变换(IFFT)则将信号表达式从频域变换到时域。

在 OFDM 发射处理过程中，会对数据进行串/并变换，即将串行数据变换为并行的，这一过程的主要目的是为了便于做傅里叶变换。串/并变换之后进行的傅里叶变换在不同阶段是不同的，在调制部分是反变换(IFFT)，在解调部分是正变换(FFT)。最后还要再通过并/串变换将之变为串行数据输出。

在 OFDM 发射处理过程中，还会用到星座映射。所谓星座映射，是指将输入的串行数据 首先做一次调制，再经由 FFT 分布到各个子信道上去。调制的方式可以有许多种，包括 BPSK、QPSK、QAM 等。

在 OFDM 系统中，符号间干扰(ISI)会导致较高的误码率，同时产生载波间干扰(ICI)，损失正交性，使系统性能下降。为削弱 ISI 的影响，通常在 OFDM 符号中插入保护间隔(CP)，其长度一般等于信道冲击响应长度。保护间隔可以不包含任何信号，但是这样也会引入 ICI，破坏了子载波间的正交性。如果引入的保护间隔由信号的循环扩展构成，即引入循环前缀，长度满足消除 ISI 的循环前缀即可消除 ICI。

增加 CP 的目的是避免符号间干扰，当发射机增加的 CP 长度大于信道冲击响应时，接收机通过丢弃 CP 就可避免前一符号的干扰。CP 带来带宽和功率的浪费，需要解决符号间和子载波间干扰的角度与频谱效率的角度均衡。一般 CP 长度设置为大于传播环境中的时延扩展。

OFDM 的发射处理流程(见图 8-6)为：

(1) 将数据先进行串/并转换。通过串/并转换和星座映射，把高速串行数据转换成 N 个并行的低速数据，并映射到 N 个不同的子载波。

(2) 进入反向快速傅里叶变换模块，进行 IFFT 处理。

(3) IFFT 处理后的数据再经并/串变换，插入 CP，避免符号间干扰。

(4) 进入载波调制。

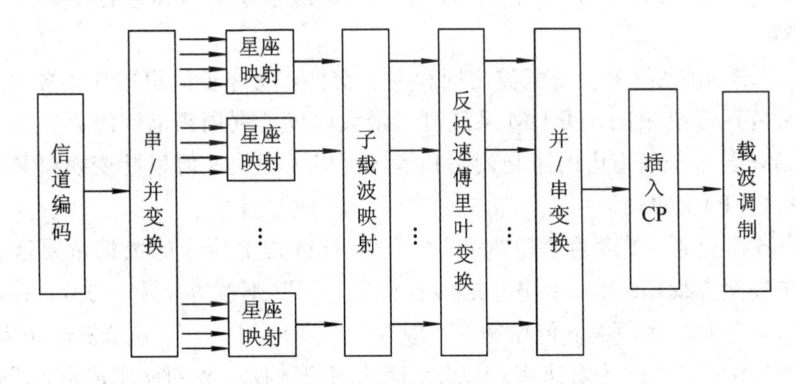

图 8-6 OFDM 发射处理流程

OFDM 可以给用户分配任意的子载波，可在时域和频域两个维度上进行调度，从而获得额外的频率分集增益，可以消除瞬时干扰和频率选择性衰落。为降低信令负荷与开销比例，LTE 系统的资源调度是以资源块为粒度进行的，没有采用针对每个子载波的方式。

OFDM 发送在频域对应多个并行子载波，在时域对应多个具有不同频率的正弦波。相对于一次只传输一个符号的常规 QAM 调制器，OFDM 合成信号的包络幅度变化非常强烈，并形成高峰均比特性，如图 8-7 所示。

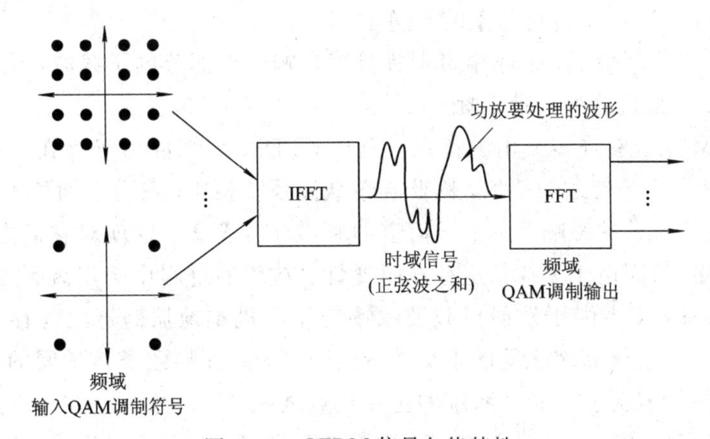

图 8-7 OFDM 信号包络特性

3. OFDM 接收机

OFDM 的接收机不对符号间干扰进行处理，但须对子载波经历的信道响应进行处理。通过增加收发两端均已知的参考或导频信号，接收端可很方便地实现信道估计。通过适当设置参考信号在时域和频域的位置，接收机可估算出信道对不同子载波的影响，从而实现相干解调。典型的接收机解决方案就是频域均衡器。

4. OFDM 的优缺点

OFDM 技术在新移动通信系统中应用越来越广泛，其原因在于 OFDM 系统有着一系列优点，例如：

(1) OFDM 通过把高速数据流进行串/并变换，使得每个子载波上的数据符号持续长度相对增加，从而可以有效地减小无线信道的时间弥散所带来的 ISI，这样就减小了接收机内均衡的复杂度，有时甚至可以不采用均衡器，仅通过采用插入循环前缀的方法就可消除 ISI 的不利影响。

(2) 由于 OFDM 系统各个子载波之间存在正交性，允许子信道的频谱相互重叠，因此与常规的频分复用系统相比，OFDM 系统可以最大限度地利用频谱资源。

(3) OFDM 各个子信道中的正交调制和解调可以采用快速傅里叶变换(FFT)和反向快速傅里叶变换(IFF)来实现。

(4) 无线数据业务一般都存在非对称性，即下行链路中传输的数据量要远大于上行链路中的数据传输量，如 Internet 业务中的网页浏览、FTP 下载等。另一方面，移动终端功率一般小于 1 W，在大蜂窝环境下传输速率一般为 10～100 kb/s；而基站发送功率可以较大，有可能提供 1 Mb/s 以上的传输速率。因此无论从用户数据业务的使用需求，还是从移动通信系统自身的要求考虑，都希望物理层支持非对称高速数据传输，而 OFDM 系统可以很容易地通过使用不同数量的子信道来实现上行和下行链路中不同的传输速率。

(5) 由于无线信道存在频率选择性，不可能所有的子载波都同时处于比较深的衰落情况中，因此 OFDM 系统可以通过动态比特分配以及动态子信道的分配方法，充分利用信噪比较高的子信道，从而提高系统的性能。

(6) OFDM 系统还可以容易地与其他多种接入方法相结合使用，构成 OFDMA 系统，其中包括多载波码分多址 MC-CDMA、跳频 OFDM 以及 OFDM-TDMA 等，使得多个用户可以同时利用 OFDM 技术进行信息的传递。

(7) 在窄带干扰环境下，由于窄带干扰只能影响一小部分的子载波，因此 OFDM 系统可以在某种程度上抵抗这种窄带干扰。

虽然 OFDM 系统有许多突出的优点，但是 OFDM 系统内由于存在多个正交子载波，而其输出信号是多个子信道的叠加，因此与单载波系统相比，有着下面两个主要缺点：

(1) 易受频率偏差的影响。由于子信道的频谱相互覆盖，这就对它们之间的正交性提出了严格的要求，然而由于无线信道存在时变性，在传输过程中会出现无线信号的频率偏移，如多普勒频移，或者由于发射机载波频率与接收机本地振荡器之间存在的频率偏差，都会使得 OFDM 系统子载波之间的正交性遭到破坏，从而导致子信道间的信号相互干扰。这种对频率偏差的敏感是 OFDM 系统的主要缺点之一。

(2) 存在较高的峰值平均功率比。与单载波系统相比，由于多载波调制系统的输出是

多个子信道信号的叠加，因此如果多个信号的相位一致时，所得到的叠加信号的瞬时功率就会远远大于信号的平均功率，导致出现较大的峰值平均功率比(PAPR，简称峰均比)。这就对发射机内放大器的线性提出了很高的要求，如果放大器的动态范围不能满足信号的变化，则会为信号带来畸变，使叠加信号的频谱发生变化，从而导致各个子信道信号之间的正交性遭到破坏，产生相互干扰，使系统性能恶化。

5. OFDM 应用

1）下行多址传输

LTE 系统下行链路采用 OFDMA(Orthogonal Frequency Division Multiple Access，正交频分多址接入)方式，是基于 OFDM 的应用。

OFDMA 将传输带宽划分成相互正交的子载波集，通过将不同的子载波集分配给不同的用户，可用资源在不同移动终端之间被灵活地共享，从而实现不同用户之间的多址接入。这可以看成是一种 OFDM＋FDMA＋TDMA 技术相结合的多址接入方式，如图 8－8 所示。

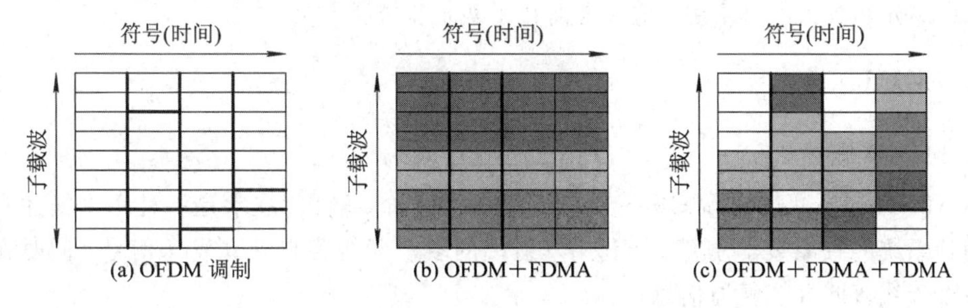

图 8－8　OFDM 与其他多址方式的结合

如果将 OFDM 本身理解为一种传输方式，图 8－8(a)就表示将所有的资源，包括时间、频率都分配给了一个用户，OFDM 融入 FDMA 的多址方式后如图 8－8(b)所示，即将子载波分配给不同的用户进行使用。此时 OFDM＋FDMA 与传统的 FDMA 多址接入方式最大的不同就是，分配给不同用户的相邻载波之间是部分重叠的。一旦在时间上对载波资源加以动态分配就构成了 OFDM＋FDMA＋TDMA 的多址方式，如图 8－8(c)所示，即根据每个用户需求的数据传输速率、当时的信道质量对频率资源进行动态分配。

在 OFDMA 系统中，可以为每个用户分配固定的时间-频率方格图，使每个用户使用特定的部分子载波，而且各个用户之间所用的子载波是不同的，如图 8－9 所示。

频率

a		d		a		d		a		d	
a		d		a		d		a		d	
a	c	c		a	c	c		a	c	c	
a	c	c		a	c	c		a	c	c	
b		e	g	b		e	g	b		e	g
b		e	g	b		e	g	b		e	g
b		f	g	b		f	g	b		f	g
b		f	g	b		f	g	b		f	g

时间

图 8－9　OFDMA 系统子载波分配案例

OFDMA 方案中，还可以很容易地引入跳频技术，即在每个时隙中，可以根据跳频图样来选择每个用户所使用的子载波频率。这样允许每个用户使用不同的跳频图样进行跳频，就可以把 OFDMA 系统变换成为跳频 CDMA 系统，从而可以利用跳频的优点为 OFDM 系统带来好处。跳频 OFDMA 的最大好处在于为小区内的多个用户设计正交跳频图样，从而可以相对容易地消除小区内的干扰。

2）上行多址传输

与基站比较，终端设备对成本更敏感，耗电问题也是人们非常关注的问题，因此 TD－LTE下行采用 OFDM 技术，但上行采用单载波频分多址 SC－FDMA 技术方案，其优势是具有更低的峰均比，可以降低对硬件（主要是放大器）的要求，提高功率利用效率。OFDM 的峰均比问题是近年来的一个研究热点，有多种降低峰均比的方法被提出来。这些方法基本上都会导致额外的处理复杂度或频率效率的下降，因此也不利于控制用户终端的成本。SC-FDMA 技术既具有低峰均比的性质，也保持了良好的与下行 OFDM 技术的一致性，如大部分参数都可以重用，这大大简化了实现步骤。

8.3.2 MIMO 技术

1. MIMO 概述

MIMO（Multiple Input Multiple Output，多输入多输出）技术是一种用来描述多天线无线通信系统的抽象数学模型，能利用发射端的多个天线各自独立发送信号，同时在接收端用多个天线接收并恢复原信息。

多天线技术是移动通信领域中无线传输技术的重大突破。通常，多径效应会引起衰落，因而被视为有害因素，然而，多天线技术却能将多径作为一个有利因素加以利用。MIMO 技术利用空间中的多径因素，在发送端和接收端采用多个天线，通过空时处理技术实现分集增益或复用增益，充分利用空间资源，提高了频谱利用率。

总的来说，MIMO 技术的基础目的是：

（1）提供更高的空间分集增益：联合发射分集和接收分集两部分的空间分集增益，提供更大的空间分集增益，保证等效无线信道更加“平稳”，从而降低误码率，进一步提升系统容量。

（2）提供更大的系统容量：在信噪比 SNR 足够高，同时信道条件满足“秩＞1”时，可以在发射端把用户数据分解为多个并行的数据流；然后分别在每根发送天线上进行同时刻、同频率的发送，同时保持总发射功率不变；最后，再由多元接收天线阵根据各个并行数据流的空间特性，在接收机端将其识别，并利用多用户解调结束，最终恢复出原数据流。

2. LTE 中的 MIMO 模型

无线通信系统中通常采用如下几种传输模型：单输入单输出（SISO）系统、多输入单输出（MISO）系统、单输入多输出（SIMO）系统和多输入多输出（MIMO）系统。这几种传输模型如图 8－10 所示。

在一个无线通信系统中，天线是处于最前端的信号处理部分。提高天线系统的性能和效率，将会直接给整个系统带来可观的增益。传统天线系统的发展经历了从单发/单收 SISO天线，到多发/单收 MISO 天线，再到单发/多收 SIMO 天线的阶段。

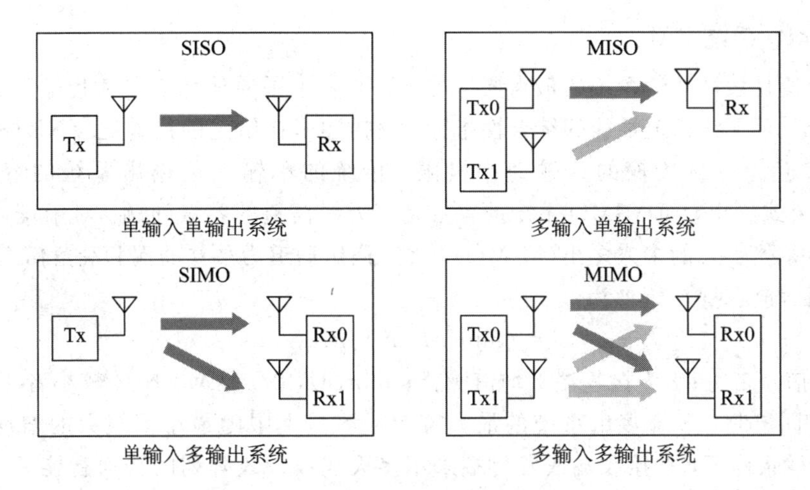

图 8-10 无线通信系统传输模型

为了尽可能地抵抗这种时变-多径衰落对信号传输的影响，人们不断地寻找新的技术。采用时间分集（时域交织）和频率分集（扩展频谱）技术就是在传统 SISO 系统中抵抗多径衰落的有效手段，而空间分集（多天线）技术就是 MISO、SIMO 或 MIMO 系统进一步抵抗衰落的有效手段。

LTE 系统中常用的 MIMO 模型有下行单用户 MIMO（SU-MIMO）模型和上行多用户 MIMO（MU-MIMO）模型。

SU-MIMO：指在同一时频单元上一个用户独占所有空间资源，这时的预编码考虑的是单个收发链路的性能，其传输模型如图 8-11 所示。

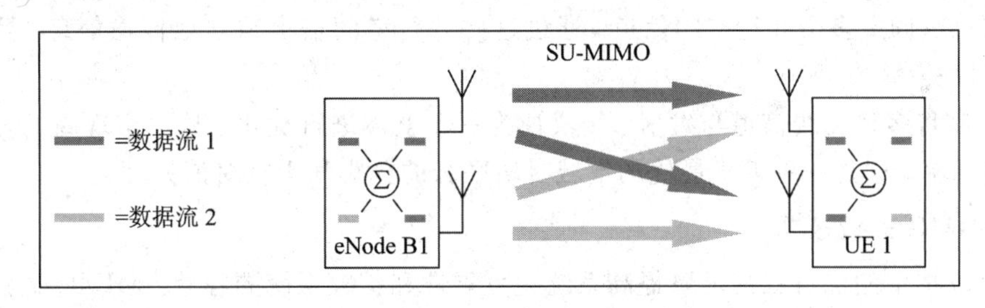

图 8-11 SU-MIMO 传输模型

MU-MIMO：指多个终端同时使用相同的时频资源块进行上行传输，其中每个终端都是采用 1 根发射天线，系统侧接收机对上行多用户混合接收信号进行联合检测，最后恢复出各个用户的原始发射信号。上行 MU-MIMO 是大幅提高 LTE 系统上行频谱效率的一个重要手段，但是无法提高上行单用户峰值吞吐量，其传输模型如图 8-12 所示。

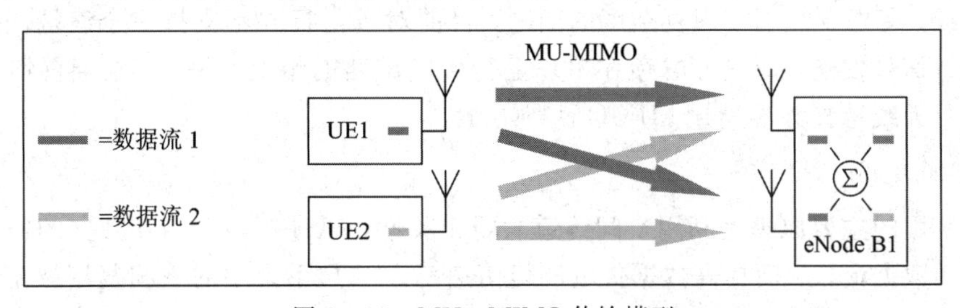

图 8-12 MU-MIMO 传输模型

3. MIMO 系统容量

系统容量是表征通信系统的最重要标志之一，表示了通信系统最大传输率。无线信道容量是评价一个无线信道性能的综合性指标，它描述了在给定的信噪比(SNR)和带宽条件下，某一信道能可靠传输的传输速率极限。传统的单输入单输出系统的容量由香农(Shannon)公式给出，而 MIMO 系统的容量是多天线信道的容量问题。对于发射天线数为 N，接收天线数为 M 的多入多出(MIMO)系统，假定信道为独立的瑞利衰落信道，并设 N、M 很大，则信道容量 C 近似为

$$C=[\min(M,\ N)]B\mathrm{lb}(\rho/2)$$

其中，B 为信号带宽；ρ 为接收端平均信噪比；$\min(M,\ N)$为 M、N 的较小者。上式表明，功率和带宽固定时，多入多出系统的最大容量或容量上限随最小天线数的增加而线性增加。而在同样条件下，在接收端或发射端采用多天线或天线阵列的普通智能天线系统，其容量仅随天线数的对数增加而增加。相对而言，多入多出对于提高无线通信系统的容量具有极大的潜力。

通常，多径要引起衰落，因而被视为有害因素。然而研究结果表明，对于 MIMO 系统来说，多径可以作为一个有利因素加以利用。MIMO 系统在发射端和接收端均采用多天线(或阵列天线)和多通道，MIMO 的多入多出是针对多径无线信道来说的。传输信息流 $s(k)$ 经过空时编码形成 N 个信息子流 $c_i(k)$，$i=1$，…，N。这 N 个子流由 N 个天线发射出去，经空间信道后由 M 个接收天线接收。多天线接收机利用先进的空时编码处理技术能够分开并解码这些数据子流，从而实现最佳的处理。特别是，这 N 个子流同时发送到信道，各发射信号占用同一频带，因而并未增加带宽。若各发射/接收天线间的通道响应独立，则多入多出系统可以创造多个并行空间信道。通过这些并行空间信道独立地传输信息，数据传输率必然可以提高。

MIMO 将多径无线信道与发射、接收视为一个整体进行优化，从而实现高的通信容量和频谱利用率。这是一种近于最优的空域时域联合的分集和干扰对消处理。

4. MIMO 关键技术

MIMO 技术的优点就是可以提高系统的可靠性和扩大系统的容量。MIMO 通过空间分集技术和空分复用技术分别解决可靠性问题和容量问题。

为了满足系统中高速数据传输速率和高系统容量方面的需求，LTE 系统的下行 MIMO 技术支持 2×2 的基本天线配置。下行 MIMO 技术主要包括空间分集、空间复用及波束赋形三大类。与下行 MIMO 技术相同，LTE 系统上行 MIMO 技术也包括空间分集和空间复用。在 LTE 系统中，应用 MIMO 技术的上行基本天线配置为 1×2，即一根发送天线和两根接收天线。考虑到终端实现复杂度的问题，目前对于上行并不支持一个终端同时使用两根天线进行信号发送，即只考虑存在单一上行传输链路的情况。因此，在当前阶段上行仅仅支持上行天线选择和多用户 MIMO 两种方案。

1) 空间复用

空间复用的主要原理是利用空间信道的弱相关性，通过在多个相互独立的空间信道上传输不同的数据流，从而提高数据传输的峰值速率。LTE 系统中的空间复用技术分为开环空间复用和闭环空间复用。

(1) 开环空间复用：LTE 系统支持基于多码字的空间复用传输。所谓多码字，指用于空间复用传输的多层数据来自于多个不同的、独立进行信道编码的数据流，每个码字可以独立地进行速率控制。

(2) 闭环空间复用：即所谓的线性预编码技术。线性预编码技术的作用是将天线域的处理转化为波束域进行处理，在发射端利用已知的空间信道信息进行预处理操作，从而进一步提高用户和系统的吞吐量。线性预编码技术可以按其预编码矩阵的获取方式划分为两大类：非码本的预编码和基于码本的预编码。

在目前的 LTE 协议中，下行采用的是 SU－MIMO。可以采用 MIMO 发射的信道有 PDSCH 和 PMCH，其余的下行物理信道不支持 MIMO，只能采用单天线发射或发射分集。

2) 空间分集

采用多个收发天线的空间分集可以很好地对抗传输信道的衰落。空间分集分为发射分集、接收分集和接收发射分集三种。

(1) 发射分集。发射分集是在发射端使用多幅发射天线发射信息，通过对不同的天线发射的信号进行编码达到空间分集的目的，接收端可以获得比单天线高的信噪比。发射分集包含空时发射分集(STTD)、空频发射分集(SFBC)和循环延迟发射分集(CDD)几种。

空时发射分集通过对不同的天线发射的信号进行空时编码达到时间和空间分集的目的；在发射端对数据流进行联合编码以减小由于信道衰落和噪声导致的符号错误概率。空时编码通过在发射端的联合编码增加信号的冗余度，从而使得信号在接收端获得时间和空间分集增益。可以利用额外的分集增益提高通信链路的可靠性，也可在同样可靠性下利用高阶调制提高数据率和频谱利用率。

空频发射分集与空时发射分集类似，不同的是其是对发送的符号进行频域和空域编码，将同一组数据承载在不同的子载波上面获得频率分集增益。

两天线空频发射分集原理图如图 8－13 所示。

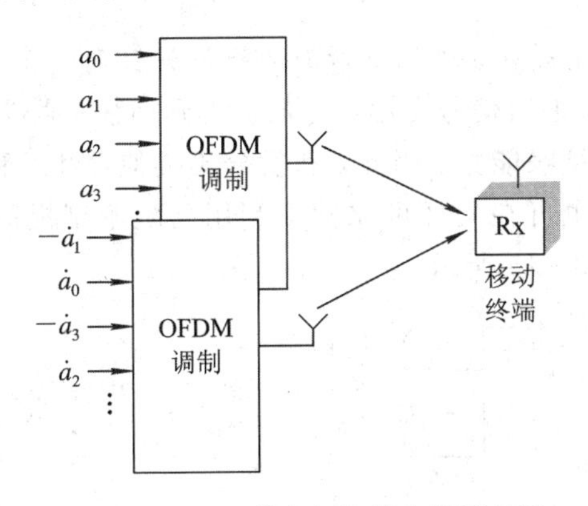

图 8－13　两天线空频发射分集原理图

除两天线空频发射分集外，LTE 协议还支持四天线空频发射分集，并且给出了构造方法。空频发射分集方式通常要求发射天线尽可能独立，以最大限度地获取分集增益。

循环延迟发射分集是一种常见的时间分集方式，可以通俗地理解为发射端为接收端人为制造多径。LTE 中采用的延迟发射分集并非简单的线性延迟，而是利用 CP 特性采用循环延迟操作。根据 DFT 变换特性，信号在时域的周期循环移位(即延迟)相当于频域的线性相位偏移，因此 LTE 的 CDD(循环延迟分集)是在频域上进行操作的。

LTE 协议支持一种与下行空间复用联合作用的大延迟 CDD 模式。大延迟 CDD 将循环延迟的概念从天线端口搬到了 SU-MIMO 空间复用的层上，并且延时明显增大，以两天线为例，延时达到了半个符号积分周期(即 $1024T_s$)。

目前 LTE 协议支持两天线和四天线的下行 CDD 发射分集。CDD 发射分集方式通常要求发射天线尽可能独立，以最大限度地获取分集增益。

(2)接收分集。接收分集指多个天线接收来自多个信道的、承载同一信息的多个独立的信号副本。

由于信号不可能同时处于深衰落情况中，因此在任一给定的时刻至少可以保证有一个强度足够大的信号副本提供给接收机使用，从而提高了接收信号的信噪比。

接收分集原理示意图如图 8-14 所示。

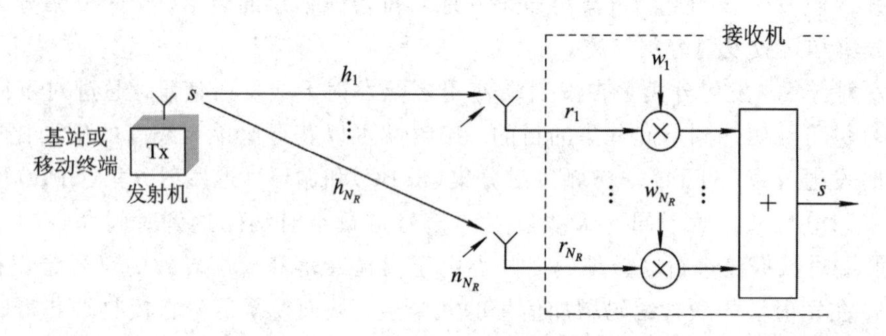

图 8-14　接收分集原理示意图

3) 波束赋形

MIMO 中的波束赋形方式与智能天线系统中的波束赋形类似，在发射端将待发射数据矢量加权，形成某种方向图后到达接收端，接收端再对收到的信号进行上行波束赋形，抑制噪声和干扰。

与常规智能天线不同的是，原来的下行波束赋形只针对一个天线，现在需要针对多个天线；通过下行波束赋形，使得信号在用户方向上得到加强；通过上行波束赋形，使得用户具有更强的抗干扰能力和抗噪能力。因此，和发分集类似，可以利用额外的波束赋形增益提高通信链路的可靠性，也可在同样可靠性下利用高阶调制提高数据传输率和频谱利用率。波束赋形原理图如图 8-15 所示。

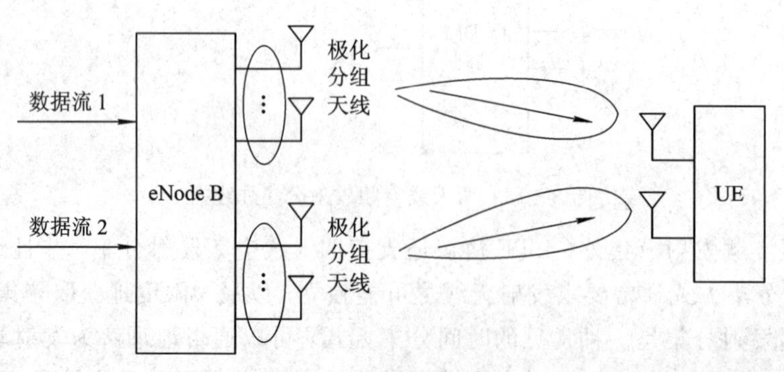

图 8-15　波束赋形原理图

8.3.3　HARQ 技术

为了克服无线移动信道时变和多径衰落对信号传输的影响，4G 可以采用基于前向纠错(FEC)和自动重传请求(ARQ)等差错控制方法，来降低系统的误码率，以确保服务质量。虽然 FEC 方案产生的时延较小，但存在的编码冗余却降低了系统吞吐量；ARQ 在误码率不大时可以得到理想的吞吐量，但产生的时延较大，不宜于提供实时服务。为了克服两者的缺点，将这两种方法结合就产生了混合自动重传请求(HARQ)方案：在一个 ARQ 系统中包含一个 FEC 子系统，当 FEC 的纠错能力可以纠正这些错误时，不需要使用 ARQ；当 FEC 无法正常纠错时，才通过 ARQ 反馈信道请求重发错误码组。

ARQ 和 FEC 的有效结合不仅提供了比单独的 FEC 系统更高的可靠性，而且提供了比单独的 ARQ 系统更高的系统吞吐量。因此，随着对高数据传输率或高可靠业务需求的迅速发展，HARQ 成为无线通信系统中的一项关键技术，并得到了深入的研究和广泛的应用。

1. HARQ 技术

常用的自动重传请求协议包括停等式(SAW)、后退 N 步式和选择重发式(SR)等。

1) 停等式

发送端每发送一个数据分组包就暂时停下来，等待接收端的确认信息。当数据包到达接收端时，对其进行检错。若接收正确，则返回确认(ACK)信号；若接收错误，则返回不确认(NACK)信号。当发端收到 ACK 信号时，就发送新的数据，否则重新发送上次传输的数据包。而在等待确认信息期间，信道是空闲的，不发送任何数据。这种方法由于收发双方在同一时间内仅对同一个数据包进行操作，因此实现起来比较简单，相应的信令开销小，收端的缓存容量要求低。但是由于在等待确认信号的过程中不发送数据，导致太多资源被浪费，尤其是当信道传输时延很大时。因此，停等式的通信信道的利用率不高，系统的吞吐量较低。

2) 后退 N 步式

在采用后退 N 步式 ARQ 协议的传输系统中，发送端发送完一个数据分组后，并不停下来等待确认信息，而是连续发送若干个数据分组信息。接收端将每个数据包相应的 ACK 或 NACK 信息反馈回发送端，同时发送回的还有数据包分组号。当接收到一个 NACK 信号时，发送端就重新发送包括错误数据的 N 个数据包。接收端只需按序接收数据包，在接收到错误数据包后即使又接收到正确的数据包，还是必须将正确的数据包丢弃，并重新发送确认信息。可以看出，相比较 SAW，采用该协议一方面因发端连续发送数据提高了系统的吞吐量，但同时又增大了系统的信令开销；另一方面，由于收端仅按序接收数据，那么在重传时又必须把原来已正确传送过的数据进行重传(仅因为这些数据分组之前有一个数据分组出了错)，这种方法使信道利用率降低。

3) 选择重发式

为了进一步提高信道的利用率，选择重发式协议只重传出现差错的数据包，但是此时收端不再按序接收数据分组信息，那么在收端则需要相当容量的缓存空间来存储已经成功译码但还没能按序输出的分组。同时收端在组合数据包前必须知道序列号，因此，序列号要和数据分别编码，而且序列号需要更可靠地编码以克服任何时候出现在数据里的错误，这样就增加了对信令的要求。所以，相比之下，选择重发式的信道利用率最高，但是要求的存储空间和信令开销也最大。

在3G系统中将采用停等式(SAW)重传协议。这种机制不仅简单可靠，系统信令开销小，并且降低了对于接收机的缓存空间的要求。但是，该协议的信道利用效率较低。为了避免这种不利，3G系统采用了N通道的停等式协议，即发送端在信道上并行地运行N套不同的SAW协议，利用不同信道间的间隙来交错地传递数据和信令，从而提高了信道利用率。

2. 基本HARQ类型

根据重传内容的不同，在3GPP标准和建议中主要有三种混合自动重传请求机制，包括HARQ-Ⅰ、HARQ-Ⅱ和HARQ-Ⅲ等。

1) HARQ-Ⅰ型

HARQ-Ⅰ即为传统HARQ方案，它仅在ARQ的基础上引入了纠错编码，即对发送数据包增加循环冗余校验(CRC)比特并进行FEC编码。收端对接收的数据进行FEC译码和CRC校验，如果有错则放弃错误分组的数据，并向发送端反馈NACK信息，请求重传与上一帧相同的数据包。一般来说，物理层设有最大重发次数的限制，防止由于信道长期处于恶劣的慢衰落状态而导致某个用户的数据包不断地重发，从而浪费信道资源。如果达到最大的重传次数，接收端仍不能正确译码(在3G系统中设置的最大重传次数为3)，则确定该数据包传输错误并丢弃该包，然后通知发送端发送新的数据包。这种HARQ方案对错误数据包采取了简单的丢弃，而没有充分利用错误数据包中存在的有用信息。所以，HARQ-Ⅰ型的性能主要依赖于FEC的纠错能力。

2) HARQ-Ⅱ型

HARQ-Ⅱ也称作完全增量冗余方案。在这种方案下，信息比特经过编码后，将编码后的校验比特按照一定的周期打孔，根据码率兼容原则依次发送给接收端。收端对已传的错误分组并不丢弃，而是与接收到的重传分组组合进行译码；其中重传数据并不是已传数据的简单复制，而是附加了冗余信息。接收端每次都进行组合译码，将之前接收的所有比特组合形成更低码率的码字，从而可以获得更大的编码增益，达到递增冗余的目的。每一次重传的冗余量是不同的，而且重传数据不能单独译码，通常只能与先前传的数据合并后才能被解码。

3) HARQ-Ⅲ型

HARQ-Ⅲ型是完全递增冗余重传机制的改进。对于每次发送的数据包采用互补删除方式，各个数据包既可以单独译码，也可以合成一个具有更大冗余信息的编码包进行合并译码，另外，根据重传的冗余版本不同，HARQ-Ⅲ又可进一步分为两种。一种是只具有一个冗余版本的HARQ-Ⅲ，各次重传冗余版本均与第一次传输相同，即重传分组的格式和内容与第一次传输的相同，接收端的解码器根据接收到的信噪比(SNR)加权组合这些发送分组的拷贝，这样，可以获得时间分集增益。另一种是具有多个冗余版本的HARQ-Ⅲ，各次重传的冗余版本不相同，编码后的冗余比特的删除方式是经过精心设计的，使得删除的码字是互补等效的。所以，合并后的码字能够覆盖FEC编码中的比特位，使译码信息变得更全面，更利于正确译码。

3. 同步和异步 HARQ

按照重传发生的时刻来区分，可以将 HARQ 分为同步和异步两类。同步 HARQ 是指一个 HARQ 进程的传输(重传)是发生在固定的时刻，由于接收端预先已知传输的发生时刻，因此不需要额外的信令开销来标示 HARQ 进程的序号，此时的 HARQ 进程的序号可以从子帧号获得。异步 HARQ 是指一个 HARQ 进程的传输可以发生在任何时刻，接收端预先不知道传输的发生时刻，因此 HARQ 进程的处理序号需要连同数据一起发送。

由于同步 HARQ 的重传发生在固定时刻，没有附加进程序号的同步 HARQ 在某一时刻只能支持一个 HARQ 进程。实际上 HARQ 操作应该在一个时刻可以同时支持多个 HARQ 进程的发生，此时同步 HARQ 需要额外的信令开销来标示 HARQ 的进程序号，而异步 HARQ 本身可以支持传输多个进程。另外，在同步 HARQ 方案中，发送端不能充分利用重传的所有时刻，如为了支持优先级较高的 HARQ 进程，必须中止预先分配给该时刻的进程，那么此时仍需要额外的信令信息。

根据重传时的数据特征是否发生变化又可将 HARQ 分为非自适应和自适应两种，其中传输的数据特征包括资源块的分配、调制方式、传输块的长度、传输的持续时间。自适应传输是指在每一次重传过程中，发送端可以根据实际的信道状态信息改变部分的传输参数，因此，在每次传输的过程中包含传输参数的控制信令信息要一并发送。可改变的传输参数包括调制方式、资源单元的分配和传输的持续时间等。在非自适应系统中，这些传输参数相对于接收端而言都是预先已知的，因此，包含传输参数的控制信令信息在非自适应系统中是不需要被传输的。

在重传的过程中，可以根据信道环境自适应地改变重传包格式和重传时刻的传输方式，称为基于 IR 类型的异步自适应 HARQ 方案。这种方案可以根据时变信道环境的特性有效地分配资源，但是具有灵活性的同时也带来了更多的系统复杂性。在每次重传过程中包含传输参数的控制信令信息必须与数据包一起发送，这样就会造成额外的信令开销。而同步 HARQ 在每次重传过程中的重传包格式，重传时刻都是预先已知的，因此不需要额外的信令信息。

与异步 HARQ 相比较，同步 HARQ 具有以下的优势：

(1) 控制信令开销小，在每次传输过程中的参数都是预先已知的，不需要标示 HARQ 的进程序号。

(2) 在非自适应系统中接收端操作复杂度低。

(3) 提高了控制信道的可靠性，在非自适应系统中，有些情况下，控制信道的信令信息在重传时与初始传输是相同的，这样就可以在接收端进行软信息合并，从而提高控制信道的性能。

根据物理层和数据链路层的实际需求，异步 HARQ 具有以下的优势：

(1) 如果采用完全自适应的 HARQ 技术，同时在资源分配时，采用离散、连续的子载波分配方式，调度将会具有很大的灵活性。

(2) 可以支持一个子帧的多个 HARQ 进程。

(3) 重传调度的灵活性较高。

8.3.4 动态资源分配技术

1. LTE 系统资源分配特点

在 LTE 系统资源中，无线资源包括子载波和发送功率，由于在调制技术、多址方案和网络架构上 LTE 系统都有别于以前的蜂窝移动通信系统，因此，其资源分配具有与传统无线资源分配不同的特点，并由此产生了一系列需要解决的问题。LTE 系统无线资源分配具有以下特点：小区间干扰、动态子信道分配和分布式网络架构。

1）小区间干扰

OFDM 系统中影响系统性能的干扰主要为小区间干扰(ICI)。特别在频率复用因子为 1 的 OFDM 系统中，整个系统内的所有小区都使用相同的频率资源为本小区内用户提供服务，一个小区内的资源分配会影响到其他小区的系统容量和边缘用户性能，因此需要在多个小区之间进行协调。

2）动态子信道分配

OFDM 和 SC－FDMA 两大技术中，SC－FDMA 为单载波传输技术，其特点为峰均比低。OFDM 和 SC－FDMA 两种多址技术都可以通过灵活地选择适合的子信道(由 OFDM 中的多个子载波以一定方式组合而成)进行传输，来实现动态的频域资源分配，从而充分利用频率分集和多用户分集，获得最佳的系统性能。

3）分布式网络架构

LTE 系统中，取消了 RNC，网络结构更加扁平化。网络架构的变化，使得无线资源分配过程中的小区间协调需要考虑管理信令开销和控制时延。

2. LTE 动态资源分配

1）调度

频率资源的调度在基于分组交换的无线网络中起着至关重要的作用，3GPP 中给出了调度的定义：基站调度器动态地控制时频资源的分配，在一定的时间内分配给某一个用户。一个好的调度算法要求在保证用户 QoS 要求的同时要获得最大化系统容量，因此要在系统与用户之间进行折中。随着无线网络的快速发展，各种类型的新业务不断涌现，如 VoIP、多媒体业务等，这些业务的 QoS 要求之间存在着很大的差异，如何在这一个复杂而巨变的网络条件下设计一个优秀的调度器来满足不同业务的需要是一件极具挑战的事情。

要兼顾系统的吞吐量与用户的 QoS 要求，需要为调度器提供一定的外部信息，如用户信道状况、数据的队列长度等。调度需要综合考虑各种因素，在充分利用信道状态信息和用户业务信息的同时，尽量减少信令及其他各方面的开销，最大限度地提高系统的性能。

LTE 是基于全 IP 的分组交换网络，系统带宽从 1.25 MHz 到 20 MHz，大于典型场景信道相关带宽，因此可以利用无线信道衰落特性进行时频二维调度，在保证用户 QoS 的同时，最大化系统容量。如图 8－16 所示，整个频段被划分成大小相等的资源块，在每一个子帧的开始，根据特定的调度算法将这些资源块分配给不同的用户。资源调度的同时，需要考虑相邻小区间的干扰问题。

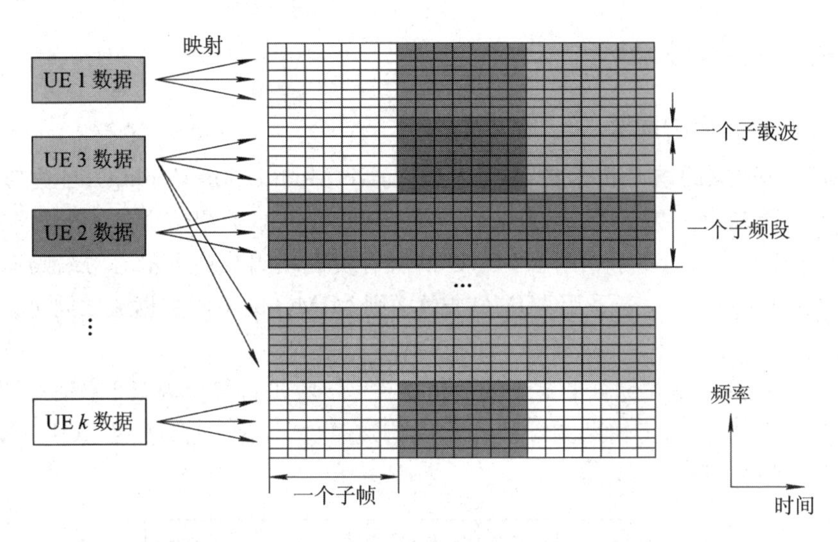

图 8-16　LTE 资源调度示意图

在调度过程中，如果是下行链路，就由下行控制信令通知 UE 分得的具体的资源块和相应的传输格式。上行可以是基于调度的接入(Node B 控制)，也可以是基于竞争的接入。当为基于调度的接入时，UE 在一定的时间内动态分得一定的频率资源进行上行数据发送，下行控制信令通知 UE 分得的资源块和相应的发送格式。

2) 功率控制

下行链路中的功率控制要求可以补偿路径损耗和阴影衰落，这个目标通过慢速功率控制就可以达到，但是为了充分利用频率分集效用，在每个调度周期内还需要考虑每个子信道上的功率分配问题。与功率控制相比，功率分配的周期更短、粒度更小。功率分配和子载波的分配一般联合考虑，以保证用户 QoS 要求和系统总吞吐量。目前研究单小区子载波分配和功率分配的文献比较多，但是都比较复杂且假设条件过于理想化，很难应用于工程上。目前比较简单有效的下行功率控制(功率分配)方法有：平均分配法和路径损耗补偿法。

平均分配法：将每个扇区的功率平分到每个子载波上，每个用户的发射功率即可以根据所占用的子载波数来确定。

路径损耗补偿法：系统中所使用的方法，取扇区功率一部分用于补偿用户的大尺度和阴影衰落，剩余的功率用于功率注水。

此外，在干扰协调机制中，也需要功率控制进行配合，如除了将可用频率资源在中心用户与边缘用户之间进行分配外，还可要求中心用户减功率发送，边缘用户全功率发送。

在上行的功率控制中，由于用户间相互正交，减少了远近效应的影响，因此不需要快速功率控制，应采用慢速功率控制来补偿路径损耗和阴影衰落；通过功率控制减少扇区间的同频干扰，保证系统的容量能够达到较高的要求。上行功率控制机制是抑制小区间干扰的重要手段。

按照是否需要反馈信息，上行功率控制可以分为开环方式和闭环方式。同时，根据实现的功能不同，其也可以分为两类：部分功率控制——补偿路径损耗和阴影衰落；抑制小区间干扰——UE 基于相邻小区周期性地广播负载指示信号，以调整发送功率谱密度。

8.3.5 链路自适应技术

1. 下行链路自适应技术

下行链路自适应的核心技术是AMC(Adaptive Modulation Coding，自适应调制和编码)。该技术结合多种调制方式、信道编码速率，应用于共享数据信道。在一个TTI和一个流内，调度给某个用户的属于相同层2PDU的所有资源块组，采用相同的编码速率和调制方式。需要特别说明的是，若采用MIMO技术，则MIMO的不同数据流之间可以采用不同的AMC组合。

AMC的原理是基站在综合考虑无线信道条件、接收机特征等因素下，动态调整调制与编码格式(传输格式)。为了辅助基站估计无线信道条件，需要UE上报CQI。CQI与调制方式等的对应关系如图8-17所示。

CQI编号	调制方式	编码1024	效率	真正编码
0	超出范围			
1	QPSK	78	0.1523	0.076
2	QPSK	120	0.2344	0.117
3	QPSK	193	0.377	0.188
4	QPSK	308	0.6016	0.301
5	QPSK	449	0.877	0.438
6	QPSK	602	1.1758	0.588
7	16QAM	378	1.4766	0.369
8	16QAM	490	1.9141	0.479
9	16QAM	616	2.4063	0.602
10	64QAM	466	2.7305	0.455
11	64QAM	567	3.3223	0.554
12	64QAM	666	3.9023	0.65
13	64QAM	772	4.5234	0.754
14	64QAM	873	5.1152	0.853
15	64QAM	948	5.5547	0.926

图8-17　CQI与调制方式等的对应关系示意图

AMC的引入，使得靠近小区基站的用户能够分配较高码率的较高阶调制(如64QAM等)。而对于靠近小区边界的用户，则分配具有较低码率的较低阶调制(如QPSK等)，即AMC允许按照信道条件给不同用户分配不同的数据速率。

2. 上行链路自适应技术

上行链路自适应的目标是保证每个UE所要求的最小传输性能，如用户数据速率、误块率、延迟，同时使得系统吞吐量达到最大。根据信道状况、UE能力(如最大的发射功率、最大的传输带宽等)以及所要求的 QoS(如数据速率、延迟、误块率等)，上行链路自适应技术包括以下几点：

(1) 自适应传输带宽：每个用户的传输带宽由平均信道条件(如路损和阴影等)、UE 能力和要求的数据速率等决定。

(2) 发射功率控制。

(3) 自适应调制和信道编码码率：与下行类似，上行 MCS 技术仍是基站依据上行信道质量等信息调整调制方式和信道编码码率，具体调整方式取决于厂家设备的实现。

8.4　LTE 的空中接口

空中接口是指终端与接入网之间的接口，简称 Uu 口，通常也称为无线接口。在 LTE 中，空中接口是终端和 eNode B 之间的接口。空中接口协议主要是用来建立、重配置和释放各种无线承载业务的。空中接口是一个完全开放的接口，只要遵守接口规范，不同制造商生产的设备就能够互相通信。

8.4.1　空中接口协议

空中接口协议栈主要分为三层两面，三层是指物理层、数据链路层、网络层，两面是指控制平面和用户平面。从用户平面看，主要包括物理层、MAC 层、RLC 层、PDCP 层；从控制平面看，除了以上几层外，还包括 RRC 层、NAS 层。RRC 协议实体位于 UE 和 eNode B 网络实体内，主要负责接入层的控制和管理。NAS 控制协议位于 UE 和移动管理实体 MME 内，主要负责非接入层的控制和管理。

空中接口协议栈根据用途分为用户平面协议栈和控制平面协议栈。

用户平面协议栈包括：

(1) MAC(Media Access Control，媒体接入控制)层，主要有调度、SDU 复用与解复用等功能。

(2) RLC(Radio Link Control，无线链路控制)层，主要有分段/级联、按序递交等功能。

(3) PDCP(Packet Data Convergence Protocol，分组数据汇聚协议)层，主要有头压缩/解压缩、加密/解密等功能。

用户平面协议栈如图 8-18 所示。

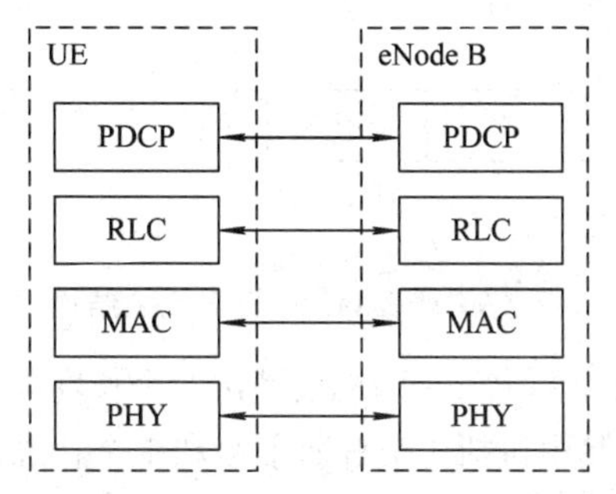

图 8-18　LTE 空中接口用户平面协议栈

控制平面协议栈包括：

(1) PHY 层，主要有处理编译码、调制/解调、多天线映射以及其他电信物理层功能等功能。物理层以传输信道的方式为 MAC 层提供服务。

(2) PDCP 层(网络侧终止在 eNode B)，主要有加密和完整性保护等功能。

(3) RLC 和 MAC 层(网络侧终止在 eNode B)：功能与用户平面的相同。

(4) RRC 层(网络侧终止在 eNode B)，功能主要有广播、寻呼、RRC 连接管理、RB 控制、移动性功能、UE 测量上报和控制等。

(5) NAS 层(网络侧终止在 MME)，有 EPS 承载管理、鉴权、ECM(EPS Connection Management)-IDLE 移动性处理、ECM-IDLE 下的寻呼发起、安全控制等功能。

控制平面协议栈如图 8-19 所示。

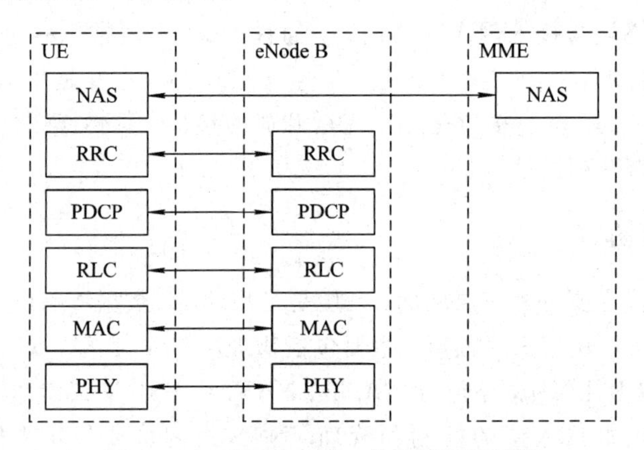

图 8-19 LTE 空中接口控制平面协议栈

8.4.2 物理层

1. 帧结构

1) LTE 帧结构介绍

在空中接口中，LTE 系统定义了无线帧来进行信号的传输。LTE 支持两种帧结构，即 FDD 和 TDD。在 FDD 帧结构中，1 个长度为 10 ms 的无线帧由 10 个长度为 1 ms 的子帧构成，每个子帧由 2 个长度为 0.5 ms 的时隙构成，如图 8-20 所示。

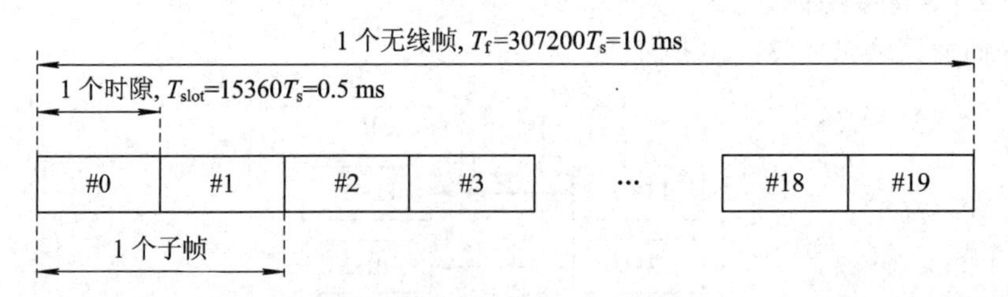

图 8-20 LTE FDD 无线帧结构

在 TDD 帧结构中，1 个长度为 10 ms 的无线帧由 2 个长度为 5 ms 的半帧构成，每个半帧由 5 个长度为 1 ms 的子帧构成，其中包括 4 个普通子帧和 1 个特殊子帧。普通子帧由 2 个 0.5 ms 的时隙组成，而特殊子帧由 3 个特殊时隙(DwPTS、GP 和 UpPTS)组成，如图 8-21 所示。

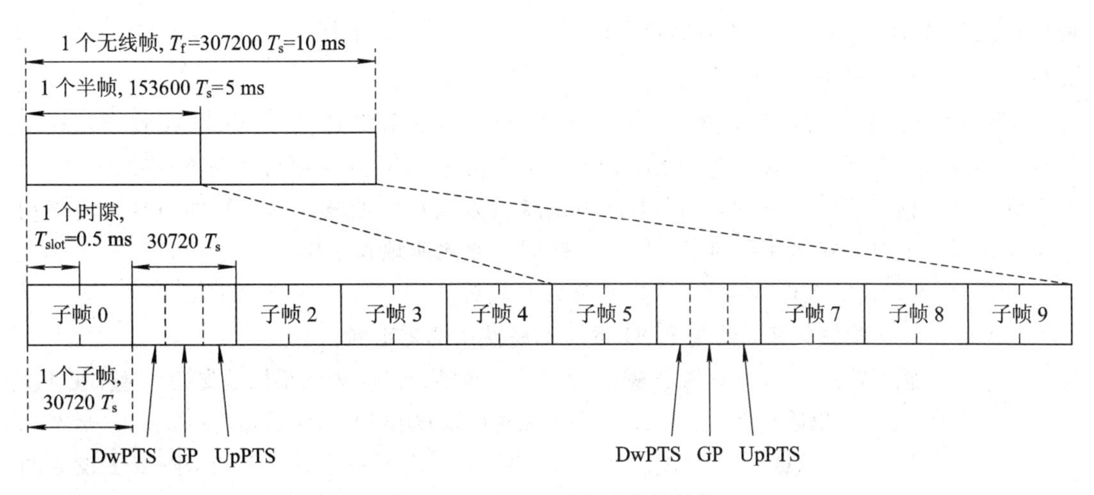

图 8-21　TD-LTE 无线帧结构

作为 TDD 系统的一个特点，时间资源在上、下行方向上进行分配，TDD 帧结构支持 7 种不同的上、下行时间比例分配(配置 0～6)，可以根据系统业务量的特性对上行子帧(U)、下行子帧(D)及特殊子帧(S)进行配置，支持非对称业务。这 7 种配置中包括 4 种 5 ms 周期和 3 种 10 ms 周期，如图 8-22 所示。

上、下行方向配置	上、下行方向切换周期	子帧数									
		0	1	2	3	4	5	6	7	8	9
0	5 ms	D	S	U	U	U	D	S	U	U	U
1	5 ms	D	S	U	U	D	D	S	U	U	D
2	5 ms	D	S	U	D	D	D	S	U	D	D
3	10 ms	D	S	U	U	U	D	D	D	D	D
4	10 ms	D	S	U	U	D	D	D	D	D	D
5	10 ms	D	S	U	D	D	D	D	D	D	D
6	5 ms	D	S	U	U	U	D	S	U	U	D

图 8-22　TD-LTE 的子帧配比

对于 5 ms 的上、下行切换周期，子帧 0、1、5、6 一定走下行。对于 10 ms 的上、下行切换周期，每个半帧都有 DwPTS，只在第 1 个半帧内有 GP 和 UpPTS，第 2 个半帧的 DwPTS长度为 1ms。UpPTS 和子帧 2 用做上行，子帧 7 和 9 用做下行。

2) FDD 与 TDD 区别

FDD 是在分离的两个对称频率信道上进行接收和发送，并用保护频段来分离接收和发送信道的。FDD 必须采用成对的频率，依靠频率来区分上、下行链路，其单方向的资源在时间上是连续的。FDD 在支持对称业务时，能充分利用上、下行的频谱，但在支持非对称业务时，频谱利用率将大大降低。

TDD 用时间来分离接收和发送信道。在 TDD 方式的移动通信系统中，接收和发送使用同一频率载波的不同时隙作为信道的承载，其单方向的资源在时间上是不连续的。时间资源在两个方向上进行了分配，某个时间段由基站发送信号给移动台，另外的时间由移动台发送信号给基站，基站和移动台之间必须协同一致才能顺利工作。

TDD 双工方式的工作特点使 TDD 具有如下优势：

(1) 能够灵活配置频率，使用 FDD 系统不易使用的零散频段。

(2) 可以通过调整上、下行时隙转换点，提高下行时隙比例，能够很好地支持非对称业务。

(3) 具有上、下行信道一致性，基站的接收和发送可以共用部分射频单元，降低了设备成本。

(4) 接收上、下行数据时，不需要收、发隔离器，只需要一个开关即可，降低了设备的复杂度。

(5) 具有上、下行信道互惠性，能够更好地采用传输预处理技术，如预 RAKE 技术、联合传输(JT)技术、智能天线技术等，能有效地降低移动终端的处理复杂性。

但是，TDD 双工方式相较于 FDD，也存在明显的不足：

(1) 由于 TDD 方式的时间资源分别分给了上行和下行，因此 TDD 方式的发射时间大约只有 FDD 的一半，如果 TDD 要发送和 FDD 同样多的数据，就要增大 TDD 的发送功率。

(2) TDD 系统上行受限，因此 TDD 基站的覆盖范围明显小于 FDD 基站。

(3) TDD 系统收、发信道同频，无法进行干扰隔离，系统内和系统间存在干扰。

(4) 为了避免与其他无线系统之间的干扰，TDD 需要预留较大的保护带，影响了整体频谱利用效率。

3) TDD 和 FDD 在 LTE 中的应用

特殊时隙的应用：为了节省网络开销，TDD 允许利用特殊时隙 DwPTS 和 UpPTS 传输系统控制信息。LTE FDD 中用普通数据子帧传输上行探测导频，而 TDD 中上行探测导频可以在 UpPTS 上发送，且 DwPTS 也可用于传输 PCFICH、PDCCH、PHICH、PDSCH 和 P-SCH 等控制信道和控制信息。其中，DwPTS 时隙中下行控制信道的最大长度为 2 个符号，且主同步信道固定位于 DwPTS 的第三个符号。

多子帧调度/反馈：和 FDD 不同，TDD 系统不总是存在 1∶1 的上、下行比例。当下行多于上行时，存在一个上行子帧反馈多个下行子帧的情况。针对此情况，TDD 提出的解决方案有：multi-ACK/NAK、ACK/NAK 捆绑(bundling)等。当上行子帧多于下行子帧时，存在一个下行子帧调度多个上行子帧(多子帧调度)的情况。

同步信号设计：除了 TDD 固有的特性之外(上、下行转换，特殊时隙等)，TDD 帧结构与 FDD 帧结构的主要区别在于同步信号的设计。LTE 同步信号的周期是 5ms，分为主同步信号(PSS)和辅同步信号(SSS)。LTE TDD 和 FDD 帧结构中，同步信号的位置/相对位置不同，如图 8-23 所示。在 TDD 帧结构中，PSS 位于 DwPTS 的第三个符号，SSS 位于 5 ms 第一个子帧的最后一个符号；在 FDD 帧结构中，主同步信号和辅同步信号位于 5 ms 第一个子帧内前一个时隙的最后 2 个符号。利用主、辅同步信号相对位置的不同，终端可以在小区搜索的初始阶段识别系统是 TDD 还是 FDD。

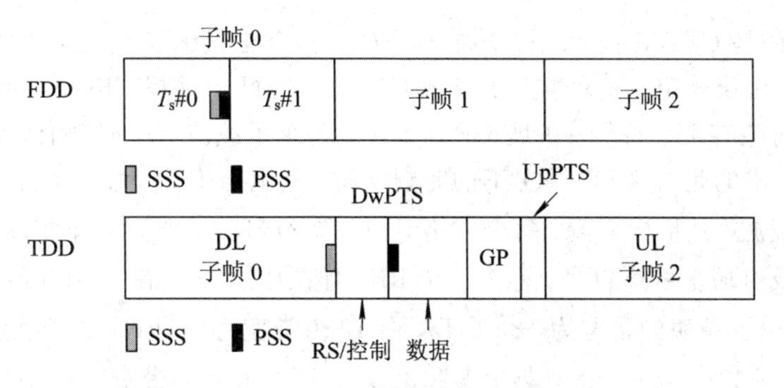

图 8-23　TDD 与 FDD 系统同步信号设计

HARQ 设计：LTE FDD 系统中，HARQ 的 RTT(Round Trip Time)固定为 8ms，且 ACK/NACK 位置固定，如图 8-24 所示。该系统中 HARQ 的设计原理与 LTE FDD 的相同，但是实现过程却比 LTE FDD 的复杂，由于 TDD 上、下行链路在时间上是不连续的，UE 发送 ACK/NACK 的位置不固定，而且同一种上、下行配置的 HARQ 的 RTT 长度都有可能不一样，这就增加了信令交互的过程和设备的复杂度。

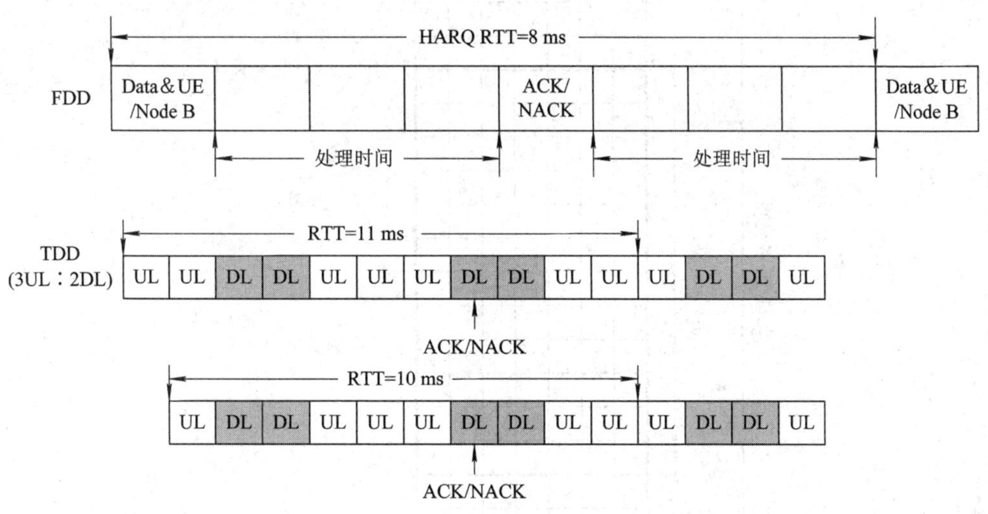

图 8-24　TDD 与 FDD 系统 HARQ 设计

如图 8-24 所示，LTE FDD 系统中，UE 发送数据后，经过 3 ms 的处理时间，系统发送 ACK/NACK，UE 再经过 3 ms 的处理时间确认，此后，一个完整的 HARQ 处理过程结束，整个过程耗时 8 ms。在 LTE TDD 系统中，UE 发送数据，3 ms 处理时间后，系统本来应该发送 ACK/NACK，但是经过 3 ms 处理时间的时隙为上行，必须等到下行才能发送 ACK/NACK。系统发送 ACK/NACK 后，UE 再经过 3 ms 处理时间确认，整个 HARQ 处理过程耗时 11 ms。类似的道理，UE 如果在第 2 个时隙发送数据，同样，系统必须等到 DL 时隙时才能发送 ACK/NACK，此时，HARQ 的一个处理过程耗时 10 ms。可见，LTE TDD 系统 HARQ 的过程复杂，处理时间长度不固定，发送 ACK/NACK 的时隙也不固定，给系统的设计增加了难度。

2. 物理资源

LTE采用的是OFDM技术，每个符号都对应一个正交的子载波，通过载波间的正交性来对抗干扰。协议规定，通常情况下子载波间隔15 kHz，常规CP(循环前缀)情况下，每个子载波一个时隙有7个符号；扩展CP情况下，每个子载波一个时隙有6个符号。

图8-25给出的是常规CP情况下的时频结构，从纵向来看，每一个方格对应的就是频率上的一个子载波；从横向来看，每个方格对应一个符号，一排7个符号为一个时隙。频率上一个子载波及时域上一个符号，称为一个RE，即图中一个方格。在LTE中，都有资源块RB的概念。一个资源块的带宽为180 kHz，由12个带宽为15 kHz的子载波组成，在时域上为一个时隙，所以一个RB在时频上实际上是一个0.5 ms、带宽180 kHz的载波。图中黑框内为常规CP情况下的RB结构，包含84个RE。LTE在1.4 MHz带宽时为6个，1.4 MHz定义为最小频宽是因为PBCH、PSCH、SSCH最少都要占用6个RB。在20 MHz带宽的情况下，可以有的RB数目为111个，除去冗余后可用的RB数也就是100个。

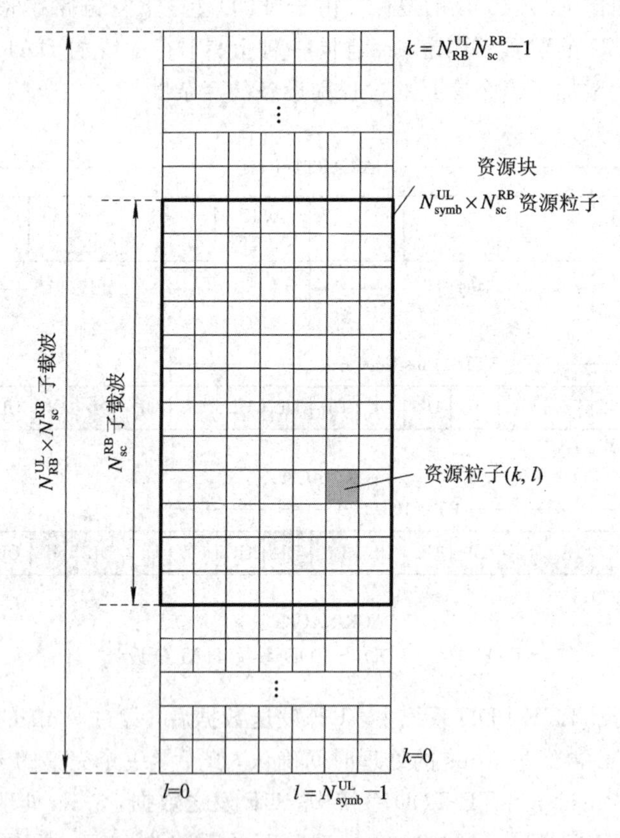

图8-25 LTE TDD资源块

LTE定义了两种资源块：物理资源块PRB和虚拟资源块VRB。物理资源块PRB对应的是频域上12个连续的载波，时域上是一个时隙的资源。虚拟资源块VRB是资源分配的基本单位，大小与PRB相同，分为集中式和分布式两种。集中式中，VRB和PRB是相同的，可以认为VRB就是PRB。分布式的VRB，其与PRB的对应关系跟资源分配类型有关。

3. 物理信号

物理信号对应物理层若干 RE，但不承载任何来自高层的信息。下行物理信号包括参考信号和同步信号。

1）参考信号

参考信号(Reference Signal，RS)就是常说的“导频”信号。在 LTE 网络中，eNode B 通常分配系统带宽的一部分区域给特定的 UE，即在一个特定时间，给 UE 分配特定的频率区域资源。若 eNode B 知道哪部分特定频率区域质量较好，优先分配给 UE，将使 UE 的业务质量更有保障。此时，参考信号就可以为 eNode B 的调度资源提供参考。

LTE 的参考信号分为上行参考信号和下行参考信号。

上行是指从 UE 到 eNode B 发送信号，即发射端为 UE，接收端为 eNode B。

上行参考信号用于两个目的：

(1) 上行信道估计，用于 eNode B 端的相干解调和检测。

(2) 上行信道质量测量。

上行有两种参考信号：DM - RS 和 SRS。DM - RS 与 PUSCH 和 PUCCH 的发送相关联，用做求取信道估计矩阵，帮助这两个信道进行解调。SRS 独立发射，用做上行信道质量的估计与信道选择，计算上行信道的 SINR。

下行是指从 eNode B 到 UE 发送信号，即发射端为 eNode B，接收端为 UE。

下行参考信号的作用主要有：

(1) 下行信道估计，用于 UE 端的相干检测和解调。

(2) 下行信道质量测量(信道探测)。

(3) 小区搜索。

下行有五种参考信号：

(1) CRS(小区特定的参考信号，也叫做公共参考信号)，用于除了不基于码本的波束赋形技术之外的所有下行传输技术的信道估计和相关解调。小区特定是指这个参考信号与一个基站端的天线端口(天线端口 0～3)相对应。

(2) MBSFN - RS，用于 MBSFN 的信道估计和相关解调。在天线端口 4 上发送。

(3) UE - specificRS(移动台特定的参考信号)，用于不基于码本的波束赋形技术的信道估计和相关解调。移动台特定指的是这个参考信号与一个特定的移动台对应。在天线端口 5 上发送。

(4) PRS，是 R9 中新引入的参考信号。

(5) CSI - RS，是 R10 中新引入的参考信号。

2）同步信号

同步信号包括主同步信号(PSS)和辅同步信号(SSS)两种。

UE 进行小区搜索的目的是为了获取小区物理 ID 和完成下行同步，这个过程与系统带宽无关，UE 可以直接检测和获取。当 UE 检测到 PSS 和 SSS 时，就能解码出物理小区 ID，同时根据 PSS 和 SSS 的位置，可以确定下行的子帧时刻，完成下行同步。

在 LTE 里，物理层是通过物理小区 ID(Physical Cell Identities，PCI)来区分不同的小区的。物理小区 ID 总共有 504 个，它们被分成 168 个不同的组(记为 $N_{ID}^{(1)}$，范围是

0～167），每个组又包括3个不同的组内标识（记为 $N_{ID}^{(2)}$，范围是0～2）。因此，物理小区ID（记为 N_{ID}^{cell}）可以通过下面的公式计算得到：

$$PCI = N_{ID}^{cell} = 3N_{ID}^{(1)} + N_{ID}^{(2)}$$

主同步信号PSS的全称是Primary Synchronization Signal，用于传输组内ID，即 $N_{ID}^{(2)}$ 值。具体做法是：eNode B将组内ID号 $N_{ID}^{(2)}$ 值与一个根序列索引相关联，然后编码生成1个长度为62的序列，并映射到PSS对应的RE(Resource Element)中，UE通过盲检测序列就可以获取当前小区的 $N_{ID}^{(2)}$。

辅同步信号SSS的全称是Secondary Synchronization Signal，用于传输组ID，即 $N_{ID}^{(1)}$ 值。具体做法是：eNode B通过组ID号 $N_{ID}^{(1)}$ 值生成两个索引值，然后引入组内ID号 $N_{ID}^{(2)}$ 值编码生成2个长度均为31的序列，并映射到SSS的RE中。UE通过盲检测序列就可以知道当前eNode B下发的是哪种序列，从而获取当前小区的 $N_{ID}^{(1)}$。

PSS和SSS在时域上的位置：

(1) 对于LTE FDD制式，PSS周期的出现在时隙#0和时隙#10的最后一个OFDM符号上，SSS周期的出现在时隙#0和时隙#10的倒数第二个符号上。

(2) 对于LTE TDD制式，PSS周期的出现在子帧1、6的第三个OFDM符号上，SSS周期的出现在子帧0、5的最后一个符号上。

如果UE在此之前并不知道当前是FDD还是TDD，那么可以通过这种位置的不同来确定制式。

PSS和SSS在频域上的位置：PSS和SSS映射到整个带宽中间的6个RB中，因为PSS和SSS都是62个点的序列，所以这两种同步信号都被映射到整个带宽（不论带宽是1.4 MHz还是20 MHz）中间的62个子载波（或62个RE）中，即序列的每个点与RE一一对应。在62个子载波的两边各有5个子载波，不再映射其他数据。

8.4.3 信道

LTE沿用了UMTS里面的三种信道，逻辑信道、传输信道与物理信道。从协议栈的角度来看，物理信道是物理层的，传输信道是物理层和MAC层之间的，逻辑信道是MAC层和RLC层之间的。它们的含义是：

(1) 逻辑信道即传输什么内容，比如广播信道(BCCH)是用来传广播消息的。

(2) 传输信道即怎样传，比如下行共享信道DL-SCH，业务甚至一些控制消息都是通过共享空中资源来传输的。传输信道会指定MCS、空间复用等方式，也即告诉物理层如何去传这些信息。

(3) 物理信道是信号在空中传输的承载，比如PBCH，即在实际的物理位置上采用特定的调制编码方式来传输广播消息。

1. 物理信道

物理层位于无线接口协议的最底层，提供物理介质中比特流传输所需要的所有功能。物理信道可分为上行物理信道和下行物理信道。

LTE定义的下行物理信道主要有如下6种类型：

(1) 物理下行共享信道(PDSCH)：用于承载下行用户信息和高层信令。

(2) 物理广播信道(PBCH)：用于承载主系统信息块信息，传输用于初始接入的参数。

(3) 物理多播信道(PMCH)：用于承载多媒体/多播信息。

(4) 物理控制格式指示信道(PCFICH)：用于承载该子帧上控制区域大小的信息。

(5) 物理下行控制信道(PDCCH)：用于承载下行控制的信息，如上行调度指令、下行数据传输指令、公共控制信息等。

(6) 物理 HARO 指示信道(PHICH)：用于承载对于终端上行数据的 ACK/NACK 反馈信息，与 HARO 机制有关。

LTE 定义的上行物理信道主要有如下 3 种类型：

(1) 物理上行共享信道(PUSCH)：用于承载上行用户信息和高层信令。

(2) 物理上行控制信道(PUCCH)：用于承载上行控制信息。

(3) 物理随机接入信道(PRACH)：用于承载随机接入信道的序列，基站通过对序列的检测以及后续的信令交流，建立起上行同步。

2. 传输信道

物理层通过传输信道向 MAC 层或更高层提供数据传输服务，传输信道特性由传输格式定义。传输信道描述了数据在无线接口上是如何进行传输的，以及所传输的数据特征。如数据如何被保护以防止传输错误、信道编码类型、CRC 保护或者交织、数据包的大小等。所有的这些信息集就是我们所熟知的“传输格式”。传输信道也有上行和下行之分。

LTE 定义的下行传输信道主要有如下 4 种类型：

(1) 广播信道(BCH)：用于广播系统信息和小区的特定信息。该类信道使用固定的预定义格式，能够在整个小区覆盖区域内广播。

(2) 下行共享信道(DL－SCH)：用于传输下行用户控制信息或业务数据。该类信道能够使用 HARQ；能够通过各种调制模式、编码、发送功率来实现链路适应；能够在整个小区内发送；能够使用波束赋形；支持动态或半持续资源分配；支持终端非连续接收以达到节电目的；支持 MBMS 业务传输。

(3) 寻呼信道(PCH)：当网络不知道 UE 所处小区位置时，用于发送给 UE 的控制信息。该类信道能够支持终端非连续接收以达到节电目的；能在整个小区覆盖区域发送；能映射到用于业务或其他动态控制信道使用的物理资源上。

(4) 多播信道(MCH)：用于 MBMS 用户控制信息的传输。该类信道能够在整个小区覆盖区域发送；对于单频点网络，支持多小区的 MBMS 传输的合并；使用半持续资源分配。

LTE 定义的上行传输信道主要有如下 2 种类型：

(1) 上行共享信道(UL－SCH)：用于传输下行用户控制信息或业务数据。该类信道能够使用波束赋形；有通过调整发射功率、编码和潜在的调制模式适应链路条件变化的能力；能够使用 HARQ；动态或半持续资源分配。

(2) 随机接入信道(RACH)：能够承载有限的控制信息，如在早期连接建立的时候或者 RRC 状态改变的时候。

3. 逻辑信道

逻辑信道定义了传输的内容，如广播消息(BCCH)就是用来传广播消息的。MAC 层使用逻辑信道与高层进行通信。逻辑信道一般分为控制信道和业务信道两大类。

控制信道有如下5种类型：

(1) 广播控制信道(BCCH)：为传输广播系统控制信息使用的下行信道。

(2) 寻呼控制信道(PCCH)：为传输寻呼信息和系统信息改变通知消息的下行信道。当网络侧没有终端所在小区信息的时候，使用该信道寻呼终端。

(3) 公共控制信道(CCCH)：当终端和网络间没有RRC连接时，终端级别控制信息的传输使用该信道。该信道分为上、下行。

(4) 多播控制信道(MCCH)：为点到多点的下行信道，只用于UE接收MBMS业务时的控制信令的传输。

(5) 专用控制信道(DCCH)：为点对点的双向信道，用于终端侧和网络侧存在RRC连接时的专用控制信息的传输。

业务信道有如下2种类型：

(1) 专用业务信道(DTCH)：可以为单向的也可以为双向的，针对单个用户提供点到点的业务传输。

(2) 多播业务信道(MTCH)：为点到多点的下行信道，用户只能使用该信道来接收MBMS业务。

4. 信道间映射关系

MAC层使用逻辑信道与RLC层进行通信，使用传输信道与物理层进行通信。因此MAC层负责逻辑信道和传输信道之间的映射。

LTE下行信道映射如图8-26所示。

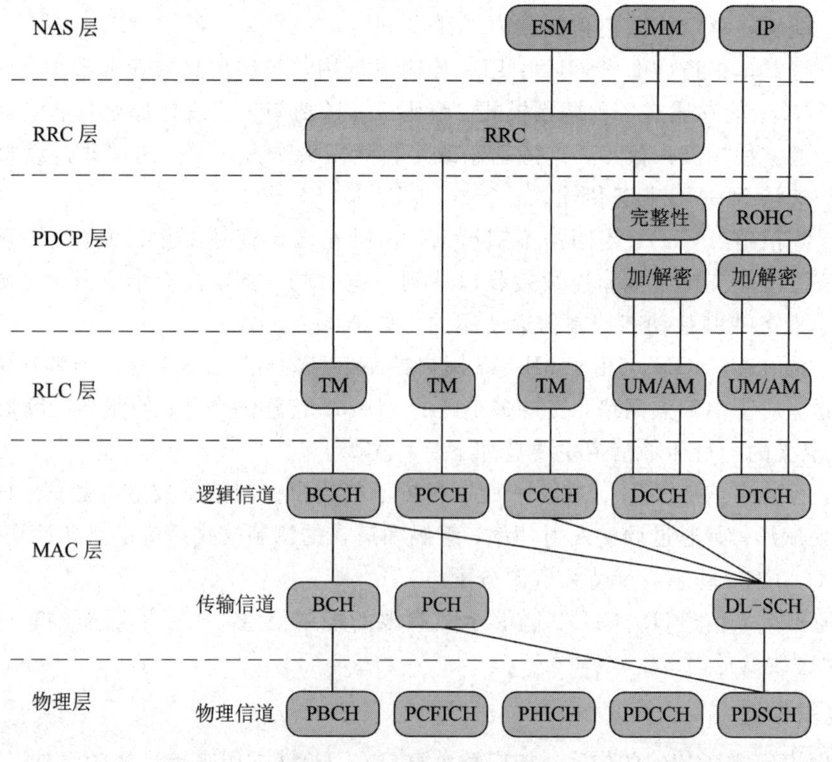

图8-26　LTE下行信道映射

LTE上行信道映射如图8-27所示。

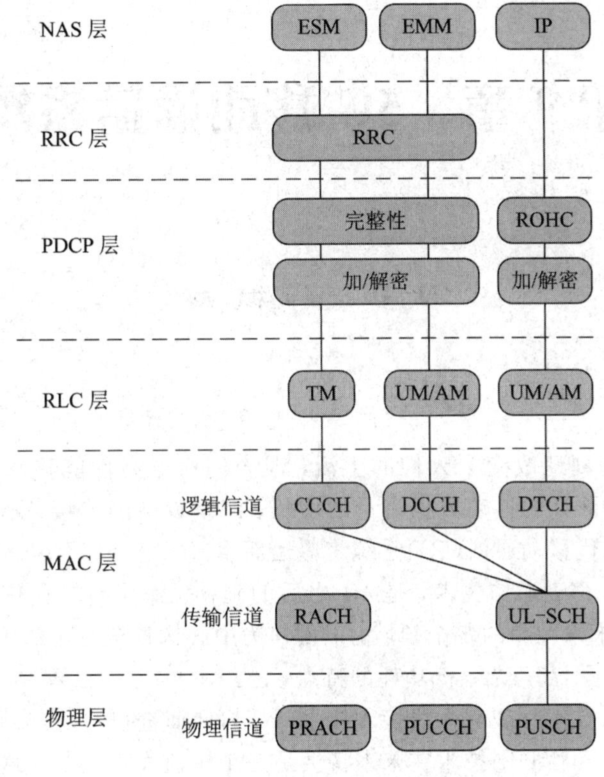

图8-27 LTE上行信道映射

习题8

1. 简单说明LTE的关键技术。
2. 简述EPC核心网的主要网元和功能。
3. 描述MIMO技术的三种应用模式。
4. 简述LTE TDD的帧结构。
5. 画出LTE系统架构图。
6. LTE系统的物理信道有哪些？它们的功能又是什么？

第 9 章　5G 移动通信系统

9.1　5G 概 述

9.1.1　5G 的概念

移动通信已经深刻地改变了人们的生活，但人们对更高性能移动通信的追求从未停止。为了应对未来爆炸性的移动数据流量的增长、海量设备的连接、不断涌现的各类新业务和应用场景，第五代移动通信(5G)系统将应运而生。

5G，也称第五代移动通信技术，是 4G 之后的延伸。作为新一代信息通信发展的主要方向，5G 将渗透到未来社会的各个领域，以用户为中心构建全方位的信息生态系统。

5G 呈现出低时延、高可靠、低功耗的特点，已经不再是一个单一的无线接入技术，而是多种新型无线接入技术和现有无线接入技术(4G 后向演进技术)集成后的解决方案总称。

移动互联网技术和物联网技术在未来将会是一个主流发展趋势。移动互联网和物联网是未来移动通信发展的两大主要驱动力，将为 5G 提供广阔的前景。

移动互联网颠覆了传统的移动通信业务模式，为用户提供了前所未有的使用体验。未来，移动互联网将推动人类社会信息交互方式的进一步升级，为用户提供 AR、VR、超高清 3D 视频、移动云等更加身临其境的极致业务体验。移动互联网的进一步发展将带来未来移动流量的超千倍增长，推动移动通信技术和产业的新一轮变革。

物联网扩展了移动通信的服务范围，从人与人通信延伸到物与物、人与物智能互联，使移动通信技术渗透至更加广阔的行业和领域。

可以看到的是，车联网、物联网带来的庞大终端接入、数据流量需求，以及种类繁多的应用体验提升需求推动了 5G 的研究。无线通信技术通常每 10 年更新一代，2000 年，3G 开始成熟并商用，2010 年，4G 开始成熟并商用，而 5G 预计于 2020 年成熟并商用。5G 的诞生，将进一步改变我们的生活。

5G 将与人工智能、大数据、云计算紧密结合，开启一个万物互联的全新时代。与前几代移动通信相比，第五代移动通信技术的业务提供能力将更加丰富，而且，面对多样化场景的差异化性能需求，5G 很难像以往一样以某种单一技术为基础形成针对所有场景的解决方案，而是多种新型无线接入技术和现有无线接入技术集成后的解决方案总称。

2015 年 6 月，国际电信联盟(ITU)将 5G 正式命名为 IMT－2020，定义了 5G 三个主要应用场景：增强型移动宽带(eMBB)、大连接物联网(mMTC)及低时延高可靠通信(uRLLC)。eMBB 场景是指在现有移动宽带业务场景的基础上，对于用户体验等性能的进一步提升，主要追求人与人之间极致的通信体验，对应的是 3D/超高清视频等大流量移动宽带业务。mMTC 和 uRLLC 则是物联网的应用场景，但各自侧重点不同：eMTC 主要体现物与物之间的通信需求，面向智慧城市、环境监测、智能农业、森林防火等以传感和数据采集为目标的应用场景；uRLLC 应用对时延和可靠性具有极高的指标要求，面向如车联网、工业控制等垂直行业的特殊应用需求。5G 的应用场景如图 9－1 所示。

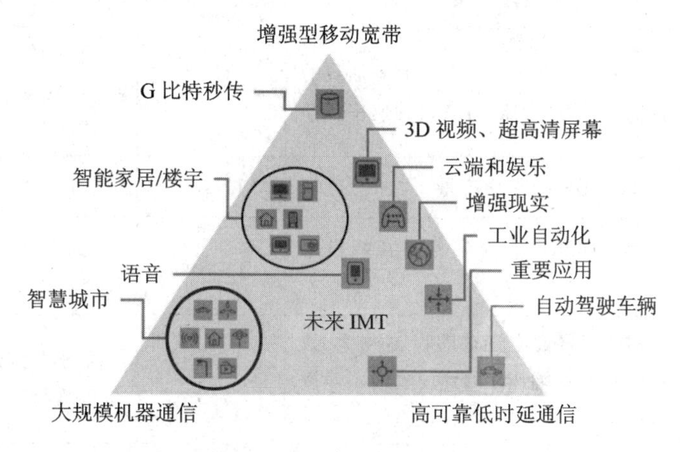

图 9－1　5G 应用场景示意图

5G 不再单纯地强调峰值速率，而是综合考虑 8 个技术指标：峰值速率、用户体验速率、频谱效率、移动性、时延、连接数密度、网络能量效率和流量密度。

2018 年 6 月 14 日，在美国圣地亚哥举行的 3GPP 第 80 次全会上正式批准了第五代移动通信技术标准独立组网功能冻结。本次确定的 R15 标准是第一阶段全功能版本。R15 标准包括非独立组网(NSA)和独立组网(SA)两种标准，非独立组网标准已于 2017 年 12 月完成，2018 年 3 月份冻结，而独立组网标准的完成标志着 R15 标准的整体完成。此次 5G 独立组网功能冻结，被视为是 5G 发展过程中的重要里程碑，标志着首个面向商用的 5G 标准出炉，5G 的技术优势真正展现。

严格意义上来说，非独立组网只是独立组网方案的过渡。非独立组网方案有利于保护运营商目前的投资，以现有的 4G 接入网以及核心网覆盖作为锚点，新增 5G 无线组网接入标准，这样做没有独立信令面，主要是为了提升特定区域带宽。独立组网才是真正的 5G 网络，能实现 5G 的全部特性。

R15 是 5G 第一版成型的商业化标准，与后续推进的 R16 标准也有一定协同性。R15 支持 5G 三大场景中的 eMBB 和 uRLLC 两大场景，mMTC 场景标准如何定义还有待后续研究。

9.1.2　5G 的技术目标

5G 典型场景涉及未来人们居住、工作、休闲和交通等各种区域，特别是密集住宅区、办公室、体育场、露天集会场所、地铁、快速路、高铁和广域覆盖等场景。这些场景具有超高流量密度、超高连接数密度、超高移动性等特征，可能对 5G 系统构成挑战。

考虑增强现实、虚拟现实、超高清视频、云存储、车联网、智能家居、OTT 消息等 5G 典型业务，并结合各场景未来可能的用户分布，各类业务占比及对速率、时延等的要求，可以得到各个应用场景下的5G性能需求。5G关键性能指标主要包括用户体验速率、连接数密度、端到端时延、流量密度、移动性和用户峰值速率，需要不同于4G的新的性能指标，具体见表9-1。

表9-1　5G性能指标

名称	定义	单位	条件
用户体验速率	真实网络环境中，在有业务加载的情况下，用户实际可获得的速率	b/s	可用性：通常取95%概率（注：不同场景对应不同的用户体验速率）
流量密度	单位面积的平均流量	$Mb/s/m^2$	忙时，地理面积
连接数密度	单位面积上支持的各类在线设备总和	个/km^2	连接定义为能够达到业务QoS状态的各类设备
时延(端到端)	对于已经建立连接的收发两端，数据包从发送端产生，到接收端正确接收的时延	ms	基于一定的可靠性(成功通信的概率)
用户峰值速率	在特定移动场景下达到一定用户体验速率的最大移动速率	km/h	特定场景：地铁、快速路、高铁
移动性	单用户理论峰值速率	b/s	参考典型用户峰值速率与体验速率之比计算得到

目前的移动通信网络在应对移动互联网和物联网爆发式发展的时候，可能会面临以下问题：能耗、每比特综合成本、部署和维护的复杂度难以高效应对未来千倍业务流量增长和海量设备连接；多制式网络共存造成了复杂度的增长和用户体验感下降；现网在精确监控网络资源和有效感知业务特性方面的能力不足，无法智能地满足未来用户和业务需求多样化的趋势。此外，无线频谱从低频到高频跨度很大，且分布碎片化，干扰复杂。应对这些问题，需要从如下两方面来提升5G系统能力，以实现可持续发展。

一是在网络建设和部署方面，5G需要提供更高的网络容量和更好的覆盖，同时降低网络部署，尤其是超密集网络部署的复杂度和成本；5G需要具备灵活可扩展的网络架构，以适应用户和业务的多样化需求；5G需要灵活高效地利用各类频谱，包括对称和非对称频段、重用频谱和新频谱、低频段和高频段、授权和非授权频段等。另外，5G需要具备更强的设备连接能力来应对海量物联网设备的接入。

二是在运营维护方面，5G需要改善网络能效，以应对未来数据迅猛增长和各类业务应用的多样化需求；5G需要降低多制式共存、网络升级以及新功能引入等带来的复杂度，以提升用户体验；5G需要支持网络对用户行为和业务内容的智能感知并做出智能优化；5G需要能提供多样化的网络安全解决方案，以满足各类移动互联网和物联网设备及业务的需求。

频谱利用、能耗和成本是移动通信网络可持续发展的3个关键因素。为了实现可持续发展，5G系统相比4G系统在频谱效率和能源效率方面需要得到显著提升。具体来说，频谱效率需要提高3倍以上，能源效率需要提高100倍以上，新的效率指标见表9-2。

表9-2 5G效率指标

名称	定义	单位
平均频谱效率	每小区或单位面积内，单位频谱提供的吞吐量	b/s/Hz/cell(或 b/s/Hz/km^2)
能耗效率	每焦耳能量能传输的比特	b/J

5G需要具备比4G更高的性能，支持0.1～1 Gb/s的用户体验速率，每平方公里100万的连接数密度，毫秒级的端到端时延，每平方米10 Mb/s以上的流量密度，每小时500 km的移动性和10 Gb/s以上的峰值速率。其中，用户体验速率、连接数密度和时延为5G最基本的3个性能指标。同时，5G还需要大幅提高网络部署和运营的效率。性能需求和效率需求共同定义了5G的关键能力，具体见表9-3。

总体上对5G的要求不仅要满足性能指标还要满足效率指标。

表9-3 5G性能/效率指标要求

性能指标	
用户体验速率	0.1～1 Gb/s
连接数密度	$1\times10^6/km^2$
时延	1 ms
移动性	500 km/h
用户峰值速率	常规情况10 Gb/s，特定场景20 Gb/s
流量密度	10 Mb/s/m^2
效率指标	
平均频谱效率	3倍以上
能耗效益	100倍

5G将以可持续发展的方式，满足未来超千倍的移动数据增长需求，为用户提供光纤般的接入速率，“零”时延的使用体验，千亿设备的连接能力，超高流量密度、超高连接数密度和超高移动性等多场景的一致服务，业务及用户感知的智能优化，同时将为网络带来超百倍的能效提升和超百倍的比特成本降低。

9.1.3 5G的应用场景

5G典型的应用场景具体见表9-4。

表 9-4 5G 场景需求

分类	场景	需求
超高流量密度	办公室	数十 $Tb/s/km^2$ 的流量密度
	密集住宅区	Gb/s 级用户体验速率
超高移动性	快速路	ms 级端到端时延
	高铁	500 km/h 以上的移动速率
超高连接数密度	体育场	$1\times10^6/km^2$ 的连接数
	露天集会场所	$1\times10^6/km^2$ 的连接数
	地铁	6 人/m^2 的超高用户密度
广域覆盖	市区覆盖	100 Mb/s 的用户体验速率

9.1.4 5G 的发展路径

传统的移动通信技术升级换代都是以多址接入技术为主线的，5G 的无线技术创新将更加丰富。除了多种新型多址技术之外，大规模天线、超密集组网和全频谱接入都被认为是 5G 的关键技术。此外，新型多载波技术、新的双工技术、新型调制编码、D2D 等也是潜在的 5G 无线关键技术。5G 系统将会建立在以新型多址、大规模天线、超密集组网、全频谱接入为核心的技术体系之上，满足面向 2020 年之后的 5G 技术需求。

受 4G 技术框架的约束，大规模天线等增强技术难以完全发挥其技术优势。全频谱接入、新型多址技术等难以在现有技术框架下实现。4G 演进也无法满足 5G 的技术需求。因此，5G 需要设计全新的空口，以满足 5G 性能和效率的要求，新空口是 5G 的演进方向，4G 演进是有效的补充。综合考虑国际频谱规划和频率传播特性，5G 包含工作在 6 GHz 以下频段的低频新空口和在 6 GHz 以上频段的高频新空口。

5G 低频新空口采用新的空口设计，引入大规模天线、新型多址等先进技术，支持更短的帧结构、更精简的信令流程、更灵活的双工方式，有效满足 5G 的要求。通过灵活配置技术模块及参数来满足不同场景差异化的技术需求。5G 高频新空口需要考虑高频信道和射频器件的影响，并针对波形、天线等进行相应的优化。同时高频跨度大、候选频段多，应尽可能采用统的空口技术方案，通过参数调整来适配不同信道及器件的特性。

9.2 5G 的网络架构

5G 网络将融合多类现有或未来的无线接入传输技术和功能网络，包括传统蜂窝网络、大规模多天线网络、无线网络、无线局域网、无线传感器网络、小型基站、可见光通信和设备直连通信等，并通过统一的核心网络进行管控，以提供超高速率和超低时延的用户体验和多场景的一致无缝服务。

为此，对于 5G 网络架构，一方面通过引入软件定义网络 SDN 和网络功能虚拟化 NFV 等技术，实现控制功能和转发功能的分离，以及网元功能和物理实体的解耦，从而实现多类网络资源的实时感知与调配，以及网络连接和网络功能的按需提供和适配；另一方面，进一步增强接入网和核心网的功能，接入网提供多种空口技术，并形成支持多连接、自组织等方式复杂网络拓扑，核心网则进一步下沉转发平面、业务存储和计算能力，更高效实现对差异化业务的按需编排。

在上述技术支撑下，5G 网络架构可大致分为控制、接入和转发平面，其中，控制平面通过网络功能重构，实现集中控制功能和无线资源的全局调度；接入平面包含多类基站和无线接入设备，用于实现快速灵活的无线接入协同控制，以提高资源利用率；转发平面包含分布式网关并集成内容缓存和业务流加速等功能，在控制平面的统一管控下实现数据转发效率和路由灵活性的提升。

IMT-2020(5G)推进组于 2015 年 5 月发布的 5G 网络架构白皮书中，对 5G 网络的逻辑架构做了定义：

5G 网络架构包含接入、控制和转发三个功能平面。控制平面主要负责全局控制策略的生成，接入平面和转发平面主要负责策略执行。

接入平面：包含各种类型基站和无线接入设备。基站间监护能力强，组网拓扑形式丰富，能够实现快速灵活的无线接入协同控制，提供更高的无线资源利用率。

控制平面：通过网络功能重构，实现集中的控制功能和简化的控制流程，以及接入和转发资源的全局调度。面向差异化业务需求，控制平面通过按需编排的网络功能，提供可定制的网络资源，以及友好开放平台。

转发平面：包含用户面下沉的分布式网关，集成边缘内容缓存和业务流加速等功能。在集中的控制平面的统一控制下，数据转发效率和灵活性得到极大提升。

9.3 网络部署与业务视图

5G 网络的部署包括边缘接入网、城域汇聚网和骨干网 3 个部分，如图 9-2 所示。

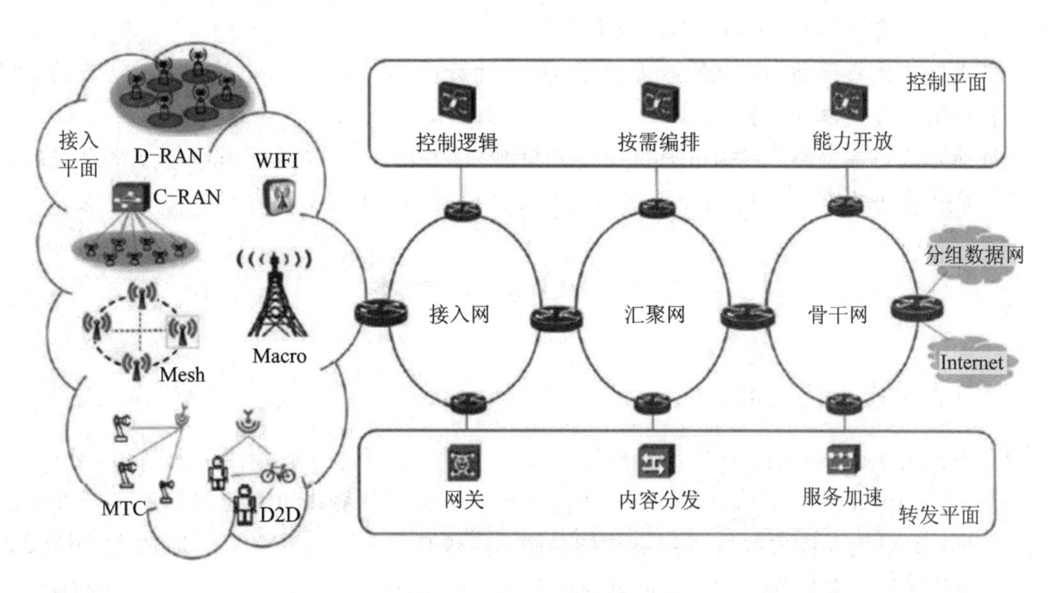

图 9-2 5G 网络的部署

网络控制功能包括了核心网控制功能和接入网控制功能。核心网控制功能在城域汇聚网或骨干网内尽量集中化部署。面向低时延业务场景，核心网控制功能需要部署在接入网边缘或者与基站融合部署。数据网关和业务使能设备可以根据业务需要在全网灵活部署，以减少对回传网络的压力，降低时延和提高用户体验速率。网络能力开放功能可以部署在网络控制功能之上，有利于网络服务和管理功能向第三方开放。

5G网络将呈现“一个逻辑架构、多种组网架构”的形态。5G网络通过分片技术，从统一的基础架构出发，可按需构建不同的逻辑网络实例。不同的网络分片实现逻辑的隔离，每个分片的拥塞、过载、配置的调整不影响其他分片。不同分片中的网络功能在相同的位置共享相同的软硬件平台。面向5G网络的4种典型场景的网络分片如图9-3所示。

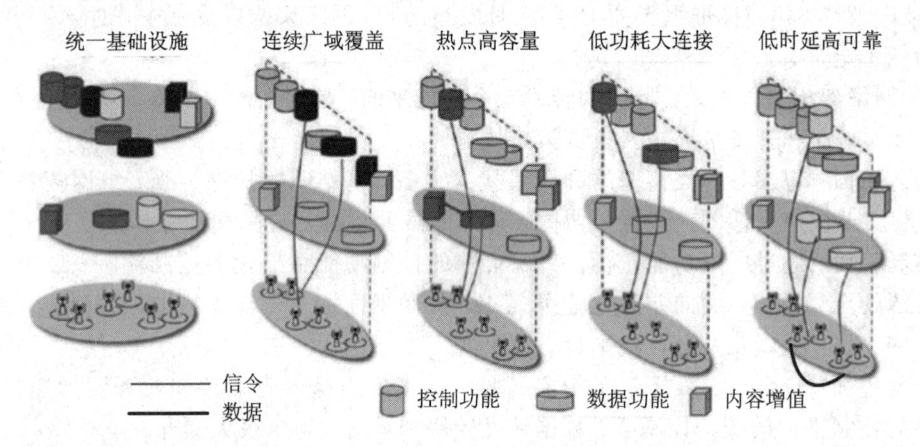

图9-3　面向5G网络的4种典型场景的网络分片

连续广域覆盖网络：在较大范围内支持移动性、漫游等基本移动特性。数据面流量相对较少，用户面网关相对集中。保障较高的业务锚点位置，实现对广域移动性的支持。

热点高容量网络：集中控制面，通过用户面网关下沉，靠近用户部署业务锚点和内容源，实现本地路由，降低对网络容量的压力。

低功耗大连接网络：简化的连接管理、移动性管理、漫游等机制，通过控制协议的裁剪优化实现低功耗及高连接数。

低时延高可靠网络：终端可通过设备到设备(D2D)直连，或通过本地业务路由实现低时延。通过端到端的QoS控制和平台的高可靠性机制满足业务和系统的可靠性要求。

9.4　5G关键技术

9.4.1　大规模天线技术

大规模天线(又叫大范围多入多出技术和大范围天线系统)是一种多入多出(Multiple Input and Multiple Output，MIMO)的通信系统，在系统中基站的天线数目远高于终端的天线数目，通过建立极大数目达到终端的信道，实现信号的高速传输，并通过大规模天线简化MAC层设计来最终实现信号的低时延传输。在5G的大规模天线场景下，小区为宏蜂窝和微蜂窝两种小区共存，网络分类可以为同构网络，也可以为异构网络，场景分为室外和室内两种场景。从相关测试文献得知，陆地移动通信系统 70%的通信来自于室内，因此，大规模天线的信道可以分为宏小区基站对室外用户、室内用户，微小区基站对室外用户、室内用户，同时微小区也可作为中继基站进行传输，信道也包括从宏小区基站到微小区基站。基站天线数可以趋于无限大，同时用户天线数目也可增大。大规模天线技术在整个 5G 系统中会带来以下的一系列优点：

(1) 相比于传统的多入多出系统，大规模天线多入多出系统的空间分辨率被极大地提升了。大规模天线技术可以在没有基站分裂的条件下实现空间资源的深度挖掘。

(2) 波束赋形技术能够让能量极小的波束集中在一块小型区域，因此干扰能够被极大地减少。波束赋形技术可以与小区分裂、小区分簇相结合，并与毫米波高频段共同应用于无线短距离传输系统中，将信号强度集中于特定方向和特定用户群，实现信号的可靠高速传输。

(3) 相比于单一天线系统，大规模天线技术能够通过不同的维度(空域、时域、频域、极化域)提升频谱利用效率和能量利用效率。

因为这些可实现的优点，大规模天线技术被认为是 5G 中的一项关键可行技术。

9.4.2　双工技术

传统 LTE 系统中，双工方式支持 FDD 和 TDD 模式，但在面对不同的业务需求时，一方面，不能灵活地调整资源，提升资源利用率；另一方面，面对爆炸式的业务增长和稀缺的频谱资源时，难以满足业务需求。传统的 FDD 和 TDD 模式不可避免地存在资源浪费问题。

1. 灵活双工

未来移动流量将呈现多变特性，上、下行业务需求随时间、地点而变化，现有通信系统固定的时频资源分配方式无法满足不断变化的业务需求。灵活双工能够根据上、下行业务变化情况动态分配资源，提高系统资源利用率。灵活双工可以通过时域和频域方案实现。FDD 时城方案中，每个小区可以根据业务量需求将上行频段配置成不同的上、下行时隙比；在频域方案中，可以将上行频段配置为灵活频带以适应上、下行非对称业务需求。而在 TDD 系统中，可以根据上、下行业务需求量决定上、下行传输的资源数目。

灵活双工的技术难点在于不同设备上、下行信号间的干扰，因此，根据上、下行信号的对称性原则设计 5G 系统，将上、下行信号统一，将上、下行信号间干扰转化为同向信号干扰，应用干扰消除或者干扰协调技术处理信号干扰。而小区间上、下行信号相互干扰，主要通过降低基站发射功率的方式，使得基站功率与终端达到对等水平。即将控制和管理功能与业务功能分离，宏站更多地承担用户管理和控制功能，小站或者微站承载业务流量。

灵活双工主要包括 FDD 演进、动态 TDD、灵活回传以及增强型 D2D。

在传统的宏、微 FDD 组网下，上、下行频率资源固定，不能改变。利用灵活双工，宏小区的上行空白帧可以用于微小区传输下行资源，即使宏小区没有空白帧，只要干扰允许，微小区也可以在上行资源上传输下行数据。

灵活双工的另一个特点是有利于进行干扰分析，在基站和终端部署了干扰消除接收机的条件下，可以大幅提升系统容量。动态 TDD 中，利用干扰消除可以提升系统性能。

2. 全双工

全双工技术(Full Duplex，FD)也被称为同时同频全双工技术(Co-frequency Co-time Full Duplex，CCFD)，被认为是下一代移动通信(5G)关键空中接口技术之一。全双工技术可以使通信终端设备能够在同一时间同一频段发送和接收信号，理论上，比传统的TDD或FDD模式能提高一倍的频谱效率，同时还能有效降低端到端的传输时延和减小信令开销。当全双工技术采用收、发独立的天线时，由于收、发天线距离较近且收、发信号功率差异巨大，在接收天线处，同时同频信号(自干扰)会对接收信号产生强烈干扰。因此，全双工技术的核心问题是如何有效地抑制和消除强烈的自干扰。

从目前自干扰消除的研究成果来看，全双工系统主要采用物理层干扰消除的方法。全双工系统的自干扰消除技术主要包括天线自干扰消除、模拟电路域自干扰消除以及数字域自干扰消除方法。天线自干扰消除方法主要依靠增加收、发天线间损耗，包括分隔收发信号、隔离收发天线、天线交叉极化、天线调零法等；模拟电路域自干扰消除主要依靠环形器隔离，通过模拟电路设计重建自干扰信号，并从接收信号中直接减去重建的自干扰信号等；数字域主要依靠对自干扰进行参数估计和重建后，从接收信号中减去重建的自干扰来消除残留的自干扰。目前的研究成果是：通过自干扰消除技术的联合应用，在特定的场景下，能够消除大部分自干扰(约120 dB)。但是研究中的实验系统基本上是单基站、少天线和小带宽，并且干扰模型较为简单，对多小区、多天线、大带宽和复杂干扰模型下的全双工系统缺乏深入的理论分析和系统的实验验证。因此，在多小区、多天线、大带宽和复杂干扰模型等背景下，需要进一步深入研究更加实用的自干扰消除技术。

目前，关于全双工技术的研究除了自干扰消除技术外，还包括很多其他方面的内容，包括：设计低复杂度的物理层干扰消除的算法，研究全双工系统功率控制与能耗控制问题；将全双工技术应用于认知无线网中，使次要节点能够同时感知与使用空闲频谱，减少次要节点之间的碰撞，提高认知无线网的性能；将全双工技术应用于异构网络中，解决无线回传问题；将全双工技术同中继技术相结合，能够解决当前网络中隐藏终端问题、拥塞导致吞吐量损失问题以及端到端延时问题等；将全双工中继与MIMO技术结合，联合波束赋形的最优化技术，提高系统端到端的性能和抗干扰能力。

为了使全双工技术在未来的无线网络中得到广泛的实际应用，对于全双工的研究，仍有很多工作需要完成，不仅需要不断深入地研究全双工技术的自干扰消除问题，还需要更加全面地思考全双工技术所面临的机遇和挑战，包括设计低功耗、低成本、小型化的天线来消除自干扰；解决全双工系统物理层的编码、调制、功率分配、波束赋形、信道估计、均衡、解码等问题；设计介质访问层及更高层的协议，确定全双工系统中干扰协调策略、网络资源管理以及全双工帧结构；全双工技术与大规模天线技术的有效结合与系统性能分析等。

9.4.3 信道建模

信道建模即通过对无线环境的抽象性描述，用一系列的参数来表征无线环境的物理特征，进而准确刻画出无线信号的传播机制，是评估无线技术性能的最有效手段之一。进入4G时代以来，无线信道建模得到了高速发展。由于MIMO技术的应用，信道模型由时—频两个维度扩展成空—时—频三个维度。

随着 5G 技术的发展，信道建模也表现出了如下的新特性：

(1) 空间连续性与移动性。一方面，D2D 技术的发送端和接收端具有双移动特性，而传统的信道模型中发送端位置固定，只有接收端移动的建模方式已经不再适用。另一方面，目前的信道模型是基于时间快照(Drop Based)的，即对每条链路而言，散射环境是随机产生的，即使距离很近的移动台所处的散射环境也是独立的，这明显与实际情况不符。许多学者针对上述特性提出了新的信道模型，如 Tommi 等为了描述 D2D 信道的双移动性和空间连续性，提出了一种基于随机几何信道模型(Geometry-based Sto-chastic Channel Models，GSCM)，讨论了阴影衰落、角度、多普勒效应等特性在建模时与传统 GSCM 的不同。

(2) 大规模天线阵列的信道特性。为了提高信道容量和频谱利用率，大规模天线技术将成为 5G 的关键技术之一，相应的信道建模也呈现出新的特性，如要考虑用球面波取代平面波进行建模；信道能量往往集中在有限的空间方向上，不满足信道是独立同分布(Independent and Identically Distributed，IID)条件；随着天线阵列的增大，不同的散射体只对不同的天线单元可见，衰落表现出非静态特性。

(3) 高频段通信的信道特性。未来的短距离无线通信系统需要支持 Gbit 甚至数十 Gbit 的数据率，发展毫米波段中大量未被使用的频谱资源具有很好的应用前景。毫米波信道建模具有很多新的特征，比如高路损、高散射和对动态环境敏感等。大量的学者对此进行了建模研究。比如，Bai 等提出了在对大尺度参数建模时，采用直射径和非直射径的概率分布函数来代替原来的对数距离路径损耗与阴影衰落，进而，评估了毫米波通信小区下行链路的性能。随着 5G 的深入研究，相应的信道模型也表现出了不同的特性，因此，相关新技术的测量与建模工作急需深入开展。

9.4.4 信道编码

低密度奇偶校验(Low Density Parity Check，LDPC)码和极化(Polar)码是 5G 信道编码的关键候选码。在 LDPC 码发现之初，由于当时硬件技术和 LDPC 码编译码复杂度的限制，LDPC 码一直没有得到人们的重视。近年来，随着集成电路技术的演进，LDPC 码在实际通信系统中的应用逐渐可行，LDPC 码重新进入了人们的视野，并将在深空通信、光纤通信、卫星数字视频、数字水印、移动和固定无线通信及数字用户线(Digital Subscriber Line，DSL)中得到广泛应用。虽然 LDPC 码有很好的抗干扰性能，但是 LDPC 码的编译码的复杂性一直是 LDPC 码应用于实际通信系统的最大障碍。目前，关于 LDPC 码的研究主要集中在寻找低复杂度的编码算法和译码算法以及 LDPC 码在实际通信系统中的应用。

LDPC 码与在 4G 中广泛应用的 Turbo 码相比，其译码是基于一种稀疏矩阵的并行迭代算法，并且由于结构并行的特点，在硬件实现上比较容易。因此在大容量通信应用中，LDPC 码更具有优势，这也正迎合了 5G 的发展趋势。而 Polar 码可以由简单的编码器与解码器来实现，编译码复杂度仅为 $O(n\lg n)$，再考虑到其优良的性能，Polar 码相比于 Turbo 码来说优势明显。

5G 网络要求将端到端的延迟降到 4G 网络的 1/5 以下，连接的设备数量达到 4G 网络的 10～100 倍，数据速率达到 4G 网络的 10～100 倍。因此，这给 5G 网络的网络延迟、能耗、频带利用等各方面带来了严峻的挑战。

LDPC码和Polar码作为5G网络信道编码的候选码，在应用于5G网络时各有优缺点：

(1) 在编译码复杂度上，与LDPC码相比，Polar码逐渐能达到任意二元对称离散无记忆信道的信道容量，具有较低的编译码复杂度，译码算法无需复杂的迭代计算，并且能很好地应用于多终端系统中。

(2) 在频带利用率方面，Polar码远不如多元LDPC码，此外，Polar码在中短码长下的性能也不及多元LDPC码。

9.4.5 多址接入技术

多址接入技术是现代移动通信系统的关键特征，很大程度上来说，多址接入技术就是每一代移动通信技术的关键特点。5G除了支持传统的OFDMA技术外，还将支持SCMA、NOMA、PDMA、MUSA等多种新型多址接入技术。新型多址接入技术通过多用户的叠加传输，不仅可以提升用户连接数，还可以有效提高系统频谱效率，通过免调度竞争接入，还可以大幅度降低时延。

1. 非正交多址接入

非正交多址接入(NOMA)技术是基于功率域复用的新型多址方案，以增加接收端的复杂度为代价换取更高的频谱效率。未来设备计算能力将会有大幅度提升，所以该方案具有可行性。

NOMA有2种关键技术：

(1) 在用户接收端，利用连续干扰消除技术进行多用户检测。

(2) 在发送端进行功率域复用，根据相关算法进行功率分配。

NOMA也面临一些技术实现的问题。一方面，非正交传输接收机非常复杂，SIC接收机的设计需要芯片的信号处理技术有大的提升；另一方面，功率域复用技术还在研究阶段，后续还有很多工作要做。

2. 稀疏编码多址接入

稀疏编码多址接入(SCMA)技术是一种新型的基于码域复用的多址方案。该方案将QAM调制和签名传输过程融合，输入的比特流直接映射成一个从特定码本里选出的多维SCMA码字，然后以稀疏的方式传播到物理资源元素上。一组码字非正交复用，组成一个SCMA块，由于码字的数量大于其所占用的资源元素数量，所以可以提供高达300%的过载率(Overloaded)。目前，对于SCMA的研究主要有最佳码本设计、低复杂度接收算法研究、速率和能效研究以及SCMA与其他无线技术的结合等。

3. 图样分割多址接入

图样分割多址接入(或简称图分多址接入，PDMA)技术是基于发送端和接收端联合设计的新型非正交多址接入技术。发送端，在相同的时频域资源内，将多个用户信号进行功率域、空域、编码域单独或联合地编码传输，采用易于干扰抵消接收机算法的特征图样进行区分；接收端，对多用户采用低复杂度、高性能的串行干扰抵消接收机算法进行检测，做到通信系统的整体性能最优。根据目前的研究结果，在上行系统中，PDMA可以提升系统容量的 2～3 倍，而下行通信系统的频谱效率可以提高 1.5 倍。PDMA 的实现要解决几大难题，如如何设计发送端的图样才能更容易地区分不同的用户，如何简化接收机，如何将 PDMA 和 MIMO 设计融合来设计空间域编码图样。

4. 多用户共享接入

多用户共享接入（MUSA）技术是一种基于复数域多元码的上行非正交多址接入技术。它是适合免调度的多用户共享接入方案，有利于实现低成本、低功耗 5G 海量连接（万物互联）。各接入用户利用基于 SIC 接收机的、具有低相关性的复数域多元码序列将其调制符号进行扩展，扩展后的符号可以在相同的时频资源里发送。接收端使用线性处理和码块级 SIC 来分离各用户的信息。扩展序列会直接影响 MUSA 的性能和接收机复杂度，是 MUSA的关键部分。MUSA 是 5G 中潜在的多址技术，然而它的实现仍具有一定的挑战性。比如，传播序列的映射方式、图样选择的标准以及系统容量如何随着用户数量的增加而改变等。

除了上述多址接入技术之外，针对 5G 通信，研究者还提出比特分割多址接入（BMA）技术、软件定义多址接入（SoDeMA）技术等。总之，5G 时代的多址接入技术的改革和创新，将会使未来移动通信的无线接入技术达到一个新的高度。

9.4.6　动态 TDD

5G 网络的关键特征将会是超密集小小区部署（小区半径小于几米）和不同的从超低时延到千兆速率的需求。基于 TDD 的空口被提议应用于针对小小区信号小延迟传播经验的部署，灵活分配每个子帧上、下行传输资源。这种灵活选择上、下行配置的 TDD 也被称为动态 TDD。在动态 TDD 上、下行配置的情况下，不同的小区能更加灵活地适应业务需求，对减小基站能耗也有一定的作用。

动态 TDD 技术一般只在小覆盖的低功率节点小区中使用，而在大覆盖的宏基站小区中一般不使用。超密集小小区组网和大量的应用将成为 5G 无线通信系统的基本内容。一个动态 TDD 的部署可能引起上、下行子帧交错干扰，降低系统性能。5G 动态 TDD 的主要挑战包括更短的 TTI、更快的 UL/DL 切换和 MIMO 的结合等。为了应对这些挑战，目前被考虑的解决方案有如下 4 种：小区分簇干扰缓解（CCIM）、eICIC/FeICIC、功率控制、利用 MIMO 技术。

1. CCIM

CCIM 是根据小区间的某个阈值（如耦合损耗，干扰水平）将小区分簇的方法。每个簇可以包含一个或多个小区。簇中小区传输的数据帧的子集中要么都是上行链路要么都是下行链路，以便使同一簇中的基站—基站之间的干扰与用户—用户之间的干扰得到缓解。属于同一簇的多小区之间的协作是必要的。属于不同簇小区的传输方向在一个子帧中可以不同，通过自由地选择不同的 TDD 配置，来获取基于业务自适应的 TDD 上、下行链路重新配置所带来的收益。CCIM 本质上包括两个功能，即形成小区簇和每个小区簇中的协作传输。为了合理地形成小区簇，基站的测量是必要的，而基站测量的目的是评价来自于另一个基站的干扰水平。此外，与基站测量相关的信号和过程都必须被支持。至于小区簇内的协作形成条件，则需要进一步研究。

2. eICIC/FeICIC

eICIC是依靠几乎空白子帧(ABS)协调宏小区和小小区的层间干扰的方法。然而，eICIC方案并没有解决小区特定参考信号(CRS)上的干扰控制，为了确保后向兼容性，CSR不能为空白子帧。FeICIC考虑了CRS干扰，并使用减少功率的几乎空白子帧(RP-ABS)增加了系统容量，借鉴小区间干扰协调(ICIC)和增强型小区间干扰协调(eICIC)在时间或频率域上资源分配正交化的思路解决相邻小区间的干扰。这些基于ICIC的方案在干扰抑制中也许会造成不必要的资源浪费。FeICIC的主要挑战是宏小区和小小区之间的智能调度和协调，以及如何减少功率。eICIC和FeICIC设计起初是用来解决异构网中下行链路干扰问题的。

3. 功率控制

在动态TDD系统中，上行链路的性能将会显著下降。为了提高上行链路的性能，业内提出了一些功率控制的方案。基本原则如下所述：减弱造成eNode B—eNode B干扰的下行子帧传输功率、增加受到eNode B—eNode B干扰的上行子帧传输功率。目前的干扰抑制方法主要集中在确定功率的变化范围以及控制策略这两个方面，如一些静态和动态的控制方案。然而，在基于功控的方法中，增加传输功率可能会造成额外的干扰，降低基站的功率也将减小小区的覆盖范围。

4. 利用MIMO技术

干扰对齐技术使MIMO系统的空间自由度最大化，从而显著地改善了系统容量。干扰对齐方法的核心思想是将不同来源的干扰调整到一个约束的信号子空间，那么目标信号就能在这个子空间的零空间被接收，创建一个联合干扰对齐波束成形问题，那么单个波束成形解决方案就能够处理几个不同干扰场景下的波束成形问题。

9.5 5G网络技术

9.5.1 C-RAN

4G中广泛采用的还是传统蜂窝结构式的无线接入网，尽管采用了一些先进的技术，但仍然无法满足不断增长的用户和网络需求，接入网越来越成为严重影响用户体验的瓶颈。这迫使运营商在下一代移动通信网络中找到一种显著提高系统容量、减少网络拥塞、成本效益较高的接入网架构。结合集中化和云计算，新型的基于云的无线接入网架构(C-RAN)能有效解决上述问题。

如图9-4所示，C-RAN架构主要包括3个组成部分：由远端无线射频单元(RRH)和天线组成的分布式无线网络；由高带宽低延迟的光传输网络连接的远端无线射频单元；由高性能处理器和实时虚拟技术组成的集中式基带处理池(BBU pool)。分布式的远端无线射频单元提供了一个高容量广覆盖的无线网络。高带宽低延迟的光传输网络需要将所有的基带处理单元和远端射频单元连接起来。基带池由高性能处理器构成，通过实时虚拟技术连接在一起，合成异常强大的处理能力，为每个虚拟基站提供所需的性能处理需求。

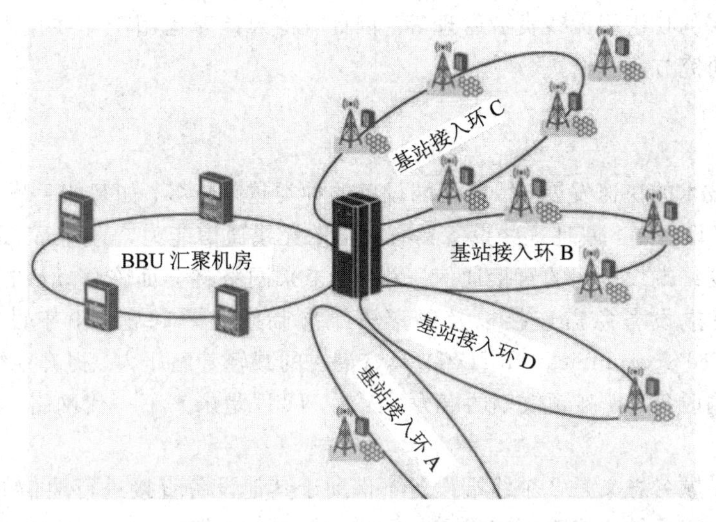

图 9-4 C-RAN 架构

集中化的 BBU 池可以使 BBU 被高效地利用，从而减少调度与运行的消耗。C-RAN 的主要优点如下：

(1) C-RAN 适应非均匀流量。通常一天中业务量峰值负荷是非峰值时段的 10 倍多。由于在 C-RAN 的架构下多个基站的基带处理是在集中 BBU 池进行的，总体利用率可提高。所需的基带处理能力的池预计将小于单基站能力的总和。分析表明，相比传统的 RAN 架构，C-RAN 架构下 BBU 的数量可以减少很多。

(2) 能量和成本节约。采用 C-RAN 使电力成本减少，如在 C-RAN 的 BBU 数量相比传统无线接入网减少了。在低流量期间(夜间)，池中的一些 BBU 可以关掉，不影响整体的网络覆盖。此外，RRH 是悬挂在桅杆上或楼宇的墙壁上，能够自然冷却，从而减少电量消耗。

(3) 增加吞吐量，减少延迟。BBU 池的设计使基带资源集中化，网络可以自适应地均衡处理，同时可以对大片区域内的无线资源进行联合调度和干扰协调，从而提高频谱利用率和网络容量。

(4) 缓解网络升级和维护。C-RAN 产生的失败可能是因 BBU 池自动吸收重组，因此减少了对人为干预的需要，而且每当有硬件故障和升级需要时，人为干预也只需要在少数的几个 BBU 池进行，这刚好与传统无线接入网相反。由于硬件通常需要放在几个集中的地点，C-RAN 与虚拟 BBU 池提出能够使新的标准方式平稳引入。

目前，C-RAN 的研究和挑战有如下 3 个方向：

(1) 基于光网络的无线信号传输。由于 C-RAN 构架是由分布式 RRH 和集中式 BBU 组成的，因此，如何实现低成本、高带宽、低延迟的光传输网络成为 C-RAN 的一个挑战。

(2) 动态无线资源分配和协作式无线处理。C-RAN 系统的一个主要目标是显著提高系统频谱效率，并提高小区边缘用户吞吐量。C-RAN 将采用有效的多小区联合资源分配和协作式的多点传输技术，可以提高系统频谱效率。

(3) 云计算应用于虚拟化技术。通信硬件和软件的虚拟化都会为通信网络和协议带来新的挑战，特别是在大规模协作信号处理和云计算中。目前，致力于无线接入虚拟化方面的云计算得到的关注较少，包括物理层的信号处理、介质访问控制(MAC)层的调度和资源分配以及网络层的自组织无线资源管理等。因此，将云计算运用于无线接入虚拟化将是未来一个重要的研究方向。

9.5.2 D2D

随着科学技术的快速发展，智能终端设备的种类越来越多，如智能手环、智能手表、智能手机、可穿戴设备等，并且这些设备具有很强的无线通信能力，通过 Wi-Fi、蓝牙蜂窝网络通信技术实现终端设备间的直接通信。另外，未来网络将会面临移动数据流量的爆炸性增长、海量的终端设备急需连接以及频谱资源濒临匮乏等问题。由于设备到设备通信(Device-to-Device Communication，D2D)具有潜在的减轻基站压力、提升系统网络性能、降低端到端的传输时延、提高频效率的潜力。因此，D2D 是未来下一代网络(5G)中的关键技术之一。

D2D 通信，顾名思义是 2 个终端设备不借助于其他设备直接进行通信的新型技术。由于其优越的特点以及结合未来网络发展的需求和趋势，人们已经开始研究了比较多可考虑的 D2D 通信的应用场景，比如将 D2D 通信应用于未来车辆中，未来车联网需要车车、车路、车人(V2V、V2I、V2P，统称 V2X)的频繁交互的短程通信，通过 D2D 通信技术可以提供短时延、短距离、高可靠的 V2X 通信；还有基于多跳 D2D 组建 AD Hoc 网络，如果通信网络基础设施被破坏，终端之间仍然能够建立连接，保证终端之间的正常通信；此外，就是蜂窝与 D2D 异构网络，在系统基站的控制下，D2D 通信复用蜂窝小区用户的无线资源，保证 D2D 带给小区的干扰在可接受的范围内，终端之间直接进行通信，这样能够减轻基站压力，提高频谱效率。

为了能够很好地应用 D2D 通信技术，人们需要重点解决 D2D 通信潜在的技术难点。首先，D2D 发现技术需要检测和识别邻近 D2D 终端用户，进而建立 D2D 通信链路。由于蜂窝网络中的 D2D 通信技术势必会对蜂窝通信带来额外干扰，所以高效的无线资源分配和干扰管理方案是至关重要的，通过高效的调度和管理无线资源以及控制 D2D 用户的发射功率等方法，可降低 D2D 通信对蜂窝小区带来的干扰。最后，通信模式切换也是人们特别关注的研究点之一，因为它将决定着是否能够提高系统的频谱效率，并且影响蜂窝用户和 D2D 用户之间的干扰程度。现在人们已经考虑 D2D 用户之间的干扰、路径损耗、信道质量和距离等因素，制定用户通信模式切换准则。

由于 D2D 通信技术具有提升网络性能、优化未来网路架构等优点，已经引起了研究人员的广泛关注，并且针对一些关键性问题展开了研究，取得了一些成果。但是，对于 D2D 通信技术的研究，还存在一些问题和挑战未被解决，如在通信模式切换方面，大多数文献都没有考虑用户的移动性，而在实际中，用户处于移动状态，这样会对通信模式切换产生比较大的影响；还有在资源分配和干扰管理方面，人们比较趋向于 D2D 通信链路固定地复用上行链路或者下行链路，而没有考虑根据蜂窝上、下行链路的情况动态地决定 D2D 通信链路复用何种蜂窝通信链路。此外，对于潜在的基于 D2D 通信技术的网络场景还需进一步设计，而新型的网络场景中会引进新的资源分配问题和干扰问题，因此，新型的资源分配和干扰管理方案也值得深入研究。

9.6 5G技术未来展望

目前，世界各国针对未来5G移动通信网络在技术的可行性研究、标准化以及产品发展方面进行了大量的投入，5G的发展需要在统一的框架下进行全球范围内的协调。同时，在5G通信系统中，大规模多天线和信道建模等的不断研究和创新，不仅能够有效改善无线频谱的利用效率，而且加快了无线数据传输速率，并支持更多终端的接入。

为了应对未来信息社会高速发展的趋势，5G网络应具备智能化的自感知和自调整能力，C-RAN、D2D等技术的研究正是出于这一目的，并且高度的灵活性也将成为未来5G网络必不可少的特性之一。同时，绿色节能也将成为5G发展的重要方向，网络的功能不再以能源的大量消耗为代价，将实现无线移动通信的可持续发展。

未来的10年，移动通信将发生翻天覆地的变化，目前，4G刚刚部署不久，还将持续很长的一段时间用于商用。作为面向2020年之后产业发展的新一代移动通信技术，5G在提高大带宽、解决万物互联、实现更可靠和更低时延通信方面具有重要影响。2016年，5G技术发展进入中期，3GPP已经在2016年开始了5G标准的预研，后续5G技术方案征集、标准化工作等也会紧锣密鼓地开展。5G是一个融合的网络，也是一个更加复杂和密集的网络。5G远超3G、4G网络所满足的场景、数据量及设备接入量，实现这一网络需要技术的不断发展和创新。此外，5G也将更全方位地注重用户体验，将根据不同用户的个性化需求智能部署，实现用户在任何时间、任何地点都能够方便、快捷地接入。同时，5G技术的未来不仅在于数据传输速度的进一步提升，更在于它是人类能力的延伸，周围的一切物体都处于实时联网状态，能够互相感知交互。

习题9

1. 什么是5G？5G有哪些特点？
2. 5G的技术目标是什么？
3. 请绘出5G的网络架构。
4. 5G有哪些关键技术？

参考文献

［1］ 樊昌信，等．通信原理．北京：国防工业出版社，2012.

［2］ 毛京丽，石方文．数字通信原理．北京：人民邮电出版社，2011.

［3］ 黄小虎．现代通信原理．北京：北京理工大学出版社，2012.

［4］ 朱月秀．现代通信技术．北京：电子工业出版社，2007.

［5］ 啜钢．移动通信原理．北京：电子工业出版社，2016.

［6］ 宋拯．移动通信技术．北京：北京理工大学出版社，2012.

［7］ 朱小龙．数字通信技术．北京：化学工业出版社，2004.

［8］ 张会生，陈数新．现代通信系统原理．2 版．北京：高等教育出版社，2009.

［9］ 陈德荣．移动通信原理与应用．北京：高等教育出版社，1998.

［10］ 吕捷．GPRS 技术．北京：北京邮电大学出版社，2001.

［11］ 李立华，陶小峰，张平，等．TD-SCDMA 无线网络技术．北京：人民邮电出版社，2007.

［12］ 张建华，王莹．WCDMA 无线网络技术．北京：北京邮电大学出版社，2007.

［13］ 庞宝茂．现代移动通信技术．北京：清华大学出版社，2004.

［14］ 郭梯云．移动通信技术．西安：西安电子科技大学出版社，2003.

［15］ 魏红．移动通信技术．北京：人民邮电出版社，2016.

［16］ 许学梅，杨延嵩．天线技术．2 版．西安：西安电子科技大学出版社，2009.

［17］ 朱晨鸣，王强，李新，等．5G：2020 后的移动通信．北京：人民邮电出版社，2016.

9.6　5G 技术未来展望

目前，世界各国针对未来 5G 移动通信网络在技术的可行性研究、标准化以及产品发展方面进行了大量的投入，5G 的发展需要在统一的框架下进行全球范围内的协调。同时，在 5G 通信系统中，大规模多天线和信道建模等的不断研究和创新，不仅能够有效改善无线频谱的利用效率，而且加快了无线数据传输速率，并支持更多终端的接入。

为了应对未来信息社会高速发展的趋势，5G 网络应具备智能化的自感知和自调整能力，C－RAN、D2D 等技术的研究正是出于这一目的，并且高度的灵活性也将成为未来 5G 网络必不可少的特性之一。同时，绿色节能也将成为 5G 发展的重要方向，网络的功能不再以能源的大量消耗为代价，将实现无线移动通信的可持续发展。

未来的 10 年，移动通信将发生翻天覆地的变化，目前，4G 刚刚部署不久，还将持续很长的一段时间用于商用。作为面向 2020 年之后产业发展的新一代移动通信技术，5G 在提高大带宽、解决万物互联、实现更可靠和更低时延通信方面具有重要影响。2016 年，5G 技术发展进入中期，3GPP 已经在 2016 年开始了 5G 标准的预研，后续 5G 技术方案征集、标准化工作等也会紧锣密鼓地开展。5G 是一个融合的网络，也是一个更加复杂和密集的网络。5G 远超 3G、4G 网络所满足的场景、数据量及设备接入量，实现这一网络需要技术的不断发展和创新。此外，5G 也将更全方位地注重用户体验，将根据不同用户的个性化需求智能部署，实现用户在任何时间、任何地点都能够方便、快捷地接入。同时，5G 技术的未来不仅在于数据传输速度的进一步提升，更在于它是人类能力的延伸，周围的一切物体都处于实时联网状态，能够互相感知交互。

习 题 9

1. 什么是 5G？5G 有哪些特点？
2. 5G 的技术目标是什么？
3. 请绘出 5G 的网络架构。
4. 5G 有哪些关键技术？

参考文献

[1] 樊昌信，等. 通信原理. 北京：国防工业出版社，2012.
[2] 毛京丽，石方文. 数字通信原理. 北京：人民邮电出版社，2011.
[3] 黄小虎. 现代通信原理. 北京：北京理工大学出版社，2012.
[4] 朱月秀. 现代通信技术. 北京：电子工业出版社，2007.
[5] 啜钢. 移动通信原理. 北京：电子工业出版社，2016.
[6] 宋拯. 移动通信技术. 北京：北京理工大学出版社，2012.
[7] 朱小龙. 数字通信技术. 北京：化学工业出版社，2004.
[8] 张会生，陈数新. 现代通信系统原理. 2 版. 北京：高等教育出版社，2009.
[9] 陈德荣. 移动通信原理与应用. 北京：高等教育出版社，1998.
[10] 吕捷. GPRS 技术. 北京：北京邮电大学出版社，2001.
[11] 李立华，陶小峰，张平，等. TD-SCDMA 无线网络技术. 北京：人民邮电出版社，2007.
[12] 张建华，王莹. WCDMA 无线网络技术. 北京：北京邮电大学出版社，2007.
[13] 庞宝茂. 现代移动通信技术. 北京：清华大学出版社，2004.
[14] 郭梯云. 移动通信技术. 西安：西安电子科技大学出版社，2003.
[15] 魏红. 移动通信技术. 北京：人民邮电出版社，2016.
[16] 许学梅，杨延嵩. 天线技术. 2 版. 西安：西安电子科技大学出版社，2009.
[17] 朱晨鸣，王强，李新，等. 5G：2020 后的移动通信. 北京：人民邮电出版社，2016.